耀楷经

川菜圣手和他的传人

罗楷经 编著

中国纺织出版社有限公司

图书在版编目（CIP）数据

川菜圣手和他的传人 / 罗楷经编著 . -- 北京 ：中国纺织出版社有限公司，2022.10
ISBN 978-7-5180-9668-8

Ⅰ . ①川…　Ⅱ . ①罗…　Ⅲ . ①川菜－文化史－研究　Ⅳ . ① TS972.182.71

中国版本图书馆 CIP 数据核字（2022）第 120833 号

责任编辑：范红梅　　责任校对：高　涵　　责任印制：王艳丽

中国纺织出版社有限公司出版发行
地址：北京市朝阳区百子湾东里 A407 号楼　邮政编码：100124
销售电话：010—67004422　传真：010—87155801
http://www.c-textilep.com
中国纺织出版社天猫旗舰店
官方微博 http://weibo.com/2119887771
北京华联印刷有限公司印刷　各地新华书店经销
2022 年 10 月第 1 版第 1 次印刷
开本：710×1000　1/16　印张：17.5
字数：246 千字　定价：39.80 元

编委名单

编　著　罗楷经

编　者　罗楷禹　江金能　刘　刚
薛祖达　唐山鹰　魏媛军
罗　天　谭　坛

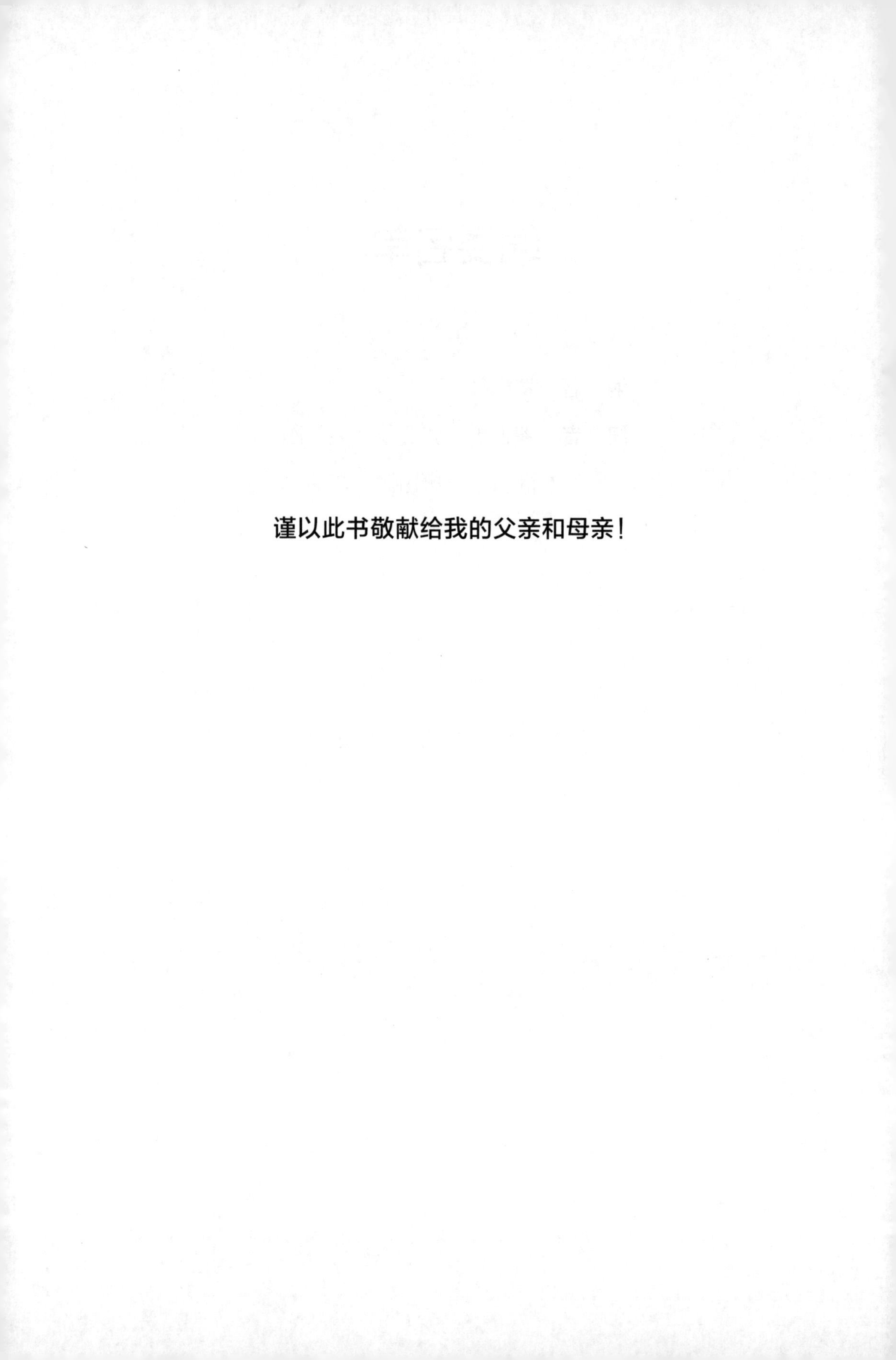

谨以此书敬献给我的父亲和母亲！

川菜圣手罗国荣

前 言

《川菜圣手和他的传人》是继《川菜圣手罗国荣》一书后，为纪念和缅怀罗国荣大师而编著的。

《川菜圣手罗国荣》一书由我编写并于 2018 年初出版，这本书受到了人们广泛的欢迎和喜爱，目前已重印多次，在线上图书商城和旧书网上《川菜圣手罗国荣》一书的价格一直居高不下。我清醒地知道，这样的成绩并不是因为我的文笔好，而是罗国荣大师在业内的成就得到了大家的肯定。《川菜圣手罗国荣》这本书虽然仅仅记录了罗大师传奇人生的一小部分，而且写得肤浅、不完整、不生动，但还是因为罗国荣大师极具传奇色彩的从业生涯和他巨大的人格魅力，而得到了厨师界及其他行业的朋友们的认可。

2019 年 3 月，罗国荣大师的门人白茂洲大师的高徒江金能先生给我寄过来两件珍宝。其中一件是 20 世纪 40 年代罗国荣在重庆开办的“颐之时”餐厅的菜品价目单。江金能先生说，此物是他师父白茂洲叫他复印的，由于年代久远，这份价目单有些破损，他已结合前后文的意思，经分析后对其进行了修复。江金能先生将原件退还给了师父，只留下了复印件。据说，目前原件已经遗失，这份复印件弥足珍贵。奇怪的是，这份菜品价目单上却看不到具体的价钱。据我们推测，大概是因为当时物价的变化大，价格需要随时变动，就只印了菜名和数量，价格要根据当天的时价，临时填写。总之，这样一个珍贵的东西保存了下来，终究是一件幸事，对于我们研究川菜历史，继承和发扬优秀烹饪文化都是很有意义的。

20 世纪 40 年代正是川菜走向繁荣的重要时期。“颐之时”餐厅无疑是当时成、渝两地最有代表性的餐厅之一，“颐之时”餐厅的菜品，也是当年的川菜特别是南堂川菜的重要代表。这份菜品价目单中不仅有早点、零餐的部分，更有 14 种筵席菜单，从最普通的乡村席到当时最高档的鱼翅席，全方位地展现了不同层次的川菜筵席。正如当时的文化学者所说：“渝中半岛虽是内河港口，但是由于抗战成了身处西南却可论及世界的社会前沿……大量珍惜食材以及廉价却稀奇的食材，统统都出现在了罗大师的菜谱里面。干烧和干煸技法，以及椒麻、荔枝、怪味和麻辣味型的大量使用，上可烹海参，下可炒鸡肉，再加上南堂整体已经如工笔画一般勾勒的开水白菜和竹荪肝糕汤等物，一桌‘颐之时’筵席‘嬉笑怒骂’了重庆的社会阶层。”

江金能先生寄给我的第二件珍宝是 1955 年 3 ～ 9 月罗国荣大师在北京饭店的工作日记。罗国荣从在王海泉大师那儿学徒时，就有随时记录工作状况的习惯。厨师工作是非常辛苦的，罗国荣却能几十年如一日坚持记录，无论多累、多忙，他都要把重要的东西用笔记下来，难怪王海泉大师夸奖他：“娃娃，你硬是当厨子的料！”

从 1954 年进入北京饭店到 1969 年去世，罗国荣大师在北京饭店实际工作的时间有十三四个年头，仅 1955 年 3 ～ 9 月半年的时间，他就记录了 91 张菜单。这 91 张菜单，仅仅是他在北京饭店工作记录中很小的一部分。如果以半年 90 张菜单计，罗国荣在北京饭店的十多年应该记录了 2000 来张菜单。这些菜单都是在中华人民共和国成立之后，罗国荣大师为党和国家重大政治、外交活动提供餐饮服务的历史见证。将 20 世纪 40 年代罗国荣大师主办的重庆“颐之时”餐厅的菜单和他在 1955 年 3 ～ 9 月的北京饭店工作记录传承下去，也是一件非常有意义的事情。

罗国荣大师一生培养了大批优秀的弟子，将他们的业绩展示出来也是传承烹饪文化的必为之事，但因为时隔已久，很多人已作古，我们只收集到了少数几位徒弟的事迹，远远不够全面。同时，我们通过调查走访，收集到了一份师门传承表，虽不是很完整，但聊胜于无。

以前从事烹饪行业的人文化水平比较低，社会地位更是谈不上，他们自身对烹饪文化的传承也多重在厨德和厨艺的传承，在烹饪理论、烹饪文化方面的传承是很欠缺的。现在这种情况好一些了，但仍然有很大的空间需要填补。本书愿意充当构建中华烹饪文化大厦的一块砖石。

本书第一章由罗楷经执笔，第二章由罗楷禹执笔，第三章由江金能执笔，第四章由刘刚执笔，第五章由罗楷经、江金能、刘刚、薛祖达、唐山鹰、魏媛军等人执笔，第六章的传承表名单由各门人之后提供，由罗楷经整理。

感谢以上人士为本书出版所作的贡献。

特别感谢为本书出版给予大力支持的王旭东先生。

罗楷经

2022 年 1 月

目 录

第一章

罗国荣对川菜发展的贡献

罗国荣在人民大会堂

无论从中国川菜史还是中国烹饪史的角度来看，罗国荣都是一位重要人物。在《川菜圣手罗国荣》出版后，一位读者朋友在信中是这样赞誉罗国荣的：他是川菜史上可称为“开派大师”的三人之一的人；他是成千上万个名厨高手中被誉为“川菜名人”的八人之一的人；他是在现代川菜进入繁荣期后，在成、渝两地川菜的整合过程中有杰出贡献的人；他是在川菜上国宴的过程中贡献卓越的人；他是长时间、多次为国家重要领导人提供餐饮服务的川菜大师；他是被誉为“川菜圣手”并获题赠匾额的人；他是引领川菜出川，让川菜走向全国，走向世界的杰出先驱；他是中华人民共和国成立后国宴重要的开拓者和奠基人之一；他是被誉为“中国四大名厨”之一的人；他是在人民大会堂主理宴会的第一人；他是有史以来第一批特级厨师之一；他是有史以来第一批特级烹饪技师之一。从事厨师行业的人，有其中任何一条即是很了不起的成就了，然而他一人竟然全都拥有了。

对于这种赞誉，我们当然应该抱着客观冷静的态度来对待，不过它也确实在很大程度上反映了一段历史。我就这段话中的“他是川菜史上可称为‘开派大师’的三人之一的人”这句话作一点说明。四川省政协原主席廖伯康先生在《饮食文化在四川》一文中，在论及对近现代川菜发展有巨大推动作用的人时，他按时间先后排序为：关正兴、蓝光鉴、罗国荣。著名的烹饪学家熊四智先生在《川菜的形成和发展及其特点》一文中说：“四川的专业厨师，就是在这样的文化环境中成长起来的。近代名厨蓝光鉴、罗国荣、范俊康、黄少清、廖青亭、孔道生、周海秋，当今名厨刘建成等人，就是在这种土壤生长起来的出类拔萃之辈。他们对当今川菜的发展作出了重要的贡献。”另有人著文认为，川菜的三位灵魂人物是：“川菜之父”蓝光鉴，“儒派宗师”黄敬临，“罗派之祖”罗国荣。

四川旅游学院川菜文化研究中心主任杜莉教授所著《川菜文化概论》，在成千上万的从业者之中，在数百位的大师级人物中仅举了八位川菜名人。除第一位关正兴，最后一位史正良之外，其余六人均为蓝派、黄派、罗派之人。其中蓝派三人：蓝光鉴、孔道生、曾国华；黄派一人：黄敬临；罗派二人罗国荣、黄子云。

在《川菜发展史的断裂及其背景》一文中，作者写道：“这些餐馆采取师徒授受的方式培养了大批优秀的川菜大师，如蓝光鉴、罗国荣等，也有业余起家的文人厨师如黄敬临，他们创作了琳琅满目的高档川菜……不胜枚举。”在现代川菜百余年形成、发展、繁荣、辉煌的过程中，作者只列举了三位最有代表性的人物，其中就包括罗国荣。

《百年川菜传奇》的作者向东先生也说过：“在川菜传奇史上继荣乐园蓝氏兄弟和姑姑筵黄家流派之后，被誉为川菜圣手的罗国荣无疑是那个混沌时世中名噪巴蜀的一代大师。”其实早在20世纪40年代就有美食家将蓝光鉴先生的“荣乐园”和罗国荣先生的“颐之时”比为一时瑜亮。《四川烹饪》杂志的文章《罗国荣与“颐之时”》中说道：“评论当否？品尝过罗国荣菜肴风味的人，荣（乐园）、颐（之时）两店的座上客会有定论。但，当此时也，军政要人有宴，多通知‘颐之时’操办。”

著名的川菜文化学者、美食家，《我的川菜味道》一书的作者石光华先生有这样一段精彩的讲述：“有一次，我和许多人去一个餐厅吃饭，点菜的时候，我发现菜单上有一个名字：豆苗肝糕汤。我便为两桌人点了这道汤品。让我诧异的是，二十多个人，而且全是四川人，居然没有一个人吃过这道菜，也没有一个人知道这道菜的名字。那时，我心中真是一阵悲凉，为千秋川菜，也为创制这道著名汤品的前辈大师。我先没有多说，只是叫大家趁热吃，然后问他们好不好吃。可以说是异口同声，都说太好吃了。接着他们问：‘这是川菜吗？’我答是。不但是，而且是川菜中的经典菜品。我说：‘这道肝糕汤，是川菜大师罗国荣创制的。川菜史上，能够称得上开派大师的只有三人，一是蓝光鉴，二是黄敬临，第三个就是罗国荣。’这道汤品是罗国荣大师的定桌之汤，也是川菜中三大清汤菜品之一。”

2015 年 1 月 19 ～ 23 日《成都晚报》在其《手绘成都》专栏中，以“向川菜大师致敬”为题，刊登了纪念 5 位川菜大宗师的文章，前 3 位就是蓝光鉴、黄敬临、罗国荣。毋庸置疑，无论是官方人士，还是专家学者，或是报刊舆论，都承认罗国荣在川菜史上作为“开派大师”的地位。

第一节　川菜走向繁荣的引领者

川菜创始　辉煌初现

业界将 1860 年至今的川菜统称为“现代川菜”，还可以将其分为“近代川菜”和“当代川菜”。无论如何划分，对现代川菜发展的几个阶段大都是有共识的，即孕育酝酿期、创始定型期和发展繁荣期三大阶段。《川菜发展史的断裂及其背景》一文中说：“一般说来，现代川菜的酝酿时期可确定为 1861 ～ 1905 年，它开始于清咸丰、同治时期。”蓝勇的《中国川菜史》就认为传统川菜（即我们说的现代川菜）的雏形就是在晚清显现的，“清代的湖广填四川移民运动是一个相当漫长的过程，随之而来的移民与原住民融合过程更是漫长。传统川菜的形成也与这个漫长的过程同步，有一个逐渐发展的过程。到了清末民初，我们今天熟知的川菜已经基本成型，今天川菜的雏形已经显现。这个雏形包括烹饪方式的多元化、食材进一步的广谱性、主要经典川菜菜品的出现三大特征。”然后作者就烹饪方式的多元化与食材进一步的广谱性及已经出现的经典川菜菜品进行了翔实的论证和阐释。《中国川菜史》提到的“传统川菜”是相对“新派川菜”而言，它实际上就是大多数烹饪学者公认的自1860年以来的“现代川菜”，称谓虽然有别，所说的内容大致是相同的。蓝勇的《中国川菜史》文中所说“传统川菜的雏形”和其他学者称为“创始定型期”在时间和内容上也是大致相当的。这个孕育酝酿期的时期是1861～1905年，这一时期最重要的人物就是关正兴以及他培养的蓝光鉴、谢海泉、周映南、张海清、李春亭等一代名厨。

还有两位出名的美食大家也在现代川菜的酝酿期作出了重要的贡献。一位是清末进士、近代名人周善培，他将自己推崇的江浙名菜介绍给正兴园的厨师。要求菜品“简洁有新意，别出心裁”，尽量利用本地食材设计出新的菜式上席，这对后来川菜南堂派产生了重要的影响。另外一位就是有“贺油大”之称的贺伦夔。

19世纪末重庆开埠，也产生了杜小恬这样的名厨，并随之涌现出来了一批“包席馆”。总之，清末至民国初年，大量的人口迁徙伴随现代西方经济文化的进入，商业经济的发展，信息交流的相对畅通，促进了烹饪业的发展。

成都是巴蜀地区的政治经济文化中心，也一直就是巴蜀地区饮食商业最为发达的城市，相应的是川菜饮食店面的繁多，烹饪技术的发达，在菜品的多元和原创方面都是最突出的。重庆地区则是在重庆开埠以后，商业性饮食快速发展，成为仅次于成都的饮食都市。此外，在近代的经济和交通方面有重要地位的自贡、内江、泸州、宜宾、南充、绵阳等城市的饮食业也较为发达，成为这个时期与成渝两地一样的传统川菜创新发展的重要区域。

在“湖广填四川”的背景之下，南北饮食文化进入巴蜀地区，各地餐饮店呈现出各有特色的饮食商业气象。据《成都通览》记载，清末成都有两种性质的餐馆，一种是只包席的包席馆，一般不接待零售散客；另一种既办筵席又售零餐的饮食店，分成高低档两种，高档的称为南馆、南堂，也称“川南堂”，而中低档的一般称炒菜馆和饭馆。所谓南馆，一般是指清末以来江南人在成都办的经营江南菜肴的馆子，但很快被川菜融合，成为中高档菜馆的代表。

关于南堂，还有一种较为流行的说法：彼时，一些江浙人来四川做买卖，成都有条街就叫作“江南馆街”，街上有江浙人开的饭馆，起初只是自己人来吃，后来达官贵人也来吃，久而久之，去“江南馆”吃饭成了身份的象征。因为这些人是从江南地区来的，成都人就称其为“南堂菜”。因用料讲究，制作精细，便成为高档菜的代名词，当时高级餐馆的称呼就是“南堂”。慢慢地，南堂菜又吸收了其他南北菜的元素，与本地食材融合，使“南堂川菜”成为川菜高级宴会上最重要的、影响最大的流派。以前南堂川菜是包席制，一席不能有重复的食材和口味，比如热菜有个雪花鸡淖，你还想点宫保鸡丁就不行。而且用餐的形式很讲究，像演戏两场之间要换幕一样，一道菜吃完之后要配一个小点心，比如，担担面后面应该跟哪一个菜，漳茶鸭上了之后跟什么点心最合口？所有菜点的搭配都很有讲究。当然，以上也是一家之言，但对我们了解南堂还是有帮助的。

当时的成都，据周询记载：“卖堂菜之最高者名曰南馆，全城仅十余家。”而这个时期成都的饮食话语中并没有川味、川菜的影子，打的宣传广告多用“中西餐”“饮食改良”“南堂大餐”“淮扬名师”“南北烧烤”等话语。这说明到清末，在巴蜀地区仍未出现四大地方菜系或八大地方菜系的概念，也充分证明了我们所说的现代川菜还处在孕育酝酿期。巴蜀地区川菜的发展往往与一批名厨涌现和著名餐饮店的出现和发展相关。这个时期的名厨可以分为两类，一类是自己是名厨也是餐馆的创办人，比如关正兴的“正兴园”、王海泉的“三合园”、黄敬临的“姑姑筵”、蓝光鉴的“荣乐园”、重庆杜小恬（杜胖子）的“适中楼”、重庆巫云程的“陶乐春”等。而另一类仅为从厨者。

我们谈川菜的孕育酝酿期，必须从关正兴谈起。关正兴（1825～1920年），满族人。研究表明，关正兴于1861年在成都棉花街创办包席馆正兴园，亲自主厨，将山西面食技艺、贺伦夔的京菜、周善培的江浙菜、满族人戚乐斋的满汉全席与当时的四川菜融合，汇纳百川，不仅使餐馆在当时的成都名扬一时，而且培养了一大批著名的川菜厨师，如戚乐斋、贵宝书、蓝光鉴、周映南等，为现代川菜的形成奠定了基础。

在现代川菜从孕育酝酿期向创始定型期过渡时，有一位重量级大师不得不提，他就是在清末民初在业内被尊称为“大王”的王海泉大师。关于王海泉大师的资料甚少，笔者在《川菜圣手罗国荣》一书中写的内容也是听亲友、师门之人所言及书报所载。关于王海泉大师逝世的时间就采取了一些书刊及有关人士回忆文章的说法，将王大师故去的时间说成是20世纪40年代。拙作出版后，因偶然的机会向王大师的孙女王志华女士请教，她告诉我王海泉大师于1935年病故，这就和我从书刊、回忆录中所取的内容有了出入。还有文章说，王海泉是1930年去世的，因此存疑待考。

王海泉大师在川菜史上的贡献起码有两条：在川菜由孕育酝酿期向创始定型期过渡的过程中，他作为四川总督锡良的家厨走南闯北，见多识广、眼界开阔，经验丰富而技术精湛，因其无论京、广、苏、鲁菜肴还是红白两案，无不精通，本事十分了得，所以在业内被尊称为“大王”。这个称呼绝不仅仅因为他姓“王”，而是对他在当年的厨行中享有的“王者”地位的尊崇。现在虽缺乏文字的佐证，但根据他的经历、水平、地位，可以想见他对现代川菜的卓越贡献和重要影响。他对现代川菜形成的另一个贡献就是培养了王金廷、黄绍清、罗国荣、王小泉、陈官禄、邵开全等川菜名厨。笔者曾看过一篇文章说罗国荣是王海泉的徒孙，这不符合事实。罗国荣的启蒙老师就是王海泉。在关正兴之后，和蓝光鉴、黄敬临一起为现代川菜定型发展作出重大贡献的王海泉大师，无疑是川菜发展史上具有里程碑式的人物。罗国荣在王海泉、黄绍清两位川菜大师手下学徒十余年，纵观整个烹饪界，恐怕也是少有的。

珠联璧合　川菜繁荣

在川菜发展史上，姑姑筵的创立者黄敬临是又一位川菜的灵魂人物。对这位川菜史上的重要人物，有很多人都有过评价，所说内容相同的很多，有歧义的也不少。因为罗国荣和他有较深的渊源，此处笔者便稍做介绍。2021年3月，林文郁先生发表了《双城记：黄敬临及姑姑筵新考》，引当年的书报杂志对黄敬临的生卒年代、经历、任职等进行了考证。

黄敬临（1875～1939年），又名黄循，原籍江西省，黄敬临生于四川省双流县（现为双流区）华阳镇名门世家。自幼即吃惯美食。晚清时期，受业徐炯门下，毕业于四川法政学堂。关于其从政生涯，历来有不同说法，其中流传较广的一种是：黄敬临考中秀才后，纳资为员外郎，供职光禄寺三年，因受慈禧太后赏识，被赏以四品顶戴，故有“御厨”之称，被誉为“当代之一奇人”。

关于黄敬临是否为御厨，林文郁先生引用了7条史料后说道：“综合以上史料，即使以现在的文史资料标准来看，也属于可信的‘三亲’资料（即亲口所说，亲眼所见，亲耳所闻）的范畴。”故黄敬临曾经入宫做过御厨应该是可信的。关于黄敬临的生卒年龄，林文郁的结论是1875年生于成都，1939年1月逝世于重庆。而开办姑姑筵的时间，林文郁认为其成都姑姑筵开业于1928年夏，重庆姑姑筵开办于1937年4月16日。这和丁家复先生所说的“1937年春夏之交，罗国荣离开黄敬临去丁家”是完全吻合的。

1912年后，黄敬临先后担任射洪、巫山两地知事。后因厌恶官宦生涯，不愿“给军阀当走狗”而弃政从商，一度任教于省立成都女子师范，被聘为烹饪课教师，并分熏、蒸、烘、爆、烤、酱、炸、卤、煎、糟十门来教授学生烹饪，其课堂生动有趣，颇受学生欢迎。大革命时期，他曾在成都少城公园开设一间饭店，名为“晋龄饭店”，自己烹调掌灶。饭店开业不久，经朋友推荐，其又补任荥经县县长，重温宦海故梦。饭店由其子黄伯平接管，无奈生意不如以往，便转让给他人经营。而黄敬临本人仅做了一年多县长就因故离任，回到了成都。

后来为养家糊口，他只得与家人商议，打算重开饭店。其妹讥笑乃兄非生意人，只能开“姑姑筵”（四川的小孩儿，过去常玩“姑姑筵”的游戏，有些像北方的小孩儿玩过家家）。“姑姑筵”分真办和假办两种，真办是几个幼童事先约好，谁带锅盘碗筷，谁出油盐米面，按约定时间同至郊外，架灶拾柴，点火、煮饭、烧菜，然后大家一起享用。假办则是用相关的炊厨玩具，幼童们分别扮演主人、客人、厨师、招待等，模仿成人宴会，表演吃“姑姑筵”。黄敬临听妹妹之语，不啻醍醐灌顶，马上拍手叫好，就在成都西校场包家巷开办了“姑姑筵”餐馆。黄敬临自命“油锅边镇守使，加封煨炖将军”，其菜品结合宫廷风味与四川风味，能贵能贱，特重火候，开厨艺学术化之先河。后餐馆又迁到青羊宫，与青羊宫花会同时揭幕，起了极大的招徕作用，生意兴隆。

为什么黄敬临的生意如此兴隆？可以从以下几点来体会：第一，黄敬临从厨的理念高于许多同行，他没有将烹饪当成仅仅是为了满足人们口腹之欲，而是将其当作一种文化来追求。第二，他利用其深厚的文化底蕴，在赋予菜点文化内涵的同时常发奇思妙想，创造了一大批颇具特色的川菜。第三，将川菜和其他菜系（比如宫廷菜、官府菜、外省菜）相结合，广泛借用他山之玉，扬己之长。第四，所用食材能贵能贱，化腐朽为神奇，特重火候，不惜工本，追求极致，等等。第五，独特的经营模式。他定下的五大规矩，也是他成功的重要手段。

黄敬临的五大规矩：

1. 所有来吃饭的客人必须称他为黄先生或黄老太爷，凡是敢叫黄老板或者黄师傅的，免吃。

2. 每天只做 4 桌，必须提前 3～5 天预订。

3. 预订时只能要求 1 桌多少大洋的规格，不能点菜。所有菜品由黄老太爷决定安排。

4. 订席时必须交足菜金，并且必须开列被请人名单，注明年龄、性别、籍贯、身份。

5. 主桌上，必须给黄敬临留一个桌位，至于他是否到席，由他自己决定。

总之，在他的从厨生涯中，他善于将至繁与至简、极贵与极贱等看似矛盾的东西归至化境，呈现出中国文化的至高神韵。他创新的菜品，无论型色、滋味还是菜意境界，都能在平凡中显绝妙，使凡料成珍，从而成为文化川菜的典范菜品。这些菜品，不仅是口舌滋味的极高享受，还是难得的艺术熏染。

正如向东先生所言："他首开厨艺学术化之先河，不但使川菜展示京华气势，也使宫廷饮馔化为民食……以川菜史上旷古绝今的饮食才华，把千秋川菜提升到了'会当凌绝顶，一览众山小'之卓然临风的高度。黄氏的烹饪不受传统菜系框架的限制，众采各地各派烹艺和菜式精华，融入自己的灵感和悟解，追求饮食感受的别开生面、清新灵动、花样缤纷。在姑姑筵期间，后来被郭沫若誉为'西南第一把手'的罗国荣，尤得黄之神髓。"

罗国荣独立门户后，开宗立派，开拓出精品川菜之一派清风，而被餐饮江湖敬称"罗派川菜"。当时有知味者说，"颐之时"一出，盛极一时。人称荣乐园与"颐之时"为一时瑜亮；比之绘画，称为吴湖帆与张大千。"颐之时"之名菜佳肴尤令当时不少的书画大师、学者欣赏，被赞誉为"别出新意，前人未及，出手不凡，雄秀独出"。

文化名人与并没有多少文化的名厨之间这种沉浸至深、引为知音的默契，在此后动荡纷乱的世道中再难酝酿，颇似高山流水似的绝响。

根据林文郁先生的考证，黄敬临逝世的时间应该是1939年1月，我在《川菜圣手罗国荣》一书中关于黄敬临逝世于1941年的说法，应予更正。

庆祝中华人民共和国成立60周年的专刊上刊登了边东子先生的文章《国厨》：

“国厨”并非国家认可的职称，也不是正式的荣誉称号，而是人们对德高艺馨、名扬遐迩的厨艺大师的美誉。因此，何谓“国厨”并没有统一的标准。不过，那些曾经为国家元首担任过厨师的人，肯定有资格被称为“国厨”。

抗日战争期间，四川名厨罗国荣曾多次为上层人物办过宴席，当时就有人戏称罗国荣是“御厨”。罗国荣烹制的“贵妃鸡”等色香味俱佳，同时又易于咀嚼。因为服务的客人是浙江人，罗国荣还会适当地加些金华火腿，既提点香味、去除腥膻，又能引起这位客人怀乡的幽情。因此，每次宴罢，他都会夸奖厨师罗国荣几句。

说罗国荣是“御厨”，其实并不恰当。据说罗国荣的“师父”倒是一名真正的“御厨”，他就是食界名声赫赫的黄敬临。有资料称，他曾在清廷御膳房中主过事。黄敬临本是个文人，酷爱读书，对烹饪很有研究，并勇于创新，善于创新。有一年，黄敬临服务的主人到颐和园避暑，这位主人本来就多病，加上天气酷热，常感头晕心烦、郁郁寡欢、身体慵懒、不思茶饭。这天，到了进膳时间，黄敬临献上一道菜，名为“香花鸡片”。只见这菜白如脂玉，状似芙蓉，更有一股茉莉芳香扑鼻而来。原来，它是用蛋清浆、鸡片和茉莉花一同烹制而成。主人一见，突然感到七窍通、神智清、心气爽、四肢轻。那菜有蛋清之白、嫩鸡之鲜、茉莉之香，不仅酥软鲜嫩，而且吃到嘴里满齿留芳。更绝的是，菜盘周边还镶了一圈洁白芬芳的茉莉花，更为菜肴增色不少。再细看，竟是一串用新鲜茉莉花串成的项链，是特意献给主人的。主人不禁大喜道：“哟，这菜能吃又能戴，是谁的心思这么巧，也真难为了。传我的话——赏！”此后，这位主人用这道菜宴请过许多国家的外交官夫人。

这道菜是黄敬临在颐和园看到茉莉时，灵感突发的杰作。如今名扬四方的“漳茶鸭”也是黄敬临的发明，将肥鸭用福建漳州所产的嫩茶熏制而成，因此叫作“漳茶鸭”。可惜现在许多人都将这味名菜呼为“樟茶鸭”，如果真是用樟树叶熏制必然会带樟脑气，不知食客会作何状。

后来，时事更迭，黄敬临在成都办起了名气很大的“姑姑筵”，并且请来了罗国荣事厨。由于得到黄敬临的指点，罗国荣不仅有了高超的技艺，而且眼界开阔，有了相当的理论修养。更重要的是，在黄敬临的影响下，他有了一种创新精神。

黄敬临去世后，他的烹饪技术和那种难得的创新精神被罗国荣继承下来。罗国荣和一些人合开了大名鼎鼎的“颐之时”饭馆，专门承办高级宴席，生意十分兴隆，后来又在重庆开了分号。罗国荣经常乘飞机来往于成都和重庆两地，照看生意。

关于黄敬临与罗国荣二人的关系，以及他们对川菜史的贡献，有很多人都作过相关的阐释。作家冯远臣先生收集整理了民国时期 29 位名人大师们的趣闻佳话，书名为《最是那碗人间烟火》。在这 29 个人中有两位是烹饪大师，他们就是川菜的一代儒宗黄敬临和川菜圣手罗国荣。

由于历史的动荡，人口的迁徙，而产生“食”的变迁。不同风格、风味的饮食习惯，使四川原有的饮食风貌发生了翻天覆地的变化，直到清末民初，川菜的风格品味仍未定型。

20 世纪 20 年代，四川成都出了一个有文化的厨子和美食家黄敬临，通过他和一批川菜精英的悉心调研，终于在纷繁芜杂的美食世界中，闯出了一条独具特色的川菜发展之路。如果说黄敬临是现代川菜创始定型的奠基者，那么，以罗派川菜为代表的罗国荣则是继黄敬临之后，扛起川菜大旗，继续向前奔跑的继承者和发扬者。因为罗国荣的横空出世，不但使川菜登上了国家最高级别的宴席，而且把川菜及技艺推向了全世界。

1934 年，罗国荣到黄敬临的“姑姑筵”做厨师，虽然是受雇以员工的身份进入“姑姑筵”，也没有正式拜黄敬临为师，但是由于他们朝夕相处，黄敬临也给了他不少指点和引导。可以说，黄敬临是菜品建设的战略家，罗国荣就是菜品操作的战术家。如“干烧鱼翅”“红烧熊掌”“清蒸甲鱼”“烧牛头方”“一品酥方”“开水白菜”等名菜都是黄敬临提出创意和构思，罗国荣在其指导下操作完成的。享有盛誉的“姑姑筵”菜品，有相当一部分名菜是罗国荣以厨师的身份制作出来的。时人称“黄敬临的脑壳，罗国荣的手”。

1936～1937年，年末岁首之际，黄敬临离开成都前往武汉发展时，罗国荣也在这个时候离开了成都“姑姑筵”，经人介绍只身前往重庆，在银行家丁次鹤家里做私人厨师。而恰巧黄敬临因到武汉发展受挫，滞留重庆，也在重庆中营街公安局附近竖起了“姑姑筵”的招牌。“师徒”二人同在重庆发展，只是“各自为政”罢了。

抗战爆发时，重庆一时成为政治、军事、经济、文化活动的中心，社会名流都纷纷涌向这座山城。银行家丁次鹤抓住机遇，逆流而上，宴请各方要员，罗国荣的厨艺才得以一展身手。很快，“小园”菜品绝、味道好的美誉就传遍了山城，人们管罗国荣叫罗师傅，戏谑地称他为“罗斯福”——吃美国总统做的菜何其荣耀。

川菜圣手　烹坛称雄

在《最是那碗人间烟火》中，有这样的描述：

1940年罗国荣回到成都，以老板的身份在华兴正街开了一家叫“颐之时”的餐馆，从此走上了自立门户，自主经营，自谋发展的餐饮之路，从这时起，川菜江湖就开始称以罗国荣为首的“颐之时”川菜为“罗派川菜”。

“颐之时”取自《易经》之“颐卦”。颐，贞吉，养正则吉也。观颐，观其所养也。自求口实，观其自养也。天地养万物，圣人养贤以及万民，“颐之时”大矣哉！这是一个卦释，“颐”指下巴（腮），面颊。简单地说就是“颐卦象征颐养，坚守正道可获吉祥”。通过自己的努力奋斗来养家糊口，是一种生存法则。人类通过养生、养身来修身养性，从饮食的角度出发，君养贤、养民、养形、养德是一个道理。如此，人们不但能延年益寿，而且天下太平。

从这块招牌可以看出，罗国荣虽然没有读过多少书，但他很崇尚文化。反映在“罗派川菜”上，罗国荣借鉴和发扬了黄敬临儒商的经营风格，把中国的地方传统文化融入菜品之中，品美食，就是品文化。这种商业与文化的联姻，第一次把地方特色文化注入餐饮行业，使川菜由原来的“低品位”一跃成为具有历史文化底蕴的“高品位”系列。人们从吃中去寻找故事，又通过讲好“吃”的故事来带动饮食消费和文化消费。这是一次质的飞跃，是川菜发展史上的一个里程碑。从罗国荣的三道“汤菜”——开水白菜、竹荪肝糕汤、鸡皮冬笋汤就能很好地理解这一文化现象。

昔日钟子期遇到江边弹琴的俞伯牙时说：“巍巍乎若高山，洋洋乎若江河。”于是引为知音，善听者，钟子期也。高山流水一曲终，千古知音最难求，美食者，以善品为知音。书法家谢无量把这三道汤称为《三希堂法帖》中的《伯远帖》《快雪时晴帖》《中秋帖》。要知道，这“三宝”乃是晋代书法家王珣、王羲之、王献之的手书真迹，由乾隆皇帝收藏并钦定命名的珍宝。以此“三宝”来喻三道汤菜，虽有过誉之词，但足可见其品位之高雅。

如何制作“开水白菜”，在写黄敬临的文章里已经谈过。竹荪肝糕汤也是根据开水白菜的创意改造而来的。此菜用鸡、鸭、鹅、猪肝捣碎，去筋，过滤，只取肝浆，放入作料，上笼蒸制成肝糕，再加入适量竹荪调制而成。食之则汤味清香，口感舒适嫩滑，而竹荪之脆嫩在和牙齿的抵抗中产生的快感，真是无肉胜有肉。“颐之时”在开宴前将其作为头菜推出，正可引领风骚。

同样，鸡皮冬笋汤的汤也是采用开水白菜中的“开水”来调制的。鸡皮是鸡身最具运动色彩的组织，它细腻、润滑，糯而有绵软感，其中又以黄色土鸡的鸡皮最为上乘。鸡皮和冬笋掺和在一起，不用说出它的味道，想一想，口水就会情不自禁地流出来了。

罗国荣说过：“除了石头我做不成菜，只要是可以吃的原料，我都可以做成美肴上席。”这是一种炉火纯青的文化自信，就像霍元甲论武功时所说：“以无法为有法，以无限为有限，此武术之最高境界。”一流的厨师早已把固有的章法抛诸脑外，代之以随心所欲的自然操作法则，这就是罗国荣川菜的最高境界。

“物有贵贱，菜无二品。不管原材料咋个不值钱，你都要有本事把它弄得大家都说好。”罗国荣既看重奇珍异宝、名馔佳肴的烹制，也注重普通食材的创新搭配，在雅与俗之间游刃有余。

罗国荣做的菜，招待过数十位国家元首或政府首脑。每一次宴会，罗国荣都要根据来客的风俗习惯、个性爱好，一丝不苟地精心准备，使客人满意而归。这已经不是个人荣誉问题了，国宴代表的是国家，是一个国家的荣誉和尊严。

很显然，因为罗国荣，川菜被推向了国际，成了全球著名品牌，他通过官方渠道，打开了使世界了解川菜的窗口。可以这样说，罗国荣不但是川菜圣手，而且是国际化的顶级厨师。

为“颐之时”起名并题写匾额的书法家、著名学者盛光伟先生之外孙饶昌铭先生，在《成都餐饮的一颗流星》一文中写道：

几年前带小孙子去重庆旅游，下榻解放碑一家酒店。那晚在酒店附近闲逛，蓦地看见一个似曾相识的店招——“颐之时”。仔细一想，儿时听外婆不止一次说起过这个店名。据外婆说，以前成都华兴正街有一家叫“颐之时”的川菜馆，外公十分喜爱这家餐馆的菜肴。那时外公家住兴隆街，离华兴正街不远，常常光顾这家餐馆。逢年过节，‘颐之时’还每每差人提着食盒送菜肴来家。

“颐之时”开张以后，短短几年中就后来居上，与老牌川菜馆“荣乐园”并驾齐驱，成为一颗闪亮的新星。老成都的食客曾经有个说法，说是成都的餐饮业出现过两次“双星闪耀”的时代，第一次是清末的“正兴园”和“聚丰园”，第二次是民国的“荣乐园”和“颐之时”。

罗国荣治厨，讲究以变求新，以巧取胜，善用食材，取精用宏。他强调烹饪要求新、求变、求巧，须有深厚的技术功底作基础。“颐之时”的招牌名菜是“开水白菜”和“干烧鱼翅”。“开水白菜”由罗国荣创制（一说由黄敬临创制，罗国荣发扬光大），一碗纯净的清汤白菜，清澈见底；一朵朵白菜心，洁白如玉。看似简单的一碗清汤白菜，其实并不简单，其主要食材就有大白菜、老母鸡、火腿蹄子、干贝、鸡脯肉、全瘦猪肉，等等。而且这道菜有极为复杂精细的烹制过程，仅那碗清汤，就要用刀背把鸡脯肉、瘦猪肉剁成蓉，然后用纱布包好，放入吊好的高汤里搅拌，以吸附汤里的杂质和油脂，如此反复几次，才能得到清澈见底、开水一般的清汤。

罗国荣擅长以海产品为原料烹制川菜，如鱼翅、海参等。“干烧鱼翅”是把鱼翅用鸡汤进行慢火煨烧，火候到了，鱼翅如胶似丝，欲断还连，色泽浅黄晶莹，味道鲜而不腻，其形则保留了“怒发冲冠”的本色。他还别开生面地用应时鲜菜或野菜作为陪衬，或以嫩南瓜藤框于盆周作龙爪形。这种做法，应该是后来工艺菜的先驱。

“颐之时”的崛起，除了它别具一格、脍炙人口的“罗厨风味”菜肴，另外在很大程度上还应归功于当时一大批文化人的捧场和提携。罗国荣虽文化程度不高，却喜欢与文化人交往。当时成都文化界的名流都是“颐之时”的常客，如谢无量、张大千、林山腴、向仙乔、肖心远、盛光伟、杨啸谷、向仲坚、向传义、陶益廷、钟体乾等。罗对文化人非常尊敬，每当他们来“颐之时”就餐，罗都要亲自下厨，一展身手，每逢大的节日，他还差人将自己亲手做的菜肴馈送到不少名流府上以求指教。众多文化人的光顾，无异在为“颐之时”做宣传广告。

“颐之时”有一块好招牌，也与它的声名鹊起不无关系。“颐之时”的店名，是当时成都著名书法家、篆刻家盛光伟（字树人，号壶道人，笔者外祖父）取的。招牌书法也出自盛氏手笔，“颐之时”三字正书，凝重疏朗，极见功力。因此，甫一亮相，便令人耳目一新。

重庆“颐之时”现在还在经营，而且还开了几家分店。而在它的故乡成都，熊氏（熊倬云）接掌的“颐之时”后，其消失的缘由就不清楚了。这几年笔者看过几篇梳理成都餐饮老字号的帖文，大多未把“颐之时”收入其中，即使个别文章提到了，也只有一个名号而已，完全忽略了它曾经的辉煌。

有“北京饭店简史”之称的《北京饭店史闻》是王之书、刘伟、王朝晖三位先生所撰。尽管全书内容十分精炼，仅有八万多字，却用了相当大的篇幅来介绍罗国荣以及他和黄敬临的关系。这在名厨云集，高手如林的北京饭店中是独一无二的。

罗国荣与范俊康是师兄弟，早年两人曾一起在成都“福华园”学过艺。罗国荣的烹饪造诣很深，在许多菜肴的制作方法上与众不同。他做菜别具一格，可以说是川菜与满汉宫廷菜的合璧，郭沫若同志曾称赞他是“西南第一把手”。我们只要了解一下罗国荣的艺途经历和指点过他的几位名师，就会感到郭老的话是言出有因了。

黄绍清（前）、张汉文（左）、罗国荣（中）、陈海清（右）

罗国荣最初的师父是“三合园”的王海泉，后来是“福华园”的黄绍清。这两个人都是成都首屈一指的川菜名厨。经他们的栽培，罗国荣打下了良好的技术底子，他出师后就开始协助“姑姑筵”饭馆的名厨黄敬临工作。

提起黄敬临其人，大大有名，颇有来历。他生于晚清末世，原本是个读书人，年轻时到北京候补，在前门外四川会馆里等了一两年，只放了一个广东的外任，他不肯去，就留在清宫御膳房管伙食。他利用管御膳房之便，博览各方菜谱，潜心研究烹饪，别出心裁地创造了许多美味佳肴，著名的“香花鸡片”就是一例。

另外，“漳茶鸭子”也很值得称道，清朝御膳房做的都是满汉菜，熏烤的多，黄敬临把满汉“鸭”改用从福建漳州运来的茶芽熏，鸭茶相得益彰，奇香扑鼻，沁人脾胃。经黄敬临之手改进的菜还很多，如“烧牛头”“冬瓜燕”等，也都很有独特之处。清朝被推翻后，黄敬临回到成都开了“姑姑筵”饭馆，大有名气。

虽然黄敬临学识渊博，颇有灵感，但美中不足的是他自己手头功夫欠佳，样样都要依仗罗国荣，从而使罗国荣眼界顿开，功夫日进。《消失的川菜名店，成都少城公园“静宁饭店”》一文中有如下叙述：“黄敬临是近代川菜史上举足轻重的名家之一，既有深厚国学底蕴，又有对川菜的独到理解和实践。他当过县长，做过烹饪教师，仕途几经波折，虽无所特立，但其后来开办的姑姑筵川菜馆，却将中华文化和中菜技艺结合得天衣无缝，引发当时各地媒体报道，造其‘特种川菜’（时人称谓，喻非同寻常）闻名遐迩，引得众多名流寻踪探味。”

20 世纪 30 年代中后期，静宁饭店由陈氏后人陈君楷打理，至 20 世纪 40 年代初达极盛，进入川菜第一阵营。当时成都餐饮市场上，注册资本超过静宁饭店的只有荣乐园、明湖春、大三元这三家，其中明湖春是北方味，大三元是广东味，荣乐园是川味。虽注册资本仅是饭店规模的一个方面，但足以说明静宁饭店之不可小觑。不过一两年后，就被“颐之时”超越。

罗国荣经验丰富，技艺高超，其一是出自两位高师之门，其二是得到黄敬临的指点，冶川菜和满汉宫廷精粹于一炉，青出于蓝而更胜于蓝了。黄敬临死后，罗国荣邀一些人合股开了“颐之时”饭馆，专门承办高级筵席，买卖十分兴隆。后来又在重庆开了分号，他本人乘飞机来往于成渝之间照看，名气也越来越大。后来，他来到了北京饭店，为四川菜系在北京的发展打下了良好的基础，也使罗国荣的烹饪技艺得到了充分的发挥。

1937 年至今，是现代川菜的发展繁荣期。20 世纪 40 年代，罗国荣在成渝两地开办“颐之时”餐厅，恰恰是川菜刚由创始定型期向发展繁荣期过渡的开始。在这个现代川菜发展史上极其重要的时刻，历史将发展川菜的重任赋予了罗国荣，使他成为整合成渝两地川菜的灵魂人物。2018年，罗国荣弟子白茂洲的门人江金能，找到了当年罗国荣在重庆开“颐之时”餐厅的价目单。在这份珍贵的历史资料中，不仅有当年“颐之时”餐厅售卖的早点、零餐，更有当年各种筵席的菜单，从乡村席到鱼翅席，共14种筵席。如果我们把现代川菜比作一座金字塔，这14种筵席从低档、大众化、平民化的乡村席一直到当时最高档的鱼翅席，就像一座涵盖了正在走向发展繁荣期的微型川菜金字塔。

谓予不信，诸君请看《川菜的变迁》这篇文章，在论及现代川菜在创始定型期向发展繁荣期过渡时，有这样的议论：

蓉派府门的宴席是早期给文人阶级设计的川菜宴席模式，当然更早的是19世纪的“包席馆”，而川菜大师关正兴也是在这个时代于成都开了一家名为“正兴园”的餐馆，关正兴是满族人，咸丰十年入川。这位师傅就身份其实看得出，底子是官府菜（现代鲁菜前身）。

川人尚节令出游或雅集，但大多厨师是府门的私家厨，于是正兴园便给人做包席，引入了官府菜鲍、翅、海参等菜色。但这并不足以在成都这地方站稳脚跟，而且食材与北方不合，这就使得关正兴大部分工作是在吸纳民间川菜和蓉城各家私厨的菜谱，慢慢搭建川菜包席的结构。

而另一位不得不提到的人物是黄敬临大师。同治朝秀才，纳过员外郎，出任过光禄寺，出身华阳世家大族，其知味之道大约源自世家府门的私厨。大革命时期便在少城公园开过饭馆，慢慢形成“姑姑筵”这套形制，在1937年前后，黄敬临在社交圈的名声达到个人顶峰，于1939年仙逝。

当代人追溯的大部分老川菜宴席菜，无论是开水白菜、芙蓉鸡片或者鸡豆花，大都能在这套体系中找到雏形。于是值得玩味的历史出现了，发源于成都的蓉派府门菜最后成型于重庆，被成都的蓉派公馆菜宣称继承。

而南堂和川扬帮是从名字都听得出外来者的影响。前者积累于19世纪江浙商人进驻蜀地谋产业，馆子无论风情还是陈设，妥妥地再造江南。而后者大多是江浙背景由于抗战往西南迁徙的官员和富商所带家厨。但这两者的界限在川菜成分中被渐渐模糊化了，慢慢成为老川菜谱系中浓墨重彩的一笔，此处姑且将两者都称作“南堂”一系。

南堂体系整体承袭了正兴园包席的筵席形制。但菜色在府门菜的基础上进一步扩展，尤其是迎合了“江浙化”的蜀地文人和迁转过来的江浙人士。代表餐馆有成都荣乐园和重庆“颐之时”餐厅。而荣乐园就是“正兴园”的重建，被蓝光鉴和蓝光荣两兄弟盘下，整体风格完全从官府菜的鲍参宴转向了淮扬化的川菜宴席风味，但却保留了官府菜的贵气——海参不仅要烧到入味而酥，更要有酸辣芡汁，后世则成了“家常”味型，形成了“家常海参”这道貌似名实不符的菜色。

而南堂中除了蓝派之外，“颐之时”的罗国荣大师也是不可不提的人物，“颐之时”是一个发源于成都而落地于重庆的南堂遗珠。而南堂从府门走向邹容路的闹市（罗国荣的重庆“颐之时”餐厅最早就开在邹容路——笔者注），也沾染了市井的意味。

重庆民风的市井与同样具备码头文化的汉口和天津颇有几分相似，渝中半岛虽是内河港口，但是由于抗战成了身处西南却可论及世界的社会前沿，无论是珍稀食材还是廉价食材，统统都出现在了罗大师的菜谱里面。干烧和干煸技法，以及椒麻、荔枝、怪味和麻辣味型的大量使用，上可烹海参，下可炒鸡肉，再加上南堂整体已经工笔画一般勾勒的开水白菜和竹荪肝糕汤等物，一桌“颐之时”筵席“嬉笑怒骂”了重庆的社会阶层。上层阶级和码头阶级包裹着士绅和市民阶级，如同锅盔夹着红油浸染的凉粉一般。

上述内容足以证明罗国荣在川菜史上的重要地位。1990 年《四川烹饪》杂志刊登了一篇小饕的文章《白茂洲与“玉翠扳指”》，其中有这样一些内容：

抗日战争中期，罗国荣在成都开了“颐之时”，国画家沈省斧说：“罗派灶头上的东西，是荣乐园的劲敌。”这话很快传到蓝光鉴先生的耳朵里，蓝老说：“人家硬是有他的一套，来成都登堂口的，都各有各的一张牌，买主是师傅，罗国荣那一套我都还要学。”荣乐园虎将如林，罗国荣高举大旗，别出心裁率领张雨山、白茂洲等应战，步步为营，谨慎小心，稳扎稳打，常出奇兵制胜。如“颐之时”推出的代表菜玻璃鱿鱼、开水白菜、椰子蒸鸡、竹荪鸽蛋等，在当时就非同凡响。

这段有趣的文字，无疑是罗国荣在川菜由创始定型期向发展繁荣期转变的过程中引领潮流的有力佐证。蓝光鉴先生的这段话，不仅体现了他实事求是、谦虚好学的精神，也说明了被时人评价“颐之时”后来居上的事实。引领川菜不断发展繁荣的正是现代川菜史上那几位顶尖级的宗师。

行文至此，笔者不禁发现了一个有趣的现象，据说京剧和相声在19世纪后期至20世纪前期都有一个现象，甚至有人说是个规律：在北京起家的京剧演员、相声演员，即使是张君秋、侯宝林那样的大师，也要从北京去天津经历“考核”才能获得认可。川菜的“姑姑筵”和“颐之时”兴于成都又盛于重庆，不仅和京剧、相声有某些相似之处，更证明了黄敬临和罗国荣两位宗师整合成渝两地川菜的历史性成就。

关于蓝光鉴、黄敬临、罗国荣在川菜由创始定型期向发展繁荣期过渡时的贡献，有不少文章都说到了他们创造了一大批琳琅满目的川菜，比如川派满汉全席、樟茶鸭等，不胜枚举。本书只对黄、罗二人的贡献作一些浅拙的说明。

“黄敬临的脑壳，罗国荣的手”，这句话被人称作“现代川菜史上的一句经典”。它精准而形象地说明了两人是一个出主意，一个搞实践，珠联璧合，相得益彰的“天作之合”。这是两位大师之幸，更是川菜之幸。我们必须承认黄敬临文化底蕴丰厚，从厨理念高明，是烹饪战略家，在川菜由创始定型期向发展繁荣期过渡的时候，他赋予川菜的丰厚文化内涵是无人企及的。但正如很多人议及的那样，老先生毕竟是个文人，手头功夫和历经两大川菜名厨王海泉、黄绍清严格培养训练、本身天赋异禀、心灵手巧的罗国荣相比，还是有差距的，所以有人称罗国荣是烹饪的战术家。

由此笔者不由得又想起了本书的主人公——罗国荣大师，他在王海泉和黄绍清两位大师处学徒 10 年（1924 ～ 1934 年），从 1934 年进姑姑筵连打工带学习又是 4 个年头，他一生从厨四十余年，竟然有十三四年都是学习，占了他厨艺生涯的三分之一。在如此漫长的岁月中，他都是在向当年顶级的烹饪大师学习的，因而他后来有那么雄厚的基础并取得杰出的成就，绝非偶然。

在川菜由创始定型向发展繁荣过渡时，很多名厨都有不少杰出的贡献，但他们没有黄敬临和罗国荣这二位宗师珠联璧合的荣幸。黄敬临和罗国荣不仅令“凡料成珍”，将传统名菜回锅肉、烧牛头等做到极致，还化腐朽为神奇，将被人弃用的废料或不值钱的普通食材做成上品、珍品，如豆渣鸭子、软炸扳指、冬瓜燕、清汤蹄燕等。最典型的开水白菜是由罗国荣发扬光大，带到北京后成为国宴上的一道名菜。

黄敬临和罗国荣不同凡响的从艺理念是什么呢？就是把做菜和文化、艺术联系起来，不是仅仅做个炒菜的厨子。要把菜做得味美、色美、形美、意美，让人有欣赏艺术的感觉，要一辈子都有把最普通的原材料做出珍品的想法和实践。

关于黄敬临和罗国荣的交往，还有一段趣闻。原《四川烹饪》杂志总编王旭东先生在《三件老瓷器餐具的背后故事》一文中是这样写的：

为配合前面罗楷经老师的《清白传家》一文，特意请来了与“川菜圣手”罗国荣有着师承关系（也有亲戚关系）的白仕强师傅，让他在四川烹饪杂志社的创享厨房再现了“清白传家”这道昔日的“颐之时”名菜。

在白师傅为做菜带来的物品中，除白菜、青菜（又名芥菜），以及提前预制好的清汤外，还有三件型制及釉色均显特殊的瓷器。原来，在这些瓷器背后竟有着鲜为人知的故事。白仕强说这三件物品都是有来历的。先说盖碗，不仅碗底可见“咸丰年制”的官窑印章，而且从其做工及品相来看，也是当下文物收藏市场难得一见的珍品。尤其是在碗盖、碗壁所呈手绘烧制的粉彩，让人看着便会生出几分怜爱。

白仕强说：“这盖碗是由父亲白茂洲传到我手里的，父亲是罗国荣的外侄，在他十几岁时就从新津乡下到成都跟罗国荣拜师学艺。父亲生前对我说过，这盖碗一定要收好！要知道，它最早是由‘姑姑筵’创始人黄敬临从京城清宫带回来的。”罗国荣早年曾在姑姑筵做主厨，在他离开并准备自创“颐之时”包席馆时，黄敬临特意将此盖碗送给了罗国荣。

黄敬临送给罗国荣的“咸丰年制”题款盖碗

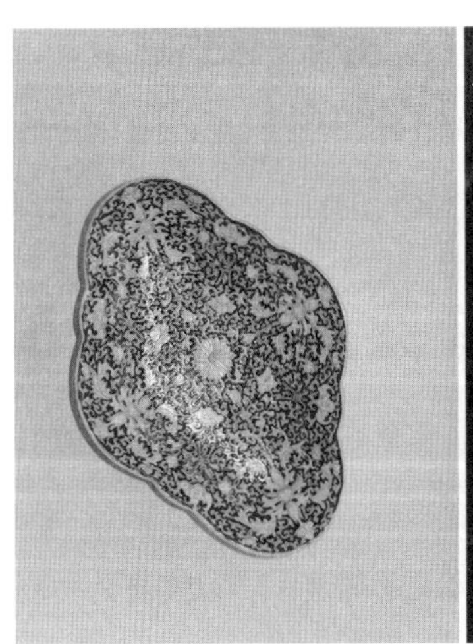

1938 年罗国荣定制的“抗战瓷器”

这两件分别在内外壁有着青花釉彩的罕见盛器（这也是一对）。其造型独特，制作精美，白瓷釉面上题写的“戊寅年仲夏抗日纪念祥五题”几个字，让这两只老碗陡然上升到历史文物的层面（碗底可见“江西瓷业公司”红色印章）。这可是1938年罗国荣为表明中国已全民投入抗日战争而专门定制的“纪念瓷”！时至今日我们仍不难想象，“颐之时”在八十多年前就有过定制抗战题材餐具之义举，可见其在四川乃至整个中国的抗战大后方是何等的辉煌。

白仕强把“清白传家”“开水白菜”做出来后，分别用师爷罗国荣传承下来的这三件器皿盛装上桌，美食配美器，这也仿佛是在演绎另一个百年传奇——它们均出自“川菜圣手”罗国荣之手，一个是有故事的清汤绝色肴，一个是有故事的古色古香器，两者居然在罗国荣诞辰110周年的岁末得以重逢相聚！这的确是件值得记录的事。

《一颗黄豆，数百道川菜，谈川味精神是勤于取味》的文章称，老一代川菜名师罗国荣曾说过一句气势磅礴的话：“在我手上，除了木头、石头做不成菜之外，其他能吃的东西，我都能把它弄上席。”能上席之菜，不是简单应付便能了事的，非精烹细做不可。如此胸有成竹，是罗国荣自身的实力使然，没有点石成金之手，是绝不敢夸海口的。川菜名师罗国荣就是凭借豆芽包子和豆芽炒肉折服众人的。

豆渣是制作豆制品的副产品，因其粗糙难咽且有豆腥味，常常被视为废弃之物。就是这样在某些人眼中低贱劣质的食材，在黄敬临、罗国荣这样的人手中也能化腐朽为神奇，变废为宝，做出酿豆渣鸭、豆渣鸭脯等宴会名肴。

这些例子充分证明了川味精神中十分重要的一条就是要想“凡料成珍”，就必须勤于取味，善于取味，智于取味，将食材的美味开发到极致。

无论是王海泉、黄敬临、黄绍清，还是罗国荣，他们都深知，真正的美食绝不是名贵食材的堆积，而是用工匠精神将普通食材变成珍品。一定要遵循源于自然、高于自然的原则去善待食材。在处理食材的过程中，要特别注意食材的搭配。主料辅料、荤素、浓淡的搭配，以及视觉、嗅觉、味觉三者的搭配形成食物的综合美是一门高深的学问。

笔者小时候就听母亲说过："你爸爸开菜单有时候要抽两包烟。因为菜单是宴会演出的剧本和施工的蓝图。他要考虑客人的身份、年龄、口味、喜好和忌讳等因素，还要考虑菜品的主次、荤素、浓淡；要讲究阴阳调和，热、温、平、凉、寒，五性的关系，还要考虑酸、甜、苦、辣、咸五味的和谐。什么季节，什么地方产的食物的什么部位最适合都要考虑得周到细致。此外还有上菜的程序、成本的核算等很多方面都要想到。"

刘自华先生在《国宴大厨说川菜》一书中提到 1965 年在北京四川饭店举行的一次宴会。

冷菜：陈皮牛肉、怪味鸡丝、五香酥鱼、葱油虾片、香油芦笋、莲花白卷、红油泡菜、海米香菇。

热菜：一品燕窝羹、三鲜烧紫鲍、网油荷包鸡、家常臊子海参、瑶柱黄秧白、四川牛头方、鱼香大虾、清汤蒸鲥鱼。

甜菜：八宝红苕泥。

汤菜：开水白菜。

小吃：三鲜虾蓉饺、醪糟小汤圆、芝麻南瓜饼、四川担担面。

这张菜单背后有什么文章呢？作者接着写到，被宴请的这位先生十分尊贵，但我们不知他是否能适应川菜的口味。所以，从饭店经理到厨房都高度重视，川菜一代宗师、有北京四大名厨之称的罗国荣师傅（当时罗国荣应该是临时借调至四川饭店的——笔者注）冥思苦想其用料，前后斟酌每道菜，既考虑到先生的饮食习惯，但又不能失饭店川菜的风格。经过反复修订，最后才形成了这份在四川饭店有典范之功的宴会菜单。

川菜讲究口味口感，注重烹调方法，用料品种多、范围广的特点在这份菜单中几乎全都展现了出来，一菜一格、百菜百味的美誉，在这席菜品中可以说是得到了近乎完美的体现。原料平而不俗，高档且淡雅，口味多样，浓淡有致，辣而不燥，咸鲜更醇。

佐酒小菜精新爽口，席中大馔突显阳春白雪的底蕴。燕窝羹冰清玉洁，烧紫鲍味至极品，荷包鸡因贵宾喜食而尽显名贵，家常臊子海参为上乘名馔，黄秧白川乡独享，牛头方是罗国荣大师的拿手菜。鱼香大虾微辣且鲜在其中，蒸鲥鱼醇鲜清淡，红苕泥川菜风格尽现，开水白菜亦是汤中极品，小吃则是美味与美感兼顾。

刘自华先生接着介绍了陈松如大师精辟的论述："名菜再加上名师的厨艺，使得这次宴会取得了令人叹服的效果。贵宾在席间一再感谢祖国的热情款待，并对饭店的菜点给予了极高的评价。不仅吃到了川菜之香，同时也品味出了粤菜之鲜。"

陈松如大师接着说："宴会，特别是高规格的国宴，怎样才能保证食用效果达到最完美的水平？首先要看是否严格遵守菜单所规定的上菜顺序，绝对不能随便改动。因为在菜单制定时，上菜顺序是经过了制定者深思熟虑以后才确定下来的，什么菜在前，什么菜在后，炸菜后为什么要紧跟二汤，这个菜为什么要在那个菜之后才上席，鱼菜为什么要压席而上，等等，所有这些都是有个中原因的。在走菜中即使顺序稍有变动，也会影响宴会的整体食用效果。"

关于以蓝光鉴、罗国荣为代表的川菜宗师对近现代川菜史的贡献，有文章作如下论述：

抗日战争时期，川渝成为抗战大后方，大批外地官员、富商和各界人士内迁入重庆、成都等地，全国几乎各大菜系的厨师、餐馆特色菜点及其烹饪制法甚至西餐等都随之入川。据 1943 年重庆的中西餐业同业公会会员名册统计，重庆市区已有中西餐馆 260 家。在成都也有许多经营外地风味乃至西餐的著名餐馆。这一时期，四川境内名厨云集、名店荟萃，为川菜与其他菜系的交融创造了条件，不仅涌现了许多川菜名店和名厨，如荣乐园的蓝光鉴、颐之时的罗国荣等一批近现代川菜的宗师，出现了分工相对固定的行业帮派，如饭食帮、燕蒸帮、面食帮、甜食帮等。而且众多的川菜制作者还创制了一大批名菜名点，营造了近现代川菜的兴旺局面。这一时期川菜的主要特色有三点：

一是烹饪特色突出。首先，用料广泛，博采众长。近现代川菜不仅充分发现和使用本地出产的众多优质烹饪原料，而且大量引进与采用外地、外国的烹饪原料。其次，调味精妙善用麻辣。辣椒的引进和广泛应用是促进川菜发展并形成独具一格菜肴的重要条件之一。辣椒成就了川菜。此时期还增加了如郫县豆瓣、保宁醋、南充冬菜、宜宾芽菜、永川豆豉等品类丰富、风味独特的酿制品，使川菜在调味上具有了精妙多变并且善用麻辣的特点。最后，烹法多样，别具一格。据《成都通览》所载，清代川菜普遍使用的烹饪法已有三大类二十余种，每种具体的烹饪方法下又派生出许多方法。其中，烧法下细分干烧、家常烧，都是川菜最具特色和最擅长的烹饪方法。

二是风味体系完整、多元。这一时期，四川大部分地区各种类型饮食发展较为均衡，川味菜点数量众多，品种齐全，使得川菜形成了结构完整、风格多样的风味体系。从地域分布上，川菜有上河帮、下河帮、大河帮、小河帮、自内帮之分。其中上河帮指岷江流域成都、乐山一带的川菜；下河帮指川江下游重庆、达州、万州一带的川菜；大河帮指长江上游泸州、宜宾一带的川菜；小河帮指嘉陵江和川北地区南充、绵阳一带的川菜；自内帮指自贡、内江一带的川菜。从消费对象和属性来看，当时川菜风味体系由筵席菜、三蒸九扣菜、大众便餐菜、家常菜、风味小吃五大类构成。各类均有不同的特色和品种。《成都通览》中记载筵席菜三百余种、家常菜上百种、面点小吃数百种，如甜烧白、粉蒸肉片、荷叶鲜肉等三蒸九扣以及韭黄炒肉、芋头烧肉等众多大众便餐菜。

三是饮食市场日益发达。主要形成了适应各种消费水平、口味爱好和习惯等的多层次、全方位较为完善的市场格局。有种类繁多、档次齐全的综合性饮食店，有异彩纷呈的专业化饮食店，还有自由流动的饮食摊点和商贩。在经营方式与经营档次上又分为两类：第一类是只承办筵席的饮食店，主要有包席馆，通常店面积大，陈设豪华，如正兴园。第二类是既办筵席又经营零餐的饮食店，有高中低档之分。其中，南馆是中高档饮食店的代表，最初主要经营南方菜肴，但很快被川菜融合吸收，受到川人喜爱。大众化的炒菜馆及饭馆是低档饮食店的代表。

现代川菜在这一时期涌现出了无数名厨高手，然而作者只举了两个最重要的代表人物，即蓝光鉴和罗国荣。从上述内容中不难看出罗国荣在川菜由创始定型向发展繁荣过渡期，以及在川菜发展繁荣期所作的重大贡献。

第二节 引领川菜走向世界的先驱

川菜发展的历史是一个不断“请进来”和“走出去”的过程。现代川菜自清末民初诞生至今，共有三次出川。

川菜出川 初展芳华

第一次是民国时期，对于这一次川菜出川大有众说纷纭、齐说不一之势。文史学者、专栏作家周松芳先生的观点如下：1949年以前大概只有北京、上海、南京、香港等地有跨地区经营的现象。四川远守西部，自古“蜀之道难难于上青天”，食材与人口出川均殊为不易，供给与需求两端都成问题，因此无论如何霸道的川菜，似乎都难有作为。李一氓先生说：“川菜馆北京不多，沙滩红楼对过有一家，上海也仅有都益处、锦江饭店两家，香港九龙有一家，汉口有一家，广州则没有。”唐鲁孙在忆述民国上海饮食的文章《吃在上海》中也认为：“抗战之前，上海虽然说辇辐云集，五方杂处，但是究以江浙人士为多，大家都不习惯辛辣，所以川湘云贵各省的馆，在上海并不一定吃香。”饮食名家唐鲁孙认为上海川菜馆“若论烹调精美，当为各帮之冠”。事实上，上海的川菜馆还是不少的，有段时期还很风行。早在1922年，商务印书馆编译所编印的《上海指南》就开列了大雅楼（汉口路二五三号）、消闲别墅（广西路四三九号）、陶乐春（汉口路二四一号）、都益处（浙江路小花园七号）等四家著名川菜馆，并说："新鲜海味，福建馆、广东馆、宁波馆为多，菜价以四川馆、福建馆为最昂，京馆、徽馆为最廉。"

川菜馆数量虽不多，但地位之尊彰显于菜价，乃是公认的事实。如戏剧理论家刘豁公1925年刊发的《上海竹枝词》则说："海上川菜馆不知凡几，调味之精，当推都益处首屈一指。"并赞以诗曰："劳生何用计沉浮，旨酒佳肴足解忧。川菜最宜都益处，粤筵还是杏花楼。"而据严独鹤的《沪上酒食肆之比较》记载，都益处之前尚有一家很有名的川菜馆醉沤，且是"沪上川馆之开路先锋"，"菜甚美而价码奇昂，在1912～1913年间，宴客者非在醉沤不足称阔人。然醉沤卒以菜价过昂之故，不能吸引普通吃客，因而营业不振，遂以闭歇"。由此可以推知，川菜风行上海的第一个时期，即在民国初年。

因此，有人便放言说："川菜在上海可以和粤菜并驾齐驱，华格臬路上就有好几家，都是声势煊赫，散在他处的也不少。最早以川菜号召的，是'美丽'，在四马路上，上海人都唤作'美丽川'。"（《艺海周刊》）这种势头发展到后来，以至于锦江饭店敢于打出睥睨一切的广告："中国菜是全世界最好的，四川菜是全中国最好的，锦江的四川菜是四川菜里最好的。"（《良友》）

尽管各有所云，看似矛盾。但也有共同之处，他们都说到现代川菜出川了，并说到了川菜出川所传播的国内范围和层次。另外，这次现代川菜还传播到了海外某些国家。

我们必须承认，现代川菜在北京、上海、广州、香港等城市以及其他国家城市的传播，为中华饮食文化的传承与发扬作出了贡献，那些先行者理应受到高度的尊敬。

进京献艺　誉满帝都

川菜的第二次出川是中华人民共和国成立初期。20世纪50年代初，随着中华人民共和国成立，为外交活动服务的需求越来越多，于是川菜开始了第二次出川。这一次川菜出川的档次、规模、影响、成就都是空前的，是第一次出川无法比拟的。

第二次川菜出川最大的成就就是川菜上国宴和川菜在北京占领了首都烹饪界的制高点。川菜不仅成为当时全国最好饭店的“四大方菜”（北京饭店将川菜、淮扬菜、粤菜、谭家菜列为“四大方菜”）之首，而且有走向全国、走向世界之势。自 1949 年开国大宴（即开国第一宴）始至 1966 年，为中华人民共和国国宴的第一阶段。1954 年左右，川菜厨师罗国荣、范俊康、黄子云，淮扬菜厨师王兰、李魁南，粤菜厨师张桥、康辉等先后进入北京饭店，构建了当时全北京也是全国最强大的国宴后厨团队。

据“开国四大名厨”王兰大师之子王文玉先生在北京市档案馆查阅的资料可知，北京饭店的厨房是一个大组，统管中西餐各菜系的大小厨房，组长为范俊康（北京饭店不脱产的兼职副经理，中共党员，主管行政——作者注），副组长为罗国荣、王兰（主管具体业务——作者注）。当年管理全国最高水平饭店后厨的三位领军人物中，有两位是川菜名厨。北京饭店餐厅供应中餐、西餐、日餐，厨师队伍实力雄厚，其中川菜是中餐最大的菜系，有厨师一百多人，占饭店厨师的三分之一。北京饭店先后被评为特级厨师的 47 人中，有 16 人为川菜名手，占人数的三分之一。

1. 北京饭店川菜的特点

川菜风味有成都、大河（长江流域）、小河（嘉陵江流域）之分。成都是川西历代首府，文化发达，大小餐馆星罗棋布，各有擅长。1949 年前后，犹有著名的“荣乐园”“姑姑筵”“枕江楼”“颐之时”“静宁”等擅长烹调时鲜大菜的包席馆；有“朵颐”“努力餐”“长生殿”等专门供应具有民间特点小煎小炒菜肴的零餐馆；有“香风味”“竹林小餐”“邱佛子”等供应大众化小份名菜的便饭馆；也有如“陈麻婆”“赖汤圆”等小吃店和“盘飧市”“醉翁亭”等腌卤酒店。成都风味就是集诸家的精湛烹饪技艺自成体系的。大河风味由来自成都的厨师所创。以前，成都厨师外出凭技谋生的很多，其中一条重要途径，就是去重庆帮厨，或继续沿长江而下，去武汉，去南京，去上海或其他地方。所以大河风味脱胎于成都风味，但又融合了本地特色。小河风味则富于家常风味特点，乡土气息较浓。北京饭店的川菜是以成都风味为主，也吸收了大河、小河的特色。

北京饭店的川菜主要特点如下：

第一，烹制方法分得较细，有熏、烘、烤、煒、酥、炸、浸、煎、爆、炒、滑、溜、贴、塌、摊、炝、烹、烧、烩、煨、炖、煮、蒸、氽、掸等二十多种不同的方法。

第二，在烹调技艺的色、香、味、形中，以味的多、广、厚、浓著称。川菜调味复杂多变，仅调味品种类就不下几十种，口味有咸、甜、酸、辣、麻、苦、香七味，其中麻味为其他方菜之少有。当然，川菜也并非像有的人所说都是麻、辣味的，麻辣多用于小炒，炖烧则慎用，尤其是"燕翅"等高档菜，用麻辣的更少。在北京饭店常用川菜中，麻辣味菜肴只居十之一二。同时，川菜又具有浓淡协调、醇厚入味、美雅清鲜的特色。

第三，运用了成套的传统烹调方法。这些烹调方法各有特色，而且调料搭配基本固定，只要变换主料，一种方法就可以做成多样菜肴，所以川菜有"一菜一格、百菜百味"之说。如仅一"烧"字就可分为"干烧""酱烧""黄烧""锅烧""软烧""葱烧""网油包烧"等多种烧法。又有"宫保""豆瓣""干煸""锅巴""馅子""家常""盐煎""酸辣""香糟""鱼香""粉蒸""豆渣""冬菜""香酥""罐汤""回锅""锅盔""白汁""龙井""漳茶""腌卤""风腊""火锅""红锅""水煮""陈皮""椒麻""姜汁""怪味""蒜泥""红油"等三四十种变换技艺。就拿"锅巴肉片"来说，是将锅巴炸得金黄酥脆，盛在盘里上席，然后将一碗滋汁饱满、刚出锅的肉片流在锅巴上，热烫的锅巴"吱吱"作响，因此也有人称它为"堂响肉片"。如果把此菜中的肉片换成虾仁，就又变成了"锅巴虾仁"，别有一番风韵。

2. 北京饭店的川菜传人

1949 年以前，北京饭店只有西餐，没有中餐厨房和中餐厨师。1949 年，为准备开国大典首次建了中餐厨房，引进了淮扬菜班子。创办四川菜班子的名厨，是 1954 年前后才陆续进店的，他们中间有川菜名厨罗国荣和他的徒弟黄子云，川菜名厨范俊康和厨师张志国、陈树林，后来又陆续调进了叶焕林、刘映谭、黄润、韩志郁、李致全、向绍清和徐海元等人，他们在1949年后的三十多年中，又培养了高望久等新一辈名厨，逐渐形成了实力雄厚的北京饭店四川菜班子。

范俊康（1909～1975年），1949年前当了二十六载的厨师，大部分时间是在重庆。他工川菜，以烧、烤见长，能做上千种精美菜点，“烧牛头”“烧牛蹄黄”“软烧鸭子”“口袋豆腐”等都是他的拿手菜。1954年，范俊康到了瑞士，在与各国友人三个多月的广泛接触活动中，范俊康做的菜几乎顿顿不重样。按一般规矩，豆腐是上不了正式宴会的，可是经他的手烹调的“口袋豆腐”，形似口袋，满兜浆汁，居然色、香、味、形俱佳，在宴席上大受外宾欢迎。他们称赞这道菜是终生难忘的美味，一定要请范俊康来一起干杯，表示敬佩和感谢。世界著名电影演员卓别林特别欣赏范俊康的“香酥鸭”，这位艺术大师在宴会上吃得津津有味，并且要求带走一只让他的儿子尝尝。卓别林对范俊康说：“我将来要到北京去专门向你学做“香酥鸭”。范俊康的“香酥鸭”赢得卓别林偏爱的诀窍，在于鸭子蒸得烂、炸得透，只要用手提起一只鸭腿轻轻一抖，整个鸭子就脱骨散开了，而且在蒸鸭时还放了砂仁、豆蔻、丁香等香料，这样做出来的鸭子怎能不皮酥脆、肉鲜嫩，倍受客人赞赏呢！

罗国荣（1911～1969年）与范俊康是师兄弟，早年两人曾一起在成都“福华园”学过艺。罗国荣的烹饪造诣很深，在许多菜肴的制作方法上与众不同，别具一格，可以说是川菜与满汉宫廷菜的合璧，郭沫若曾称赞他是“西南第一把手”。我们只要了解一下罗国荣的艺途和指点过他的几位名师，就会感到郭沫若的话确是言出有因。

罗国荣最初的师父是“三合园”的王海全，后来的师父是“福华园”的黄绍清，这两个人都是成都首屈一指的川菜名厨。经他们的栽培，罗国荣打下了良好的技术底子。他出师后就开始帮“姑姑筵”的黄敬临做事。黄敬临虽然学识渊博，颇有灵感，美中不足的是他自己手头功夫不行，样样都要依仗罗国荣，从而使罗国荣眼界顿开，功夫日进。所以说，罗国荣经验丰富，技艺高超，其一是出自两位高师之门，其二是得到黄敬临的指点，把川菜和满汉宫廷菜精粹一炉，青出于蓝而更胜于蓝了。

黄敬临去世后，罗国荣邀一些人合股开了“颐之时”饭馆，专门承办高级筵席，买卖十分兴隆。后来又在重庆开了分号，他本人乘飞机来往于成渝之间照看，名气也越来越大。后来，罗国荣来北京饭店工作，不但为北京饭店的四川菜系打下了良好的基础，而且也使他的烹饪技艺得到了充分的发挥。

3. 北京饭店的川菜名菜

北京饭店川菜隽永的风味和厨师高超的技艺，博得了海内外宾客的同声赞誉。这里经营的川菜名肴，是全国各地川菜名师绝技的汇合，是经几十年考察研究创新的硕果。名贵菜点吃不尽、数不清，如“烧黄肉翅”“龙井鲍鱼”“蝴蝶海参”“豆瓣海参”“抄手海参”“红烧熊掌”“红烧鹿筋”“红烧象鼻”“清蒸元鱼[1]”“漳茶鸭子”“叉烧鸭子”“黄酒焖鸡”“干烧鳜鱼”“锅烧鱼”“金钱虾”“烤方”“烧牛蹄黄”“坛子肉”“水煮牛肉”“豆渣猪头”“回锅肉”“玻璃肚片”“八宝锅蒸”“雪花鸡淖”“芙蓉鸡片”“口袋豆腐”“鱼豆腐”“肝糕汤”“开水白菜”“清汤冬瓜燕”“清汤凤尾”“糖醮锅炸”“杏仁豆腐”“鸡油红苕”，等等，都是不可多得的美味佳肴。

北京饭店川菜之变化多端，美味无穷，真是难以尽述，而这些美味佳肴，都是人们历代智慧的结晶。从下面提及的几种四川传统佳肴便可略窥全豹之一斑。具有百年历史的“麻婆豆腐”，是源于成都北门外万福桥头一对姓陈夫妇开的夫妻小吃店，女主人面有麻点，被人称作“陈麻婆”。她烧豆腐颇有独到之处，经她之手烧出的豆腐小块、雪白、细嫩，缀有金黄的牛肉酥脆馅子，带着青绿的短节蒜苗，撒上香喷喷的花椒粉，四周浮现出一层红油，吃起来麻、辣、烫、浑、酥、嫩、鲜，从此“麻婆豆腐”的名声就传开了，而且越叫越响。再有“凉拌怪味鸡”一菜，所用的调料就有红白酱油、麻酱、香油、白

---

[1] 清蒸元鱼即为清蒸甲鱼。

糖、醋、芝麻、花生碎米、糟蛋汁、红油、花椒末、豆豉、油酥豆瓣汁等十余种。拌好的鸡块肥嫩，味道咸鲜中微带甜酸，并混合着芝麻、红油、花生和糟蛋汁的异样芳香，确实称得起“味多而怪”。这是人们在实际生活中不断品尝、研究，逐步形成的美味。还有的人家祖代相传在泡菜坛中放入几尾小小的鲫鱼，这样泡出的辣椒味道特鲜，称为“鱼辣子”。厨师用鱼辣子配上葱、姜、蒜、酱油、盐、糖、醋等调料，可以烹制出鱼香不见鱼的各种菜肴，这就是“鱼香”类菜的由来。总之，北京饭店川菜正是在川菜烹调的雄厚基础上成长和发展起来的，并形成了自己的风味。

群英荟萃　异彩纷呈

从上文我们不难看出，此次川菜出川一下子就赢得了首都北京甚至全国烹饪界的欢迎。当年来京的川厨可谓群英荟萃，有一篇写川厨进京的文章叫《国宴上的川菜风》，可作为了解当时盛况的参考。

国宝大师伍钰盛

伍钰盛1928年从事烹饪，最初在成都天顺源饭馆学徒，师从川菜名师田永清、甄树林。他二十几岁即为集川菜之大成、享誉川渝的名厨，曾主理过各方要员参与的重要宴会。1949年后，伍钰盛从香港回到北京主持峨嵋酒家，为首批国家级烹饪大师，也是让川菜在北京开枝散叶、发扬光大的一代宗师。

20世纪30年代，二十多岁的伍钰盛在巴蜀厨界已名声不凡。当时四川官宦人家都以能请到伍钰盛做家厨为荣。1946年伍钰盛还受朋友相邀到上海玉园餐厅掌灶两年，其后，伍钰盛随一些名流富贾去了香港，在港期间曾为香港总督和澳门总督献艺。一时间使得他所在的香港皇后大道英英福禄寿酒家生意红火、顾客盈门。

中华人民共和国成立后，国家百业待兴，需要各方面的人才。伍钰盛和一批爱国人士及文化艺术界名人，放弃优厚的待遇回到北京。开始在东安市场筹办“四川食堂”，在西长安街创建了当年最大的川菜馆——峨嵋酒家。

峨嵋酒家的开业轰动了整个京城，不少各界名流如张友渔、齐白石、马连良等也慕名而来，京剧表演艺术家梅兰芳先生只要长安戏院有戏必到峨嵋酒家用餐。1951年，峨嵋酒家曾因种种原因被迫停业。为了生计，伍老便到太平桥一个小炒面馆帮厨，就在这个时候梅兰芳闻香追逐而至。1956年，峨嵋酒家易地重张，梅兰芳和齐白石前去祝贺，梅兰芳先生为峨嵋酒家画了一幅梅花，齐白石先生为峨嵋酒家画了一幅大虾图，这些字画都成了峨嵋酒家的镇店之宝。

伍钰盛之烹艺之所以受到广泛赞誉和殊荣，皆因为他精通川菜，讲究选料、切配精细、烹调精道、风味正宗。川菜品种繁多，伍钰盛无一不通，很多传统名菜，经他烹制出来味道就大不一样。无论刀工、质地、味道、口感，都能推陈出新，平中出奇，俗菜不俗。例如宫保鸡丁，一经他手里做出来就大不一样。他把鸡丁由方形改成“梭子块”，既使原料受热均匀、进味面广，又使其与配料花生米的颜色和形状相得益彰，曾被誉为“状元菜”。这道菜的奇绝之处，还在于即使吃到最后菜凉了，鸡丁也依然保持鲜嫩的口感，鲜香的味道始终不变。50年来，这道菜直到现在还是峨嵋酒家的保留菜。

“豆渣烧猪头”是一款传统名菜，技术难度较大，加工处理也很复杂，但却是伍钰盛的一道拿手菜，也是国宴席上的一道大菜。此菜烧制出堂，令人咋舌，成菜大气、色泽红亮、汁浓味醇、肉质滋糯、豆渣香酥、咸鲜微甜，常令食客越吃越香、越吃越美。

伍钰盛的代表菜还有黄焖鱼翅、干烧海参、鸡豆花、开水白菜、烧四方、水煮牛肉、干煸牛肉丝、干烧鲤鱼等。伍钰盛精通川菜，在继承优良传统的同时，又有自己的见地，他的座右铭是：“传承不等于墨守成规，创新不等于乱本。”

作为一代川菜宗师，伍钰盛从50年代初从香港回到北京，直到2013年11月逝世，享年100岁。几十年间，他把毕生精力和才艺奉献给了他所热爱的川菜烹调，在难以计数的国宴中为国家赢得诸多荣誉，也给广大海外内外贵宾及食客大众烹调出了世间难得的口福。

帅才大师罗国荣

一个川菜大厨，因为历史的机缘，在中国命运处于风云巨变的关口，以食为媒，从一个出身贫寒的民间厨师成长为一代国宴大师。

1954 年，罗国荣被调往北京饭店主厨。在 20 世纪五六十年代，北京饭店是专门接待外宾的招待所。在罗国荣和徒弟黄子云及师弟范俊康调入后，川菜便成为主角。

刚到北京饭店工作，罗国荣的厨艺就大显身手，被贵宾要求见面，见面时，贵宾对他烹制的菜肴大加称赞。中华人民共和国成立后，罗国荣服务的一位贵宾，在一次便宴上认为饭菜格外美味，提出要见见厨师，主办者派人把罗国荣叫到宴会厅，向贵宾介绍："这是我们的川菜名厨，国宴上的菜也是他做的。"还让罗国荣向贵宾敬酒碰杯。

1956 年，在一位来华贵宾参加的重要宴会上，罗国荣炒了一道川菜名品宫保鸡丁，没想到贵宾赞不绝口，筷不离手，眼看盘子要见底儿，细心的主人立刻派人通知厨房马上再做一份。

同一道菜在国宴上上两次，当算是奇闻。正宗的宫保鸡丁选的是雏母鸡的鸡腿肉，去皮、抽筋、捶松、切丁。小母鸡的鸡腿才多大？一盘子宫保鸡丁怎么也得三五只鸡腿，现切根本来不及。好在墩子上有一份现成的鸡丁肉，是罗国荣提前准备时多切出来的，本打算等宴会结束叫徒弟黄子云炒给厨房的人吃。于是三五分钟不到，又一份宫保鸡丁出锅，主宾都有些惊讶。宴会结束后，举办者亲自到厨房给罗国荣敬酒，夸赞他："老罗啊，你今天的表现太好了，又露了一手！"

1963 年 2 月，在一次重要的宴会上，开好菜单了，罗国荣哮喘发作，咳嗽得躺在床上去不了。距离开席没多长时间的时候，另一位主厨才汇报头菜的原料腥味去不掉，肯定上不了席了。头菜废了这还了得？饭店的领导立刻派专车赶到罗国荣家，硬是把他从床上拉起来，扶上车送到厨房，并让他的徒弟从旁协助。一场危机很快化解，事后主办者还表扬"今天的头菜烧得好"。带病"救火"成功后，罗国荣就回去治病了。主人和贵宾都以为头菜是另一位主厨做的，宴会结束后，被请出去敬酒。事后同去的饭店领导和职工都觉得有些不对头，而罗国荣却对大家说："十个菜有九个都是他做的，只有一个我帮了一点小忙，他喝贵宾敬的酒是很应该的。"

在川菜传奇史上，继荣乐园蓝氏兄弟和姑姑筵黄敬临流派之后，被誉为"川菜圣手"的罗国荣，无疑是那混沌时世中名噪巴蜀和京城的一代国宝级川菜大师。

川菜掌门陈松如

陈松如，原北京四川饭店首席厨师长，享有"中国川菜掌门人""国宝厨师"之美誉；1986 年被北京市人民政府授予"特一级中餐厨师"称号；1987 年，他率弟子赴新加坡进行烹饪表演，轰动狮城，被誉为"国宝级川菜大师"。

陈松如（1921～1993 年），四川省资阳市雁江区老君镇人，出生在一个贫苦农民家庭。1933 年，年仅 12 岁的陈松如进入成都陶乐天餐馆从厨，在陈昌明先生门下学徒 3 年。由于工作条件差，劳累过度，有病无钱医治，他的腿造成了终身的残疾。而后在成都西御街成都饭店和朵颐食堂任厨师。他心灵手巧，虚心求教，18 岁便能独立操办和主理宴会。事厨中，他博采各家之长，潜心钻研，技艺迅速提高，并逐渐形成了自己的烹饪风格，至 20 世纪 50 年代已成为名闻全川的川菜名师之一。

1958 年 10 月，北京四川饭店开业，中国现代文学巨匠四川乐山人郭沫若题匾。端庄的金色大字体现出几分儒雅之气，预示着四川饭店将在北京承载着沉淀数百年的川菜饮食文化。

1959 年 8 月 4 日四川饭店开业试餐，有关领导语重心长地叮嘱厨师班子："你们一定要保持正宗的四川风味，不要进了北京城就求洋，坚持严格的操作，川菜不准走样。"一位年高德劭的首长也说："有人不吃辣，来了也不能照顾，一照顾风味就变了。如果谁有意见你让他来找我！"

四川饭店初创时，陈松如作为厨房组长（笔者注：厨师长），工作开展得相当不容易。厨师中有黄绍清（笔者注：罗国荣的师傅，尊称为黄师爷），黄的徒弟陈海清，徒孙王跃泉（笔者注：罗国荣的徒弟）这些前辈名厨。此外，除了成都，还有来自重庆、自贡、宜宾、南充、泸州等地的大师傅们，真可谓高手云集，自然在管理上、菜品风味上、烹调技法上都难于达到统一，矛盾比较突出，时有问题发生。陈松如总是耐心细致地做每个人的工作，从不站在某一派别的立场上讲话或处理问题，而是从席宴和客人的要求出发，关注整体利益，从工作角度团结大家，做到统一认识、统一口味、统一技法。在树立四川饭店的品牌菜上，他起到了核心的作用。四川饭店的业务蒸蒸日上，上级领导非常满意。四川饭店品牌菜如清汤燕菜、开水白菜、网油灯笼鸡、豆渣鸭脯、干烧鱼翅、三元鲍鱼、家常海参、宫保大虾、奶汤杂烩等，都是宴席中的招牌菜，陈松如为创建四川饭店品牌菜立下了汗马功劳。

陈松如师傅还擅长创新，不时地推出改良新菜。像“家常臊子海参”，改进了刀口和配料，在肉臊的加工上下了功夫，把肉焖酥再用酒烧，使它进口即化，主料海参，则用文火慢煨到里外一个味。这道菜在人民大会堂盛大的国宴上几乎都少不了。

四川饭店的正宗川菜、地道川味也得到了首长们的充分肯定。陈师傅曾很动情地说：“我最难忘的是三次进中南海给首长做饭。”记得第一次去，就做了“网油灯笼鸡”，首长很爱吃，特意叮嘱下属把剩下的半只鸡留到晚饭再吃，还要警卫员把院内结的葡萄摘下几串送给大师傅尝鲜。

在很长一段时期，宴请中外宾客或重大国事活动时，都指定四川饭店的川菜为国宴的必上菜。有位首长经常在四川饭店宴请国内外宾客，很喜欢陈松如做的“开水白菜”。1962 年，首长在上海用餐后说：“开水白菜还是四川饭店的好。”上海锦江饭店、华侨大厦、国际饭店等便先后派人进京向陈大师学习技艺。

川菜大师闹京城

除了伍钰盛、罗国荣、陈松如，北京饭店的黄子云、三家村酒店的甘国清、北京饭店的范俊康等，都是誉满京城的川菜大师。20世纪五六十年代的国务活动、外事活动的宴请，筵席上都由他们领衔主厨，潇洒献艺。

黄子云，1926年生，四川新津县长乐乡（今花源镇）人。1944年到成都“颐之时”饭庄拜名师罗国荣学习厨艺。1954年随罗国荣、范俊康一起调入北京饭店，从事川菜烹调工作。1979年起，黄子云曾先后到美国、法国、德国、日本、奥地利献艺，被誉为“烹饪特使”，获德国汉堡国际博览会烹饪技术金奖。几十年来，黄子云圆满完成了历次重要国宴的设计和制作，接待过不少外国总统、总理及众多外国军政要人。

1972年，有一位外国元首首次访华，在北京饭店和钓鱼台国宾馆举行的两次宴会，请他吃的都是川菜。黄子云所做的冷热菜，都让贵宾赞不绝口。这位贵宾幽默地比画着肚子，告诉东道主吃得太饱了。这位元首回国后，把他对川菜深刻的印象也带回了大洋彼岸。

从20世纪80年代初至90年代初，几乎每年8月22日黄子云师傅都要为一位首长也是同乡主理生日宴，有时在北戴河，有时在北京饭店。这位首长八十大寿时，宴后曾步入厨房与黄子云握手合影，并称赞黄：“你是大师，弄出来的菜就是不一样。”

这位首长最欣赏“三元牛头”，这道菜是川菜中的一绝。做“三元牛头”费工、费时、费力，黄子云师傅制作得极为精细，先用火燎牛头，烧焦皮面，然后用水浸泡，再仔细刮净焦皮，直至毛根退净才上火烹制。不过黄师傅说：“我这位老乡平时吃饭很简单，一点儿也不铺排，比如他喜欢吃羊肉串，当然，一定要加辣椒末。”

从1979年起，黄子云带着一手川菜绝活，先后到美国、法国、德国、日本、奥地利作川菜烹调技艺表演，所到之地旋即掀起“川菜热”。1980年在德国科隆的洲际饭店举办“中国烹饪周”，黄子云任首席厨师，时任德国总理科尔、外交官员根舍都赶来大快朵颐。1982年黄子云再做首席厨师，参加了日本东京新大谷饭店举办的“中国北京饭店名菜节”。1984年黄子云在美国纽约第46街的北京饭店掌勺4个月，令许多吃惯广东菜的美国人开始知道“粤菜好吃，川菜更妙。”

甘国清，1925年8月15日出生，四川江安人，国家特一级烹调师、川菜大师。14岁进入厨师行业，从业七十余年，被誉为“军中名厨”“餐饮活化石”。

原北京饭店川菜名厨范俊康，是一代川菜宗师罗国荣的师弟，以烧烤见长，是北京饭店著名国宴菜点的烹饪大师。1954年，在宴请著名电影表演艺术家、幽默大师卓别林的宴会上，卓别林吃了范俊康烹制的香酥鸭后赞不绝口，感叹为“终生难忘的美味”，并请求中方一定要送他一只带回去与家人分享。席间卓别林还特意会见了范俊康，幽默地说将来要到北京专门学习制作香酥鸭。引来宾主开怀大笑。

是的，川人，乃至华人有充足的理由自豪。川菜，自古蜀起源，商周面世，汉晋初成，唐宋兴盛，清末定型，到民国初年，方定名“川菜”，成为菜系，形成特色，因“以味见长”“清鲜醇浓并重，善用麻辣”“一菜一格，百菜百味”而影响中华大地，波及五洲四海，促成川菜天下、天下川味之宏大气场。

罗国荣、范俊康的师父黄绍清大师也是不得不提的人物。在四川饭店建成之前，罗国荣就向有关领导建议，由黄绍清大师担任四川饭店的顾问。黄大师1959年来京任顾问不久，1960年1月就被评为二级烹饪技师。在北京经营多年的不少名厨，都没能享受到黄绍清大师这么高的待遇。他的两个徒弟罗国荣、范俊康都是特级烹饪技师（当时全中国只有3位特级烹饪技师）。另外，前门饭店的尹登祥，他到北京之后，虽未拜师，却师事罗国荣，经常到罗国荣家中请教。1960年第一次评技师时，与伍钰盛大师一样也被评为三级技师。前门饭店的庹代良大师也是一位德艺双馨、声誉卓著的名厨高手。曾经在国家机关主厨多年的张洪伦大师和甘国清大师，也是厨艺精湛、厨德高尚的烹坛宿将，不愧是当年进京川厨中的佼佼者！

张洪伦，1916 年 10 月出生，1993 年逝世，四川乐至人。1937 年在成都长美轩饭馆学徒。擅长烹制四川菜，其代表菜品有“冬瓜盅”“豆渣猪头”等，他制作的“核桃酪”曾受到首长的赞扬，《中国食品报》专门撰文报道过此事。1949 年他调到成都交际处执厨，工作中他任劳任怨，赢得了一致好评。张洪伦曾多次被评为先进工作者，由于张洪伦精湛的烹饪技艺及特殊贡献，相关部门在生活上、医疗上给予了他特别照顾。张洪伦的徒弟有王志华、孙爱国等。

张洪伦、甘国清和罗国荣有着几十年的友谊。

这里还要特别提一下伍钰盛大师和罗国荣的友谊。罗国荣和伍钰盛有三十多年的交情。1956 年 9 月笔者随母亲进京，在 11 月前后，伍老在西单的峨嵋酒家请我们全家吃饭。虽然他比我父亲年龄小，按当时四川人的习惯，我还是尊称他“伍伯伯”。席间，罗、伍两位大师亲切交谈，相谈甚欢。伍老给我父亲斟酒时热情、尊敬的神态，至今记忆犹新。

除了《国宴上的川菜风》一文中提到的人之外，还有罗国荣、范俊康的师兄弟陈海清大师，陈大师 1959 年进京，在北京四川饭店任头灶，他厨艺精湛，主理过很多重要的政治、外交宴会，成为京城川菜的翘楚。

罗、范二人还有两位师兄弟，一位是刘少安大师，到京后先在恩成居饭庄主厨，和谭家菜的彭长海大师同事，后来彭长海等谭家菜师傅调入北京饭店，刘少安大师则奉调去青海西宁主理厨政。20 世纪 70 年代，刘少安大师退休回京，被二次重张的四川饭店请去做顾问，为四川饭店的第二次辉煌作出了重大贡献。另一位师兄弟张汉文大师手艺十分了得，进京后调入国务院机关事务管理局，毕一生之精力，专注于川菜研究，深得好评。

1959 年，北京四川饭店开业时，罗国荣的高徒王耀全也进京献艺。他厨艺高超精湛，与白茂洲、黄子云、陈志刚并驾齐驱，为人也极善良、厚道。

其人性格极内向，20 世纪 60 年代末，北京四川饭店歇业关张后，他回到了成都。

和罗国荣一起在北京饭店工作的还有黄润，他是罗国荣在 1949 年之前正式收的最后一个徒弟。他为人忠厚、勤奋，待人厚道，厨艺十分精湛。在北京饭店工作几十年，无论是服务对象，还是领导同事，都对他十分夸赞，口碑甚佳。罗国荣的弟子中，还有在国家体委给国家运动员主厨的罗治中、给首长任家厨的罗友伦、在机关食堂主厨的陈崇真、刘元发等。

这些弟子不仅自己驰骋在各个岗位，他们还培养了很多新秀。比如罗国荣的徒弟黄润，他的徒弟孙禄为人正直，踏实可靠，厨艺高超。20 世纪 80 年代为一位领导人主理厨政，深得首长的赏识，一共在他家服务七八年，一直到这位首长逝世才离开。李致全的徒弟朱志明是北京饭店理发大师朱殿华的长子、开国大宴（即开国第一宴）的第一主厨朱殿荣的侄子。据朱殿华先生的私淑弟子彭晓东讲，朱殿华生前多次对罗国荣表示赞赏和钦佩。北京饭店各大菜系名师荟萃，高手云集，朱殿华是参加过 1949 年开国大宴服务工作的北京饭店的元老级人物，在北京饭店奉献了一辈子。以朱殿华在北京饭店的地位、人缘、威信，以及他对北京饭店中西餐厨师团队的了解，他可以让自己最爱的长子拜任何一位烹饪名家为师。朱殿华恰恰选择了川菜圣手罗国荣的徒弟李致全是大有深意的。李致全教得认真，一丝不苟，朱志明学得努力，心领神会。最后朱志明成为北京饭店后厨的重要骨干，于 1988 年被评为特三级烹饪技师。

20 世纪五六十年代，北京饭店的黄子云、康辉、叶焕林、徐海元、向绍清被誉为“五虎上将”，除了康辉大师，那四位都是川菜大厨。叶焕林大师在北京饭店为到“中国烹饪大本营”前来参观的贵宾做了精彩的表演，叶大师出神入化的烹饪绝技，受到了贵宾的高度赞扬。罗国荣的弟子魏金亭精心制作的火锅也受到了贵宾及随行人员的喜爱和夸赞。

除了上述笔者知道的川厨之外，一定还会有很多因笔者因见识短浅未涉及之人，倘有遗漏，敬请鉴原。

川菜先驱　实至名归

20 世纪末，北京市组织各路精英编写了一套《北京志》，后来又相继出版了相关图书，其中有一本《北京大辞典》，书中对“川菜馆”词条中的“人”与“事”有如下阐释：

“川菜馆”为综合性词条，释文撰写目的在于清楚地介绍川菜在北京的发展概况。除了写清楚川菜在北京的起源、北京川菜馆的概况、北京流行的川菜名菜这三大基本信息外，还突出了“人”“事”与北京的关系，从而使释文有较强的可读性。

1. “人”与北京

这些图书注重与读者的贴近，写读者想知道的，在丰富读者的见识的同时，增强读者与北京的共情。在撰写“川菜馆”时，找到了“川菜”与“北京”这两个重要元素之间的契合点，即“罗国荣”。从“川菜”的角度出发，罗国荣被誉为川菜圣手，是 1930 ～ 1960 年川菜的顶级厨师之一；从“北京”的角度出发，罗国荣曾在北京饭店任主厨，还曾多次参与国宴的制作，所做的拿手菜得到外宾好评。释文重点介绍了罗国荣这一人物与北京的关系，这些内容不但有趣，还拉近了读者与词条的距离，使读者更加直观地了解北京历史中的“川菜”。

2. “事”与北京

词条中的“事”并非干涩的陈述，也不是为了增加读者的谈资而随意选取的，而是经过了认真考虑和仔细求证。释文中共写到了 4 件事，而这 4 件事都是与罗国荣有关的事。

川菜圣手罗国荣在重庆为政要主厨，此事为罗国荣调入北京、川菜在北京继续发展埋下了伏笔，为读者提供了川菜在京发展的背景信息。20 世纪 50 年代有不少各大菜系的名厨被调入北京。

编写了《北京大辞典》，并出版了《北京大辞典》编辑文选——从《北京志》到《北京大辞典》一书。该书对书中“川菜馆”辞条中的”人”与“事”有如下阐释：

× “川菜馆”辞条中的“人”与“事”-看点快…

“川菜馆”辞条中的“人”与“事”

“川菜馆”为综合性辞条，释文撰写目的在于清楚的介绍川菜在北京的发展概况。除了写清楚川菜的北京起源、北京川菜馆的概况、北京流行的川菜名菜这三大基本信息外，还突出了“人”“事”与北京的关系，从而使释文有较强的可读性。

“人”与北京

× “川菜馆”辞条中的“人”与“事”-看点快…

“人”与北京

《北辞》注重与读者的贴近，写读者想知道的，在丰富读者的见识的同时，增强读者与北京的共情。在撰写“川菜馆”时，找到了“川菜”与“北京”这两个重要元素之间的契合点，即“罗国荣”。

从川菜的角度出发，罗国荣被誉为川菜圣手，是1930~1960年代川菜的顶级厨师之一；从“北京”的角度出发，罗国荣曾在北京饭店任主厨，还曾多次参与国宴的制作，所作的拿手菜得到外宾好评。释文重点介绍了罗国荣这一人物与北京的关系，这些内容不但有趣，还拉近了读者与辞条的距离，使读者更加直观的了解北京历史中的“川菜”。

除了罗国荣，释文还提到另一人物“慈禧太后”——“开水白菜”是“慈禧太后”喜欢的名菜之一，增加了释文的趣味性。

× “川菜馆”辞条中的“人”与“事”-看点快…

“事”与北京

辞条中的“事”并非干涩的陈述，也不是为了增加读者的谈资而随意选取的，而是经过了认真的考虑和仔细的求证。释文中共写到了4件事：

川菜圣手罗国荣在重庆谈判中为两党人士主厨。看起来似乎与北京没有直接的关系，但却为此后罗国荣调入北京、川菜在北京继续发展埋下了伏笔，为读者提供了川菜在京发展的背景信息。

罗国荣调入北京饭店任主厨。1950年代有不少各大菜系的名厨被调入北京，但罗国荣和他们不太一样，他直接由毛泽东点名调来。这一事件不但呼应了罗国荣在重庆谈判中主厨的信息，也从侧面说明了罗国荣在川菜上的精湛造诣。

名菜“蝴蝶海参”受到尼赫鲁赞美。开水白菜

× “川菜馆”辞条中的“人”与“事”-看点快…

厨的信息，也从侧面说明了罗国荣在川菜上的精湛造诣。

名菜“蝴蝶海参”受到尼赫鲁赞美。开水白菜和蝴蝶海参两道菜都是罗国荣的拿手菜，也是川菜的名菜。“蝴蝶海参”进入国宴并受到赞赏是对川菜的肯定，侧面体现了川菜与北京文化的融合。

“开水白菜”的来历。开水白菜与其他川菜不同，大部分川菜创制于四川，而开水白菜创制于北京（清代御膳房），与北京关系密切，1949年后又成为国宴中的一道菜。它的发展历程特殊而有趣，值得为读者深入介绍

热点视频

媒体对《北京大辞典》编辑文选的报道

“开水白菜”和“蝴蝶海参”两道菜都是罗国荣的拿手菜，也是川菜的名菜。“蝴蝶海参”进入国宴并受到赞赏是对川菜的肯定，侧面体现了川菜与北京文化的融合。开水白菜与其他川菜不同。大部分川菜创制于四川，而开水

白菜创制于北京（清代御膳房），与北京关系密切，1949 年后成为国宴中的一道菜。

中国烹饪大师邱克洪先生曾说："罗国荣是川菜一代大家和宗师，是传播川菜的先行者，是吾辈毕生学习的楷模，老北京的餐饮人无不望其项背。"邱大师与北京的朋友们交流川菜时，也会提到"罗国荣"大名，以示尊重。

从 1959 年起，先后两次进京主理北京四川饭店的国宝级烹饪大师陈松如先生的子女，在议及罗国荣时也真诚地说道："罗国荣老先生是我国川菜的领路人，声名远播，至今无人企及，深为我们热爱川菜的后辈敬重。"

此外，北京的业内同仁还提出了"京菜系"的概念，"京菜系"包括什么内容呢？有文章是这样论述的：

京菜系

京菜属于都市菜系，地处北京市，内陆菜系。北京是中华人民共和国的首都，地处华北平原的北端，四周为河北省和天津所环抱。20 世纪初的京菜由鲁菜、满菜、本地小吃构成。今天的京菜集全国烹饪技术之大成，不断地吸纳各地饮食精华。国内 34 个菜系的风味流派，几乎在北京都开有餐厅。北京作为首都，有近 200 个大使馆，世界各国的美食餐厅超过 5000 家。所以说京菜是中外美食汇聚的多样体。

京菜系的主要门派：谭宗浚师门、罗国荣师门、伍钰盛师门、金永泉师门、康辉师门、黄子云师门、张文海师门、马景海师门、王义均师门、郭文彬师门、董世国师门、艾广富师门、崔玉芬师门、杜广贝师门等。

谭宗浚师门

谭家菜创始人谭宗浚（1846 ～ 1888 年），广东南海人。1874 年（同治十三年），谭宗浚殿试中一甲二名进士（榜眼），入京师翰林院为官，居西四羊肉胡同，后督学四川，又充任江南副考官。谭宗浚一生酷爱珍馐美味，他与儿子以重金礼聘京师名厨，使得其烹饪技艺将广东菜与北京菜相结合而自成一派。谭家菜的烹饪技艺，以烧、蒸、卤等技法见长，特别擅长烹制海味，代表菜品有浓汁吊汤、柴把鸭子、罗汉大虾、清汤燕窝、蚝油鲍片、葵花鸭子、五彩素烩等。谭宗浚师门薪火相传，第一代传人谭宗浚的儿子谭瑑青及夫人赵荔凤；第二代传人谭家家厨彭长海；第三代传人彭长海的徒弟陈玉亮、王炳和、刘京生。

罗国荣师门

创始人罗国荣（1911～1969年），京菜系川菜大师，与王兰、陈胜、范俊康曾并称为“中国四大名厨”。罗国荣1911年出生于新津县花园场，早在13岁即开始了学厨生涯，最早的师父是他的同乡、近代川菜名厨王海泉。罗国荣大师是第一批当选中国特级烹饪技师的名厨，操持过无数场国宴，为领导人服务了15年。他精通红白两案，做过无数令人拍案叫绝的佳肴，被赞为“帅才”，代表菜有开水白菜、贵妃鸡、蝴蝶海参等，门下弟子有黄子云、李致全、黄润、于存、李世宽、魏金亭、陈志刚、白茂洲等。

伍钰盛师门

创始人伍钰盛（1913～2013年），京菜系的川菜大师，师从川菜名师田永清、甄树林。他曾为很多军政要员司厨办宴，在峨嵋酒家主厨40余年，创立了自成一家的“峨嵋派川菜”，使峨嵋酒家成为独具特色的川菜名店。伍老退休后，还担任北京市服务学校高级顾问，为培养厨师后备力量呕心沥血。伍老在工作、教学上极力弘扬“厨德”，使后来学者收益颇大。伍钰盛的代表菜有宫保鸡丁、烧牛方、豆渣烧猪头、豆瓣大虾、干煸牛肉丝、水煮牛肉、开水白菜等。门下弟子有冯瑞阳、赵国忠、张晨、孙岳等。

金永泉师门

创始人金永泉（1920～2012年），京菜系的晋菜大师，师承京城名厨郑德福、卢成瑞，后到万寿堂饭庄、惠风堂饭庄等店工作。从事烹饪工作70余年，金永泉大师掌握了170余种晋菜的精华制作技法。几十年来，他认真学习，充分借鉴、吸取川、鲁、粤、淮扬等菜系的精华，博采众长，诸多绝艺中，尤其以制作各式泥蓉菜肴见长。金永泉知识广博，技艺精湛，勇于创新，手法独特，自成一家，是当代名望极高的晋菜宗师，业内人称“金大爷”，著有《晋菜精萃》。金大师精通晋菜、京菜，代表菜有香酥鸭、氽鸡蓉丸子、鸡蓉花燕窝、金钱大乌参等。门下弟子有张武军、魏文福等。

康辉师门

创始人康辉（1924～），京菜系的粤菜大师，受教于郭大开、肖良福等大师。1938年从事烹饪工作，北京市劳动模范，原北京饭店名厨，法国名厨协会会员，中国菜文化传播中心专家，多次为国家领导人服务。康大师精通粤菜，代表菜有烤乳猪、挂炉烤鸭、烩八珍、蚝油鲍片、八宝莲黄鸡、百花酥鸭等。门下弟子有蔡宏旋等人，田润福、罗福南等也曾得到过康老的指导。

黄子云师门

创始人黄子云（1926～2012年），京菜系的川菜大师，师从罗国荣，全国第六届、第七届、第八届人大代表，北京烹饪协会第一、第二、第三届理事长，京华名厨联谊会会员，原北京饭店名厨。在北京饭店时，黄子云与叶焕林、向绍兴、徐海元及粤菜名厨康辉，一时合称为北京饭店中餐厨房的“五虎上将”。黄大师精通川菜，对粤菜及西式餐点也颇有造诣，代表菜有龙井鲍鱼、酸菜海参、红烧牛头、红烧仔鱼肚、三吃叉烧方、干烧鲜鱼、荷包鱿鱼、水晶虾片。

京菜系共14个师门，川菜系就占了3个。另外，这14个京菜系师门中，和北京饭店相关的有5个（川菜罗国荣、川菜黄子云、谭家菜彭长海、粤菜康辉、点心师郭文彬），由此我们不难看出北京饭店的烹饪力量从1949年至今在首都烹饪界的崇高地位。

说罗国荣引领川菜出川，走向首都、走向全国、走向世界，应从以下几方面来理解：

第一，他将川菜带上国宴而且成为国宴的主力，占领了首都烹坛的制高点，正如有人评价他“征服了半个地球领导人的胃”，享用过罗国荣烹制的美味佳肴的各国元首、首脑无不高度赞扬他超群绝伦的烹调艺术。

第二，他带头在北京饭店开始了和北京饭店各大菜系的名师（包括西餐）交流，他主动向这些名厨请教，也将川菜的精华传授给大家。不用说本店的同事，对外单位、外地来学习的人，他都认真指导。著名的国宝级鲁菜大师王义均向他学习，并尊罗国荣为师。在厨行的传统观念中，不要说跨菜系，就是本菜系跨师门拜师都不易。王大师尊罗国荣为师一事，充分说明王大师谦虚好学，不为旧习束缚的远见卓识和宽广胸怀，也说明罗国荣人品与水平之高。

第三，罗国荣本人主要以北京的国宴为舞台向世界传播川菜。据厨行北京、成都、重庆的老辈人讲，从 20 世纪 50 年开始，很多派往我驻外使馆主厨之人都是经罗国荣推荐的。他的高徒陈志刚早在 1958 年就以专家身份去捷克斯洛伐克主厨，另一名高徒白茂洲在我驻缅甸大使馆主厨多年。1958 年，川菜大师孔道生和罗国荣弟子陈志刚大师以专家身份去东欧国家献艺，业内不少人士都知道是罗国荣推荐的。20 世纪 40 年代末，孔道生、曾国华等名师都曾短时期在成都“颐之时”从厨，和罗国荣有很好的交情，华文通先生曾就此事说过：“1984 年我在北京四川饭店工作时，有一天，罗国荣的夫人（我叫她罗伯母）到四川饭店来看我，正好孔道生师傅也在四川饭店，孔道生师傅见了罗伯母非常亲切地称呼她石大嫂。”

总之，20 世纪五六十年代，罗国荣确实举荐过多名川菜厨师出国主厨，为中华人民共和国成立后川菜走向世界开了先河。

《北京晚报》登载了原四川饭店的名厨刘自华先生的文章——《十月一日开业的四川饭店》，其中有这样一段话：“自打四川饭店筹建那天起，不仅得到有关领导的大力支持，还在北京餐饮界引发了不小的轰动，有‘首都川菜奠基人’美誉的罗国荣大师（罗国荣大师和范俊康大师被首长称为‘川菜双璧’）更显示出极大的热情，在他的推荐下，黄绍清先生欣然受聘，为四川饭店制作‘正宗川菜’打下了坚实的基础。”

从以上极简单的记叙，已经可以清晰地看到罗国荣在引领川菜出川中的作用和贡献。

第三节 国宴重要的开拓者和奠基人

要说清楚罗国荣大师是1949年后国宴重要的开拓者和奠基人，首先就要搞清楚什么是国宴，其次就要了解1949年以来的国宴历史，最后就要了解罗国荣大师在此期间所起的作用。

回顾历史 简说国宴

什么是国宴？现在很多厨师喜欢称自己是国宴大师，随意说说可以，真要讲究起来还是需要探讨一下。有人说国宴是国家级别的饭局，还有人说国宴是博采八大菜系之长，广纳世界各国菜肴精华，在重大场合款待各国贵宾、各界人士的顶级宴会。

比较公认的说法是，国宴是国家元首或政府首脑为招待国宾、其他贵宾或在重要节日为招待各界人士而举行的正式宴会。笔者介绍一下中华人民共和国成立之前国家级宴会的情况。1918年第一次世界大战胜利后，中国举行庆祝的宴会菜单如下图。1927～1937年，国家级宴会以江浙菜（淮扬菜）为主。1937～1946年，中国的政治、军事、文化中心都在重庆，国家级宴会也就以川菜为主了。这些上国宴的川菜不是那些只占全部川菜一小部分的大辣大麻的菜肴，而是川菜中较为高档、名贵的菜品。这也就是人们说的“川菜上国宴始于渝”。此时，有“川菜圣手”和“西南第一把手（在厨界）”之誉的罗国荣大师无疑是当时重要宴会的首选和主厨。《北京饭店史闻》《北京饭店的传奇》等书中均有记载。

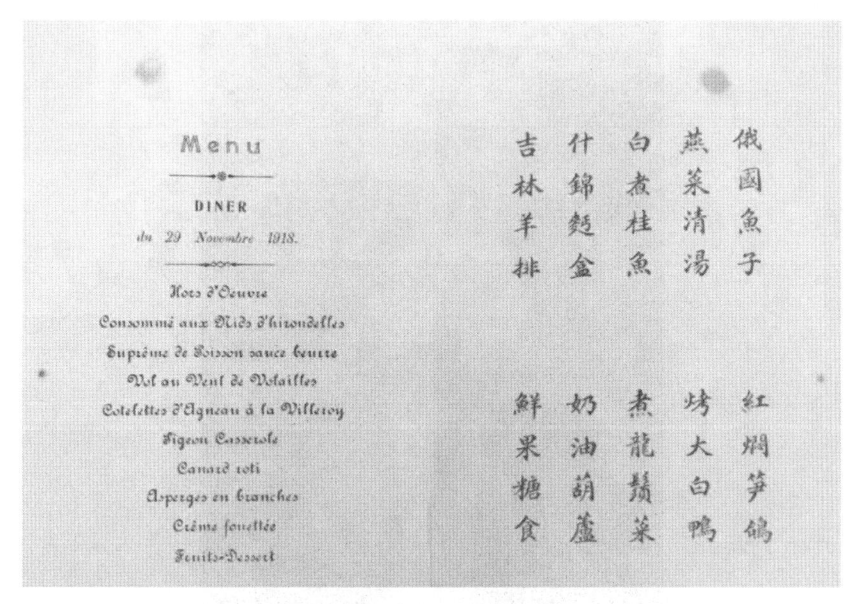

Menu

DINER

du 29 Novembre 1918.

Hors d'Oeuvre

Consommé aux Nids d'hirondelles

Supréme de Poisson sauce beurre

Vol au Vent de Volailles

Cotelettes d'Agneau à la Villeroy

Pigeon Casserole

Canard roti

Asperges en branches

Crême fouettée

Fruits-Dessert

俄國魚子

燕菜清湯

白煮桂魚

什錦麪盒

吉林羊排

紅燜筍鴿

烤大白鴨

煮龍鬚菜

奶油葫蘆

鮮果糖食

1918 年举行庆祝宴会的菜单

根据史料信息，笔者对 1949 年后国宴的几个阶段做如下梳理：1949 年后国宴史大体可以分为三个阶段。1949 ～ 1966 年为第一阶段（其中还可以分为两个小阶段，即 1949 ～ 1954 年和 1954 ～ 1966 年），1966 ～ 1978 年为第二阶段，1978 年以后为第三阶段。

开国大宴　始创辉煌

1949 年 10 月 1 日开国大典之后，在北京饭店举行的开国大宴拉开了中华人民共和国国宴史的大幕，是中华人民共和国国宴史上具有里程碑意义的盛事。在北京饭店举行的开国大宴（即开国第一宴）是怎样举办的呢？

《北京饭店史闻》记载：1949 年 6 月，党中央邀请各民主党派、人民团体、少数民族、海外华侨等的代表 130 多人来北京，参加新政治协商会议筹备会，共同商讨建国大计。为了接待好这些代表，饭店从坐落在锡拉胡同的玉华台饭庄聘请了朱殿荣、王杜堃、孙久富等 9 位厨师。玉华台是地道的淮扬风味，专门做大菜的高级饭庄。1949 年开国大典的盛大宴会，就是完全用淮扬菜举办的。

《开国大宴》（开国第一宴）作者彭晓东先生

彭晓东先生因工作之便对开国大宴有扎实的研究。下面是他研究的部分内容：《北京饭店史闻》一书中只记载了开国大宴中3位厨师的名字，另外6人是谁？从此之后，我便注意关注此事。后来我偶得一本有中华人民共和国成立后首任北京饭店经理王韧先生手迹和盖章的“北京饭店职工1949年10月上半月薪饷领收证明册”。古色古香的宣纸上写着经手制作“开国大宴”的淮扬菜9位厨师及其薪饷：朱殿荣领小米175斤、王杜堃领175斤、李福连领165斤、杨啓荣领165斤、孙久富领165斤、王斌领150斤、李世忠领150斤、杨啓富领140斤、景德旺领140斤。以上9人的名字下都盖着各种样式的私人朱红色印章。此册还写有经理王韧领小米275斤，最后一页标明“以上小米价格按每斤人民券壹佰玖拾伍元计算”（人民券为旧版人民币）。

20世纪70年代中期，我向朱殿荣二弟、北京饭店理发大师朱殿华学过几手按摩推拿的功夫，也可算作他的私淑弟子吧，他谈起1949年10月1日的开国大宴时说：“我当年是北京饭店的理发员，给住店的100多名政协委员中的很多人都理过发，我也参加了那天晚上的国宴服务。”

朱殿华还说：“1949年10月1日那天的晚上，我和现在中国足协大名鼎鼎的史万春一起给代表们服务，我负责端菜，史万春负责给代表们斟酒、布菜。我大哥和他手下的‘八大金刚’都特别能干，他们身手都不凡，都身怀淮扬菜绝技。在那天晚上，他们给他帮了不少的忙，让我大哥露足了脸。单说孙久富吧，别看他走路一瘸一拐的，可在勤行（指厨师行业）里都叫他‘孙快手’，开国大宴那天，光他一个人在部分西餐厨师的协助下，就做了供600多名政协委员们吃的淮扬汤包。在1949年10月1日的前几天，我大哥朱殿荣还特地让饭店的瓦工新盘（砌）了几座灶台，装上几口大铁锅。10月1日那天，他在厨房里指挥其他厨师的同时，也亲自上阵（灶）。他站在灶台前，手使一把特制的木柄大铁铲，不顾熊熊煤火的火烤烟熏，手舞大铁铲，在大铁锅内上下左右翻飞，主料、配料、调料的分量下得准，火候也掌握得恰当。尽管是大锅菜，但与单独小炒无异，那真是色、香、味、形俱全。代表们吃后也都赞不绝口，我大哥和他手下的‘八大金刚’，在10月1日那天的晚上，使用几口大铁锅分工合作制作了中华人民共和国开国大典的第一宴。”

我向已去世的参加开国大宴制作的面点师孙久富、开国大宴现场招待管理员郑连福、参加开国大宴服务的理发员朱殿华和参与了肉类、鱼、虾、蔬菜加工的西餐厨师庞恩元了解到，开国大宴是没有留下原始的文字记录的，也就见不到当年的菜单了。参加开国大宴的还有当时北京饭店的西餐厨师储礼藻、马彬生、于恩贵、侯清晏、苏庆瑞、何万芝、赵宗继、赵海、庞恩元、徐芳镇等人。根据他们的回忆，我们可以大致拼凑起来一个开国大宴的菜单：

冷菜：酱牛腱子、兰花干熇、四宝菠菜、硝肉、炝黄瓜条、桶子笋鸡、油吃冬菇、醉冬笋、五香肉。

热菜：扒黄肉翅、烧四宝、干㸆大虾、红烧鸡块、冬菜扒鸭、大煮干丝、红烧黄河大鲤鱼、烧狮子头、冬笋太古菜、糖醋小排骨、罗汉斋。

汤菜：清汤官燕。

甜品：冰糖银耳。

主食：大米饭。

点心：淮扬汤包、炸春卷、黄桥烧饼等。

水果：大鸭梨。

酒：绍兴黄酒、山西汾酒、竹叶青酒。

关于开国大宴有不少人在写、在说。笔者认为，由开国大宴的参与者郑连福、朱殿华（主厨朱殿荣的亲弟弟）、庞恩元等人的回忆以及现存的参与制作厨师的名单证据等形成的史料较为可信，彭晓东先生的文章是目前为止我们看到的最有说服力的一篇文章。正如行家所言，这正经是北京饭店人写北京饭店事。因彭晓东和参加开国大宴的 181 人中的许多人都曾经见过面或同过事，所以他提供的内容真实性较高。

国宴帅才　堪称顶梁

1949 年前，北京饭店根本就没有中餐，虽然开国大宴很圆满，但当时的北京饭店并没有一支既数量足又质量高的后厨团队。当时，现有的力量根本无法满足日益增多的餐饮服务的需求。1954 年，随着党和国家的重大政治、外交活动的骤增，国家从全国各地调来了各大菜系的名厨以及其他服务行业的优秀人才。川菜名师范俊康、厨师张志国和陈树林等人，淮扬菜名厨王兰、厨师李魁南，粤菜厨师张桥、康辉、黄楚云、李厚光、郭文彬，北方菜厨师侯瑞轩，湖南菜厨师陆俊良，素菜厨师林月生，清真菜厨师金洪义等陆续调入北京饭店。川菜圣手罗国荣和徒弟黄子云、李致全等人也调到了北京饭店。四大名厨之一的粤菜名厨陈胜曾在 1954 年前在北京饭店组建粤菜班子。1956 年在中国共产党第八次全国代表大会召开前后，又从四川等地调入了叶焕林、向绍清、徐海元、黄润、刘印潭、韩治郁等多名厨师。1958 年谭家菜的彭长海等人调入北京饭店。由此就形成了北京饭店川、淮、粤、谭四大方菜。毫不夸张地说，中华人民共和国成立以后一直到 1959 年人民大会堂和钓鱼台国宾馆建成之前，北京饭店是中国最主要的国宴舞台。国家的重要宴会无论是在北京饭店，还是在中南海或者在其他地方举行，北京饭店四大方菜的厨师都是最强、最主要的角色。即使后来在人民大会堂和钓鱼台国宾馆举行国宴的次数越来越多，但在相当长的时间里还是由北京饭店的厨师担纲的。

罗国荣、范俊康、王兰、陈胜等名厨大师和一支强大的烹饪军团，以及以国宝级宴会设计师郑连福为代表的前台服务团队，他们都是国宴的开拓者和奠基人。同时我们又必须承认，在这个团队中，特别是在后厨的烹饪队伍中，罗国荣确实发挥了独特的、别人不易替代的作用。《北京饭店的宴会》一书中对其饮食服务进行了如下介绍：

1949 年前，北京饭店长时间以法国资本为主。当时，北京饭店只有西餐，没有中餐，西餐厨师是从西餐水平最高的法国聘请来的，因此，北京饭店的西餐水平在北京是最高的。

1949 年后，北京饭店建立了中餐厨房，先后从四川、上海、南京、河南等地以及北京本地聘请了许多名厨，充实北京饭店的烹调力量。在维持西餐较高水平的基础上，逐步形成了北京饭店中餐的川菜、粤菜、淮扬菜、谭家菜四大名菜系，以及高水平的素菜和北京、河南、山东、湖南等风味菜，近几年还创造了滋补药与名菜结合的营养菜，开创了北京饭店中西餐风味俱佳、中餐各路名菜名点荟萃的万紫千红局面。

随着中华人民共和国的成立，中国的国际地位提高，党和国家领导人举行的各种宴会也多要求用中餐形式。1949 年后，首都北京的重要宴请活动主要集中在北京饭店，推动了北京饭店中西餐宴会的发展，使之达到了很高的水平。

川菜文化体验馆2013年登载了《现代川菜百年史略》一文，文章在发生过无数大事的百年川菜史中只选了22件大事件记录，其中的第6件事：1953年（实为1954年）川菜名师罗国荣、黄子云、张志国等人调往北京，在北京饭店川菜厅（实为中餐部）主理厨政，奠定了现代川菜在北京发展，乃至在全国打响名气的基础。第7件事：1954年川菜名厨范俊康在日内瓦献艺。第9件事：1959年北京四川饭店开业。第10件事：1962年四川张德善、孔道生、张松云、刘读云、周海秋、苏云、朱维新、陈志兴被商业部命名为特级厨师，这是国家首次对厨师技术的等级认定。

对于这件大事，笔者要做一点说明，1960年1月北京市人民政府就将罗国荣、范俊康命名为特级烹饪技师，在命名为特级技师之前已和王兰（淮扬菜）、陈胜（粤菜）命名为特级厨师了。当时全国仅有三位特级烹饪技师，川菜就占了两位。1961年（或1962年）原商业部命名全国厨师技术等级时，罗国荣、范俊康被命名为排名靠前的特级烹饪技师。

“四大名厨”合影

右起：王兰（淮扬菜）、罗国荣（川菜）、范俊康（川菜）、陈胜（粤菜）

1959 年进入人民大会堂事厨，2002 年被评为 16 位国宝级烹饪大师之一的郭成仓先生说：“1959 年人民大会堂建成以后，我国欢迎来访国宾的正式宴会通常在人民大会堂宴会厅举行，有时也在钓鱼台国宾馆举行。人民大会堂建成初期，由于本身人手不足，大型国宴前通常都会临时抽调北京饭店、京西宾馆等各大饭店的厨师一起上阵。直到 1966 年，人民大会堂才开始独立完成国宴接待，但 50 桌以上的大型宴会还是要联合北京饭店等单位合作完成。”

边东子先生所著《北京饭店传奇》一书中说，北京饭店接待的外国国家元首和政府高级官员之多，无论在中国还是世界上都名列前茅。因此，外宾们说北京饭店是“Government Hotel”（政府宾馆）。不仅北京饭店的宴席和客房，它的乐队也曾享有盛名。北京饭店接待过的国家元首之多，举行过的重要国事活动之多，不仅在中国的饭店中处于第一位，就是在国际上也是有名的。如果去翻阅一下北京饭店档案室中珍藏的、那些记录着当年光荣能引起人们万端感慨的老照片，或是拜访一下那白发和皱纹难掩昔日风采的老职工，你就会明白北京饭店在共和国的政治、外交、经济、文化领域中曾经起过多么重要的作用；北京饭店的职工曾经为共和国作出过多少默默无闻、却是令人敬佩的宝贵贡献。

在 20 世纪五六十年代，外国副部长级以上的政府官员和兄弟党派的一些重要领导同志都住在北京饭店，这一时期是北京饭店承担外事任务和重要政治活动最繁忙的时期。这不仅是因为北京饭店是当时中国规模最大、设施最好的饭店，更主要的是，由于长期为国务活动服务，在领导的直接关心与教育下，北京饭店员工经验丰富，整体素质比较高，能够圆满完成领导交给的各项任务。按那时的惯例，每一位外国元首来访时，中外双方都要举行三四个大型宴会，主要有中方的欢迎宴会、外方大使为国家元首来访举行的宴会、中方的欢送宴会、外方的答谢宴会等。此外，各友好国家的招待会、一些国家领导人的诞辰，都要举办不同规模的宴会，这些宴会大都是在北京饭店举行的；而来访的外国领导人举行答谢宴会则几乎都是在北京饭店举行，即使个别在中南海、外方大使馆举行，也都是由北京饭店承办的。有时，几个宴会要同时进行，北京饭店的任务非常繁重。除了外事活动外，党和政府的各项重大活动，如为五一、十一、新年、春节庆祝联欢而举办的宴会，以及为庆祝党的代表大会、中国人民政治协商会议、全国人民代表大会召开而举办的宴会等，也都是由北京饭店承办的。

说起20世纪50年代初期的工作，北京饭店的老职工们都忘不了1954年，他们说：那年可是真忙！

这年恰逢中华人民共和国成立五周年，各省的负责同志、兄弟民族的代表、华侨代表、许多友好国家的党政高级领导人都云集于北京参加国庆盛典，他们之中许多人都下榻于北京饭店。和往年的国庆招待会一样，国庆五周年宴会也是由北京饭店承办的，这个宴会贵宾如云，隆重热烈，在国内外的影响很大。10月2日，北京饭店承办了817人的宴会。第三天，即10月3日，北京饭店又完成了为各国政府代表团举办的100人国宴。接着，10月4日，北京饭店连续作战，承办了招待外国专家的大型宴会。第五天，10月5日，又完成了宴请苏联文化代表团的500人宴会。五天之内，共举办5个大型宴会，接待了2500多人次，而当时北京饭店包括干部、员工及后勤人员加在一起也只有300多人。尽管已经有了强大的后厨和前台服务队伍，当时北京饭店的餐饮服务任务还是很繁重的。

除了上面简述的中华人民共和国成立五周年庆祝宴会等重要国事活动外，1954年一年中还举行了多位外国政要访华的重要宴会，既有正式欢迎宴会也有便宴及答谢宴会、告别宴会等多种宴会。

上面谈到了罗国荣、范俊康、黄子云等川厨进入北京饭店的头一年——1954年所打的“大仗”“硬仗”“胜仗”。毫无疑问，刚刚进入北京饭店的以罗国荣、范俊康为首的后厨团队已经初战告捷，得到了各级领导的信任和好评，也得到来访贵宾的交口称赞。

繁忙的1954年过去后，迎来了同样繁忙的1955年。1955年除了同样有很重要的国事活动需要北京饭店提供餐饮服务之外，还有一件可以称得上惊天动地的大事，就是为中国人民解放军高级将领举行的授衔、授勋仪式，这是1949年后，我党、我军历史上一件极为重要的大事。这既是对那些功勋显赫、身经百战功臣们的褒奖，更是我军正规化、现代化建设的需要。听黄子云讲，参加这次盛会的各界人士，大约有1500人。这么多人的宴会在中南海怀仁堂根本没法儿办。这时，罗师傅根据当年成都“颐之时”餐厅举办400桌流水席的经验，提出将客人分两处，用不同的方式来宴请的建议。后来这个建议得到了批准，所以就由罗国荣率北京饭店的后厨团队在中南海举办了冷餐会，又在华北军区礼堂举行由“丰泽园”等餐厅主理“百桌将军宴”。

《北京饭店的宴会》一书中还提到了一件事，在北京饭店历史上还有一次影响较大的宴会，那是1957年7月7日的宴会，这次宾主一共几十人。这样的宴会一般要求服务有针对性，菜点要求口味适合，质量高，少而精，不排场。厨师对菜单反复推敲，对菜点加工细致认真。这次宴会根据主客年高喜素的饮食特点，安排了清淡、软烂、味薄、营养价值高的食品。菜单如下：

冷菜：桶子鸡、油吃扁豆、西红柿、八宝菠菜、什锦泡菜。

热菜：肝糕汤、白扒鱼翅、虾子莆菜、原盅北菇、烤肥鸭、核桃酪。

点心：菱角糕、咖喱鸡饺、素包子、火腿烧卖、小窝头。

就这张堪称经典的菜单说一下笔者的浅见：

罗国荣大师开菜单要考虑食客的身份、年龄、口味以及食材的五性（热、温、平、凉、寒）和五味（酸、甜、苦、辣、咸）等诸多因素。当时人民大会堂和钓鱼台国宾馆还未建成，能举行这种高级别国宴的场地，基本上就只有中南海和北京饭店了。而且在中南海举行比在北京饭店举行档次还要高。作者根据《中华人民共和国大事记（1949—1980）》一书的记载和罗国荣的工作笔记推断这次宴会举办的时间应该是1955年7月7日晚7时。

当时正是北京最热的季节。主人当年62岁，客人65岁，综合考虑主客的年龄和季节，菜品必须清淡、软烂、味薄（盛夏酷暑，老年人不宜食味厚之物）、营养价值高的食品。

关于“针对性强，口味适合，少而精，质量高，不排场”的要求，笔者肤浅地谈点自己的认识。这个菜单倘由行家来论，自然会说到很多特点、优点，这里笔者只说三点：

第一，从整体上看，菜单确实体现了前面说的那些要求，面对酷暑季节的年老的贵宾，既要考虑身份、年龄特点，还要考虑规格、口味等要求。冷菜只上了5个，一荤四素，即使是这个荤菜，也是荤中之素，5个冷菜红、黄、白、绿诸色纷呈。后面的无论是头汤、热菜还是点心，无不以清淡素雅为主，特别是“镇桌”头菜白扒鱼翅，在朴素淡雅中很好地彰显了国宴的高规格。罗国荣的鱼翅菜有多个趣闻，在此仅举两例：一个是20世纪60年代初，罗国荣在一次重要宴会上烧鱼翅，谭家菜嫡传彭长海大师在一旁观看，他对罗国荣的徒弟黄子云说：“黄子云，在北京烧鱼翅，就得数我们了。罗师傅烧的鱼翅，真是无人可比。”另一个是罗国荣大师已逝世30多年了，他的小儿子罗开智偶遇一位川菜名师，这位名师知道罗开智是罗国荣的儿子时，动情地说：“你是罗国荣的儿子，你是罗国荣的儿子呀！你爸爸的鱼翅烧得好，好多人不敢跟我比烧鱼翅，我不敢跟你爸爸比。你爸爸的开水白菜更是无人敢比。”由此二则趣闻，可知这道镇桌头菜白扒鱼翅的分量。

第二，头汤肝糕汤是罗国荣大师三道绝品汤菜之一。早在20世纪40年代就被业内外誉为“定桌汤”。此汤上桌时，只见一碗清澈见底，半个油花俱无的汤汁之中漂浮着洁白如玉的竹荪，或湛青碧绿如翡翠般的菜叶以及如红玛瑙般晶莹的枸杞，碗底淡雅清爽如蛋羹一般，色呈棕黄色的肝糕，怎不令人眼前一亮，顿时喜疑并生。观此素雅清澈的汤汁及碗中食材呈现的亮色，必然先是一喜，但马上就会疑惑顿生：这么重要的国宴，高级大菜不先上来，却给你端上这么一碗清汤寡水的东西，这是怎么回事？当主人请客人品尝时，估计客人们都会有疑惑不解的心态，但是，只要将汤汁送入口中，在汤汁与味蕾接触的一刹那，无论主宾无不顿生惊喜，感觉无比的享受。相信每个品尝了罗大师肝糕汤的人都会得出这样一个结论——能做出如此美味的厨师，他做的菜一定差不了！这就是肝糕汤被誉为“定桌汤”的原因。做此菜的原料，鸡肝也好，猪肝也好，全是不值钱的下脚料，但罗国荣大师能让凡料成珍，在国宴上为国争光。事后有位年高德劭的首长还问罗国荣，此汤为何叫作“定桌汤”，究竟是怎么做出来的？后来，罗大师将做好的肝糕汤端上桌，请首长享用时，老人家只用调羹尝了一口，放下调羹就竖起大拇指赞道：“至味，至美之味。”然后高兴地一边拍着桌子一边说：“桌子稳了！桌子稳了！[1]这道汤菜在这次国宴上肯定是个亮点。”

第三，甜菜之前的烤肥鸭是整个宴会中唯一的肥美厚味菜。如果没有对比，就不能真正体会到这桌以清淡素雅为主角的国宴的精粹。倘若不让这道菜上来，一味只强调要清淡素雅，会是怎样的结果？所以这只飞上国宴的肥鸭如神来之笔，有画龙点睛之妙。

罗国荣、范俊康、黄子云等川菜厨师和部分其他菜系厨师刚刚调入北京饭店的时候，就将 1949 ～ 1966 年国宴第一阶段推向了高潮。毫无疑问，在此期间有着高超烹饪技艺和超强组织能力的罗国荣，无疑是这些重要国宴后厨的组织者和主理者。可以肯定地说，这些宴会的菜单主要都是由罗国荣和范俊康二人开的。

随之而来的 1956 年更是风生水起。除了重大国事活动之外，有一件更重大、更繁重的餐饮服务来了！那就是在 1956 年 9 月召开的中国共产党第八次全国代表大会，简称八大。这次大会是中国共产党执政后第一次召开的全国代表大会，第一次邀请社会主义国家和其他国家共产党和工人党的领导人参加。人数之多，规格之高，对接待工作的要求之严、之细都是空前的。

当时，人民大会堂和钓鱼台国宾馆还未修建，条件最好的、实力最雄厚的就是北京饭店。在会议的十多天中，外宾们的食宿均由北京饭店负担，这在当时各方面条件都比较差的情况下，是一个十分光荣而又艰巨的任务。来自各兄弟党的领导人齐聚北京饭店，其饮食习惯，口味喜好，差别之大可以想见。当时领导给北京饭店的指示是除了要用最美味的中国菜来款待贵宾外，还必须要满足世界各

---

[1] “桌子稳了”意为宴会圆满了。

国人的口味，要求北京饭店提供令客人满意的饮馔。以罗国荣、范俊康为首的厨师团队全力以赴，想尽一切办法搞好外宾在会期间的日常饮食。由于菜品精美，味型多样，种类富有变化，各国宾客大加称赞，并纷纷向有关领导反映说他们特别满意。领导在此期间曾几次到厨房视察指导，其中有两次都单独表扬了罗国荣，夸他肯动脑筋，菜单开得好，组织协调后厨有方，在这次接待众多外宾的政治任务中立了功。

会议胜利闭幕后，又一个史无前例的重大任务来了，即庆祝中华人民共和国成立七周年的庆祝宴会。

1956 年 9 月 30 日，北京饭店举行了不仅是北京饭店有史以来最大的一次宴会，也是当年国内罕见的人数众多的大宴，宴会有 3100 多位贵宾参加。这真是一场空前的盛宴！罗国荣除了要负责大宴后厨的组织工作之外，还要负责主桌的菜品。由于工作出色，宴会之后，首长把有关人员叫到一起，在总结北京饭店接待外宾和这次宴会的工作时说："这是中华人民共和国成立以来最大的一次盛宴，各方面的工作都很出色。厨房工作在罗国荣的组织协调下，运转得很顺畅，有条不紊，保证了宴会的成功举行。这么个大宴会，好比一场硬仗。厨房里就是要有一个总领管事的人。罗国荣，你这个作用起得好！"另一位首长鼓励罗国荣今后要能挑起更重的担子，能更出色地完成领导交办的任务。

国宴圆满成功后受到领导的肯定和表扬，这基本上确定了罗国荣北京饭店后厨中的主导地位。出神入化的烹调技艺，精美实用的菜单，超强的组织才能，圆满完成大型宴会的协调能力，谦虚好学、尊重同行的处世为人，是他逐步成为北京饭店宴会"顶梁柱"的原因。

1957 年又有许多贵宾访华，其间的多次宴会都是由北京饭店主理的。现在由于礼宾制度的改革，宴请外宾的规格、次数、方式都有较大的变化。以前有欢迎宴会、便宴、答谢宴会、告别宴会等多种形式，主办单位的厨师、服务员都是很辛苦的。

作为1949年后国宴重要的开拓者和奠基人，除了罗国荣之外，四大名厨之一、淮扬菜泰斗王兰大师也是不能不提的人物。

四大名厨之一、淮扬菜泰斗王兰大师

王兰，淮扬菜泰斗，在天津众多名厨的选拔赛中脱颖而出，独占鳌头，因技艺超群被选调到中南海为党和国家领导人服务。20世纪50年代中期调入北京饭店后，成为与罗国荣、范俊康、陈胜并列的“开国四大名厨”“中国烹饪界的四大名旦”，北京饭店国宴大师。有一次首长点名要王兰大师主厨并派专车接送，不料王大师恰巧身体不适。但是接到这个光荣任务的王大师不仅带病主理了这次盛宴，而且得到了宾主的称赞。贵宾对这次宴会非常满意，为表示感谢，当场摘下自己手腕上戴的手表送给王兰大师，以表达他的感谢和满意之情。

这一次贵宾就记住了王兰大师，在他接下来访华的日子里，他太难忘王大师给献上的平生从未品尝的美味，不仅多次邀请王兰为他主厨，还将他使用的派克金笔赠送给王兰，以为纪念。品德高尚的王兰大师将贵宾赠送的手表和金笔都主动上交。由于手表贵重，饭店收存了，将两支钢笔退回王兰留念。此外，王兰大师还在宴请另一位重要贵宾的宴会上大显身手。贵宾吃得十分满意，将一个纪念品送给王兰，以表谢意。王兰大师还接受过来华访问重要贵宾亲笔签名的笔记本。

总之，王兰大师在北京饭店工作期间，以他超群绝伦的烹调技艺，仁厚博大的从业胸襟，正直、高贵的厨德为北京饭店、为中国烹饪史写下了光彩的一页。

还有一位中华人民共和国国宴的重要开拓者和奠基人，那就是范俊康大师。他是川菜一代宗师罗国荣的师兄弟，是中华人民共和国顶级的国宴大师。因前文已有介绍，此处不再重复。

笔者以前写过一篇短文，称北京市霞公府 15 号北京饭店家属宿舍为史上“最牛”烹饪大师宿舍。外国人称赞北京饭店是“中国烹饪的大本营”，这个大本营中重要的部分成员都住在霞公府 15 号，他们是罗国荣（1949 年后的四位特级厨师之一）、范俊康（1949 年后的四位特级厨师之一）、王兰（1949 年后的四位特级厨师之一）、黄子云、侯瑞轩、张志国、叶焕林、于存、金洪义。没住在此处但也很重要的成员有：张桥、李厚光、康辉、彭长海、李魁南、李致全、向绍清、徐海元、黄润、刘印潭、陈树林、林月生、陆俊良等大师们，还有西餐厨师中的储理藻、马彬生大师等，以及后起之秀陈代增、李世宽、魏金亭、高望久、陈玉亮、胡德海、陈士斌、刘刚、刘国柱、李强民等，还有许多笔者叫不上名字的大师们，这些人共同组成了中国烹饪的大本营。在这里他们摒弃了旧社会厨行的陈规陋习，打破菜系、师门的隔阂，为了完成党和国家重大的政治、外交的餐饮服务，他们团结一致，齐心协力，人人顾全大局，个个爱岗敬业，相互学习，相互帮助，以“一盘棋”的精神去拼搏奉献，为中华人民共和国的烹饪事业作出了贡献，这才是霞公府 15 号“最牛”的地方，这才是中国烹饪大本营“最牛”的地方。

由于城市建设，这个当年“最牛”的烹饪大师宿舍已经荡然无存了。然而它曾经的辉煌和代表的精神，已成为北京烹饪史和中国烹饪史上的一座纪念碑！

向你致敬——北京霞公府 15 号——史上“最牛”烹饪大师宿舍！

北京饭店大宴会厅，1959 年之前国宴主要的举办地

1957 年 3 ～ 10 月，很多国际贵宾访华都住在北京饭店。现在的国事访问，多则几天，少则一天。但当时的访问少则一周，多则半月，食宿全在北京饭店。什么欢迎宴会、答谢宴会、便宴、告别宴会、酒会、招待会……北京饭店的任务太重了。为这些国事活动提供顶级餐饮服务的罗国荣、范俊康、王兰，还有前台服务的郑连福等这些代表人物是不是当之无愧的中华人民共和国国宴的开拓者和奠基人?

1958 年也是繁忙而不平凡的一年，为重要人物举行欢迎宴会、答谢宴会、便宴、告别宴会、酒会、招待会的地点基本上都是在北京饭店。前台后厨服务的人员，仍然是那班人马。

1959 年是中华人民共和国成立十周年，当时叫“十年大庆”。为庆祝这样一个大喜的日子，首都北京不仅修建了人民大会堂等十大建筑，10 月 1 日当天在天安门广场举行盛大的庆祝活动和阅兵典礼，还要在 9 月 30 日在新建成的人民大会堂举行有八十多个国家的外宾和国内各界人士参加的巨型国宴，宴会大约 5000 人参加。据知情人士透露，在举行宴会之前，当时领导同志曾建议，先由京剧表演艺术家梅兰芳大师在人民大会堂的小礼堂举行人民大会堂建成后的第一场演出。由罗国荣大师在小宴会厅，主理人民大会堂建成后的第一次宴会。

在中华人民共和国国宴的第一阶段，各菜系的名师大厨为了完成党和国家交给自己的光荣任务，为了国家的荣誉团结一心，通力合作，在新的历史条件下进行了艰辛的探索。由于笔者是个外行，只能作点肤浅的介绍。

如何互相交流，互相学习，协调一致，将各菜系的精英整合成一个整体，既能统一作战，又能充分发挥各菜系精英的特长，这是摆在国宴初创期的一个重大课题，也是承担这个重任的罗（国荣）、范（俊康）、王（兰）、陈（胜），必须要认真面对的课题。笔者虽是外行，并不知道这几位开国烹饪大师具体是如何协作的，但是 1949 年后国宴第一阶段取得的巨大成果，就证明了他们把这个问题解决得很好。

川菜上国宴的菜，基本上是川南堂菜。旧时官府、有地位的文人、商人的菜，要变成国宴菜，还要和其他菜系的菜配合，这里需要有变通、改革、融合的因素。此时刚成长起来的政务、外交餐饮服务是非常讲究规格、规矩、规模的。这些都是前所未有的，需要在实践中摸索的，比如什么级别的外宾，提供什么样的菜肴。从 1949 年 600 多人的开国大宴到 1956 年国庆 3100 人的大宴会，再到 1959 年 5000 人的盛大国宴，最后是 1959 年的全国群英会的 8000 人巨宴和 1959 年 10 月举行的万人冷餐会。这绝对是中国烹饪史上空前的壮举！我们不难想象，为什么罗国荣被誉为“帅才”。当然这些成就不止有北京饭店中西餐后厨团队的功劳，也与以国宴设计大师郑连福为代表的前台服务的改革、创新、拼搏分不开。更重要的是前台和后厨的精准配合。上面提到的那些空前的大宴、巨宴，有一点是必须提出来的，那个年代，无论是物资还是工具，和现代的条件相比，真是差得太远了。罗国荣、郑连福、范俊康、王兰、陈胜等大师要付出多么巨大的艰辛，才能完成那样艰巨任务？这恐怕是现在很多从厨者无法想象的。

1959 年国庆节前夜，坐落在天安门广场西侧的人民大会堂披上了节日的盛装。这里在举行 5000 人的盛大国宴，招待来自 80 多个国家和地区的贵宾和我国各界人士。这次 5000 人的盛大国宴，其规模之大，人数之多，规格之高，在当时乃至古今中外的宴会史上恐怕都是空前的。为做好这次宴会，北京饭店组织了庞大而实力雄厚的厨师队伍，从北京甚至外地其他饭店、餐厅共调来二三百位名厨高手，北京饭店的黄子云、康辉、彭长海、叶焕林、徐海元、向绍卿、李魁南、李致全、黄润、张志国、侯瑞轩、陆俊良、陈树林、韩治郁、林月生、陆俊良、李厚光、郭文彬、黄楚云、金洪义、陈代增、于存、李世宽、魏金亭、高望久等中餐厨师和以储礼藻、马彬生为代表的西餐厨师等都承担了主要的工作。据国宝级烹饪大师、粤菜泰斗康辉回忆，十年大庆国宴那天，大会堂有东西两个厨房，他在东厨房主厨，黄子云在西厨房主厨。

这支后厨团队的总领军人物是北京饭店的罗国荣、范俊康、王兰，还有和平宾馆的陈胜。罗国荣因为有多次组织协调超大型宴会的经验，在此发挥了独特的作用。他协助领导一起指挥调度全班人马，将各项工作安排得井井有条。由于前台后厨的精心安排，组织精当，调度有方，高度和谐运转，使这次空前盛大的国宴获得了巨大成功，得到了中外宾客的高度赞扬。

宴会结束后，领导向前台后厨的领军人物敬酒时，拍着罗国荣的肩膀说：“老罗，你不愧是个帅才！”罗国荣连忙谦虚地说：“这是首长和各级领导领导得好，是各方来此的名师齐心协力的结果，我个人的能力是很有限的。”首长夸奖他谦虚时，又说了一句：“你的作用还是至关重要的。”由此罗国荣在烹饪界获得了“罗大帅”的雅号。

十年大庆时 5000 人盛大国宴圆满成功，北京饭店的员工们还没来得及回味各方面的赞扬，甚至还来不及稍微休息一下，就接到了另一个重大任务，要承办一个超大规模的宴会。这个规模有多大呢？难道比刚举行的十年大庆 5000 人盛宴的规模还大吗？是的，这是一个人数达到万人之众的超大型盛宴。1959 年 9 月 13 日至 10 月 3 日在北京举办了中华人民共和国第一届全国运动会，领导建议举行招待会来庆祝首届全运会圆满成功。除了运动员、裁判员、领队以及其他各方人士，参加招待会的人数竟然有万众之多！这种万人同宴的规模，无论古今中外大概都属空前绝后的。十年大庆的国宴只有5000人参加，提前一个月就开始筹备了。而万人巨宴从领导向北京饭店下达任务到宴会开始，只有30个小时。这次宴会人数增加一倍，准备时间却少得完全不成比例。经过精心策划之后，罗国荣根据后厨人员的组成状况，科学合理地布置任务，分配力量。仍然是黄子云和康辉分别在大会堂东西两个厨房掌灶，每个厨师都有自己专门负责的工作。由于他精心安排，调度合理，万人巨宴虽然工作量极其巨大，任务十分繁重，在全体厨师和前台服务员的奋力拼搏中，各项工作进行得有条不紊，最后顺利、圆满地完全了这次空前艰巨的任务。

有一位曾参加了这场巨宴的厨师用笔记下了当年这次宴会的情况，这份宝贵的原始资料前不久被人收藏了。现展示如下，其中提到1959年10月6日，全国运动会酒会，共一千桌，一万人入席，参加厨师300人。还记录了部分菜单。

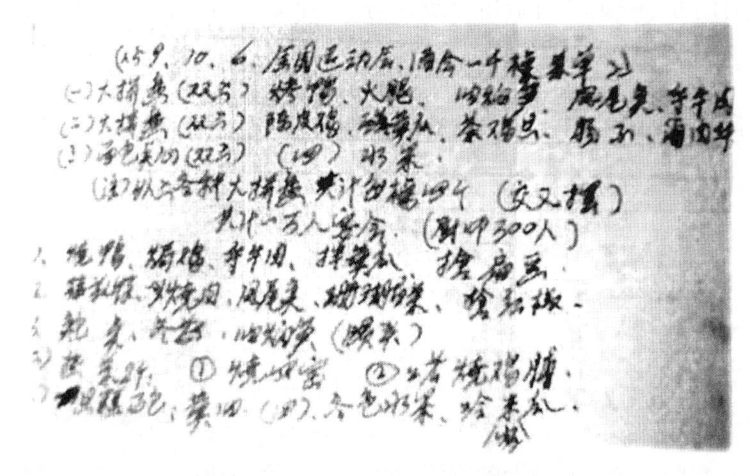

1959年10月6日全国运动会酒会部分菜单

据《北京饭店史闻》记载，北京饭店还承办过许许多多千人以上的大型宴会，1959年10月6日在人民大会堂由饭店主办的万人宴会是古今中外都少见的。这样的巨型宴请无论是饮食采购、加工烹制，还是人员分工、现场指挥，都必须有一套细致的科学办法。特别是这次宴会，从接洽到开始仅仅30个小时，北京饭店在各兄弟单位的大力支持配合下圆满完成了任务，为我国大型宴会的组织工作积累了成功经验。

1959 年 11 月 5 日，北京召开了全国劳动英模代表大会，又叫“群英会”，出席人数达到 8000 人之多。虽然说此时的北京饭店已有过举办 5000 人国宴和上万人巨宴的经验了，但这次 8000 人的巨宴仍然是一场硬仗。这次为 8000 多全国劳动英模举行的庆功宴，在北京饭店和人民大会堂等兄弟单位的团结协作下取得了圆满成功。宴会结束后，首长把范俊康、罗国荣都叫到跟前，先问范俊康：“今天你由服务人员变成了宴会客人，有什么体会？”范大师激动地回答：“我干了 30 多年厨房工作，被当作客人参加这么重要的宴会还是头一回。我们厨师的地位是真的提高了！”领导又亲切地对罗国荣说：“今天的任务完成得很好。范师傅是你们行业的代表，全国那么多行业，名额有限嘛。”罗大师非常理解首长的好意，他说：“谢谢您的关怀，范师兄当上全国劳动模范是我们全行业的光荣，是我们北京饭店的光荣。”首长听后十分欣慰，高兴地向两位川菜大师敬酒。不久，就有人称罗、范二人为“川菜双璧”。

圣手宗师　后世流芳

北京饭店名菜谱

1959年编写的北京饭店历史上第一本《北京饭店名菜谱》，有这样几段文字：

为了进一步总结我国烹饪技术经验，在饭店党委和行政的领导下，全体厨师解放思想，于定质定量的基础上加以整理提高，写成《北京饭店名菜谱》。

这本书的编写是根据川菜名师范俊康、罗国荣，粤菜厨师张桥、康辉，北方菜厨师王兰、施文才、于业诚，谭家菜厨师彭长海和点心师郭文彬等九同志的口述记录，由李长峰同志执笔编写而成的。在定稿过程中，我们召集了各厨师与有关业务人员进行细致的讨论，并根据大家所提意见做了若干必要的修正。

本书包括川菜143种，粤菜102种，北方菜52种，谭家菜30种，点心50种，共计387种。各菜均详细载述用料数量、质量、加工过程、烹制方法、操作程序、成菜装饰、风味特点和规格要求。此外，我们还插入烹调要略一编，作为调味的理论指导，并于书后附选部分宴会菜单，以供选配菜肴参考之用。

中国菜肴之丰，声冠世界。但我国传统都是分师授徒，因此在操作用料诸方面，虽为同一方菜，往往彼此差异甚大。甚而一师一法，故不宜强求一致。

本书所列各菜用料系以一桌（10人）计算，大批加工用料较省，少量制作用料较费。根据加工规模大小，数量多寡有极大的伸缩性，下料时切不可死板地按照作料表进行。唯求斟酌情况，有所增减。

各地、各公共饮食企业设备条件不全然相同，企业加工和家庭制作亦有所区别。炉灶形式、燃料种类、火力强弱、时间迟远等因素，皆须考虑在内。进行操作时，务要注意火候。本书对烧炒时间作了估计，但恐不够准确，亦希根据具体情况灵活掌握。

《北京饭店名菜谱》是一个初产物，我们尚缺乏足够的经验，不可避免地有许多错误和不妥之处，希望各界同志予以批评指正，以期将来继续修正和提高。

《北京饭店名菜谱》一书根据罗国荣等名厨的经验，对如何制定宴会菜单作了如下解释。这也是中华人民共和国成立初期较早的关于制定宴会菜单的宝贵总结。

制定宴会菜单是一项非常复杂细致的工作，它是整个宴会工作的一个重要组成部分，对宴会能否圆满成功有着决定性的作用和意义。原料供应、人力组织、器具配备等无一不是围绕着菜单进行的，因此，万不可忽视了这一主要环节。编制菜单时必须考虑到下面几个问题。

第一，制定宴会菜单时，首先要根据与会人数、宴会对象、他们的国籍或属于哪一民族、生活、特点和习惯，决定选用这种和那种菜，务要力求适应与会者的口味，不能凭主观愿望加以决定。

第二，制定菜单时应当考虑到厨房的设备条件和厨师的技术条件，这一方面是量力而行，但更主要的一方面则是充分发挥厨师的特长，要他提供拿手好菜，以尽其所长。为此，要多和厨师商量研究，或邀请他们直接参加拟定菜单的工作，这样写出的单子，才能认为是切合实际的。

第三，制定菜单是根据主办单位或主管人所规定的标准和要求进行的，因此，选配菜品时还要考虑到各菜的成本，在已定的标准额内，既尽量使菜的花样丰富、多彩，又要照顾到企业的利润收入，要做到两者兼美。

第四，制定菜单时还要考虑到原料的季节性和市场情况，以免定好菜单购买不到原料，临时更改影响整个工作进程。

关于这本《北京饭店名菜谱》，《舌尖上的中国》电视片的美食顾问二毛（牟真理）先生还有一段精彩的评论：

在中国饮食发展历史上，川菜和其他菜系一样，在清末民初达到高峰。真正将川菜推广到全国而达到巅峰，正是靠 1950 年末范俊康和罗国荣带领的川菜师傅。这一批川菜师傅在 20 世纪 50 年代末期达到上百人。

有个细节值得注意，《北京饭店名菜谱》中写道，这本书的编写过程是根据川菜名师范俊康、罗国荣，粤菜厨师张桥、康辉，北方菜厨师王兰等，谭家菜厨师彭长海和点心师郭文彬口述而成。除了川菜师傅以外，别的菜系师傅并没有被称作名师。另外，这本书收录川菜143种、粤菜102种、北方菜52种、谭家菜30种，川菜是其中选用数量最多的。在这一本名菜谱里面，川菜不管从哪个角度都占了上风。可以说，在20世纪50年代中期到20世纪60年代初的北京饭店，甚至到20世纪70年代，包括80年代的大部分时间，川菜在全国菜系中都是佼佼者。

从1959年开始，随着人民大会堂和钓鱼台国宾馆的建成，国家重大宴会的平台开始由北京饭店向人民大会堂和钓鱼台转移。听行内的人说，无论是大会堂还是钓鱼台，在初建的前几年（即1959～1966年），大型任务还是以北京饭店为主，这两处的人员为辅。因为这两处的烹饪团队，无论是人数还是水平，都有一个成长的过程。正如前文中引用的郭成仓大师的说法，此期间很多重要的宴会都由北京饭店的人以“出外会”的形式去大会堂或钓鱼台主理。1963年在钓鱼台国宾馆宴请柬埔寨贵宾就是多次宴会中的一例。去钓鱼台国宾馆执行任务的厨师把头菜做坏了，事态严重而紧急，在火烧眉毛之际，将卧在病榻的罗国荣拉去救场，才得以圆满解决。

人民大会堂和钓鱼台国宾馆的全体职工在有关首长的亲切关怀、教导下，认真向北京饭店和其他各大饭店、名餐馆的厨师学习，广采众家之长，结合自身的工作性质、特点，建立健全了一整套规范科学的服务体系。为中华人民共和国国宴史书写了光辉的篇章。

下面简单介绍几位在1949年后的国宴史上不同阶段的杰出人物。

郭成仓，人民大会堂的国宝级烹饪大师。1950年在蔚县政府食堂随父亲从厨，1959年被选派人民大会堂工作直至退休。他曾在人民大会堂工作50余年，不仅擅长鲁菜、川菜，还将各个菜系的代表菜融合改良后增进人民大会堂菜谱，历次完成组织交给的各项宴会制作任务，为国宴增光添彩。他随同首长出访了朝鲜、英国、法国、意大利、加拿大、伊朗、罗马尼亚等十几个国家和地区，曾担任北京市第三届烹饪大赛评委。

孙应武，1964年调到人民大会堂事厨，1981年升任人民大会堂第一任总厨师长，国宴大师，人民大会堂堂菜大师，国宝级烹饪大师，曾多次成功组织并参与了重大国宴。

周继祥，河北青县人，1964 年毕业于北京高级服务管理学校烹饪专业，至今从事烹饪专业工作 50 余年。1964 年在北京新侨饭店从师于特级名师王景宾，学艺山东菜。1971 年调入人民大会堂餐厅处，从事厨师工作。周继祥大师在人民大会堂工作的几十年中，曾参与接待贵宾的国宴制作数百次，具有丰富的国宴制作知识。在人民大会堂工作期间，周继祥大师有幸同多位政要人物合影留念。

人民大会堂作为国家最重要的国宴场所之一，还有很多国宴大师，本书就不再一一介绍了。

北京饭店每年还要抽出部分人力完成国宾驻地接待任务。人民大会堂建成以后至 1966 年，宴会任务都是北京饭店承担的。中华人民共和国成立初期，外国元首、首脑来访住在宾馆，都是北京饭店派人去服务。1959 年钓鱼台国宾馆建成后，虽然宾馆另有班底，但是直到 1980 年，来了重要国宾，仍由北京饭店的厨师、服务员和理发员去协助工作。30 年来，北京饭店曾荣幸地为几十位外国元首和政府首脑服务过。驻地服务要求服务水准高，北京饭店总是选派最优秀的同志承担这项光荣的任务。

我曾看过一篇叫作《钓鱼台与钓鱼台菜》的文章，作者认为，钓鱼台菜的形成得到了国内各著名菜系传承人的大力支持与帮助。国宾馆曾邀请不少海内外名师前来传艺献技，如北京谭家菜传人彭长海、陈玉亮，“福建双强”强木根、强曲曲，上海淮扬菜的“莫家三兄弟”，新疆的阿布里米提 • 木拉提，四川的范俊康、罗国荣，云南的解德坤、彭正芳，广东的张桥、康辉，素菜名师林月生，点心名师郭文彬、黄楚云，香港“鲍鱼大王”杨贯一都曾给国宾馆留下真传，培养了人才，对“钓鱼台菜”的形成与发展起了极其重要的作用。

除了“福建双强”、上海“莫氏三兄弟”等五家外，其他名厨全都是北京饭店的人。在 1980 年侯瑞轩大师和韩治郁大师进入国宾馆之前，凡有贵宾入驻国宾馆时，都是派北京饭店黄子云这样的高手去做主厨。1980 年后，侯、韩二位大师调入钓鱼台国宾馆更是带去了北京饭店各大方菜的精华。北京饭店对钓鱼台国宾馆的“台菜”的影响之大可见一斑。

有人说，罗国荣之所以能以川菜大厨身份坐上“新中国厨师头把交椅”，并不是因为他回锅肉做得好，也不是水煮鱼、麻婆豆腐烧得地道，而是他在处理鱼翅、鲍鱼、乳猪这些高端食材的水平在当时确实天下无双。干烧煌翅、蝴蝶海参、叉烤鸭、鸡蓉鲍鱼、狮子头这些才是川菜名厨罗国荣大师真正的拿手菜，才是他能当上北京饭店总厨的底气和倚仗。

笔者有一本 1984 年 9 月内部发行的《国宴菜谱集锦》，其中共收集了 500 种菜肴，包括冷菜 100 种、热菜 300 种、面点 100 种，还有后面附的 10 张国宴菜单。它和 1959 年由罗国荣、范俊康、王兰等人口述的《北京饭店名菜谱》，有大量相同的菜品和高度类似的菜单，可以很清晰地看到二者的承续关系。

当然，随着国家礼宾制度的改革及人民大会堂餐饮团队的发展创造，菜品有了新的成就。截止到 20 世纪末或 21 世纪初，北京饭店和人民大会堂在国宴菜肴制作上的关系是被历史定格了的。

钓鱼台的行政总厨、总厨师长侯瑞轩大师原来是北京饭店的，1980 年调入钓鱼台国宾馆，从 1980 年到 2000 年，他干了 20 年，成就辉煌。他基本上是把北京饭店的精华带过去了。

四大名厨王兰大师之子王文玉先生也说：“1959 年的《北京饭店名菜谱》就是中华人民共和国的国宴菜谱，在人民大会堂建成前，北京饭店给大会堂代培了一批厨师。有些人不知道，大会堂在外地也招了一批厨师，技术水平比 1954 年招的那一批差多了。十年大庆的国宴以北京饭店的厨师为主，5000 人的国宴，史无前例，哪个饭店敢承接？大会堂的厨师们指不上啊。直到 1965 年，国庆宴会都是北京饭店承接的，后来饭店有些厨师出了一些菜谱，大多和 1959 年的老菜谱有关系”。

下面简单介绍一下钓鱼台国宾馆与北京饭店有关的国宴大师：

侯瑞轩大师，1920 年出生，河南长垣人。钓鱼台国宾馆首任总厨师长，国宝级烹饪大师，代表作品“钓鱼台菜系”，国宾馆技术总顾问。

1933年，侯瑞轩到开封“便宜坊”“又一邨饭庄”学徒，得到了赵廷良、苏永秀等名师的指点。1954年被选调到北京饭店，参加国庆招待宴会的制作。当时北京饭店是国家举办重要活动的主要场所。北京饭店后厨名师云集，各派高手尽显身手。侯瑞轩心态好，对厨艺超乎寻常地专注，常与各派高手相互切磋。北京饭店原会计彭晓东先生给笔者讲过这样一段往事：侯师傅当年在河南一个饭店学徒时，奉师傅的命令给常香玉所在的戏班子送饭，遇到了当时在戏班子里学艺的常香玉，当年学艺的人经常被欺负，侯师傅看她很可怜，就常常送她馍吃。彭先生说这是常香玉亲口对他讲的。20世纪70年代以后，召开有关会议时，很多代表都住在北京饭店，彭先生负责接待工作。当时已经是享誉全国的豫剧大师常香玉知恩图报，让彭晓东先生带她去侯瑞轩家中拜访。侯师傅住在北京饭店后面的霞公府15号。于是彭先生就先陪同常香玉大师去王府井百货大楼买了礼物，然后又带她去了侯师傅家。两位大师见面时场面令人感动，这段故事还登上了北京晚报。

彭晓东先生本来就和侯瑞轩大师关系很好，通过促成常香玉与侯瑞轩两位大师重逢相会一事，两人的关系更加亲近了。在20世纪70年代，侯大师已经很有名气了，但这时他向彭晓东讲了一个自己隐藏了多年的一个秘密：在20世纪五六十年代，侯瑞轩曾经想要拜罗国荣为师。

侯大师对彭晓东说：“我为什么想拜罗师傅为师呢？自从我进入北京饭店和他一起在中餐厨房工作以来，亲眼所见、亲身体验到罗师傅的手艺实在是太好了，令我从心里佩服。他不仅手艺好，更有很强的组织能力，饭店承办的大宴会，他都组织安排得十分妥当。更让人感动的是他对下面的这些同事，无论是哪个菜系的，无论手艺如何，都待人和气，一视同仁。”罗师傅心胸博大。他曾对侯师傅说：“你是河南菜厨师，拜我为师要得到你师父的同意。你师父在河南也不一定好联系，且你和我年纪差得不多，今后我们多交流就好。”

北京饭店的老职工听谭家菜嫡传彭长海说：“在厨行中，我佩服的人不多，罗师傅就是其中一个，他手艺高，对人好。”这位老职工还听说彭长海曾想拜罗国荣为师。和侯瑞轩大师一样，罗国荣和彭长海建立了亦师亦友的亲密关系。侯瑞轩、彭长海都是20世纪50年代至20世纪末在中国烹坛赫赫有名的顶尖级烹饪大师，他们都不约而同地想要拜罗国荣为师，这不能不说是中国烹坛史上的一段佳话。

1980年，60岁的侯瑞轩调入钓鱼台国宾馆，在这个一般人已退休的年龄，侯瑞轩大师迈上了事业的高峰。20世纪八九十年代来访的外国元首，他们的宴会和膳食多由侯瑞轩主理，来宾纷纷赞赏他厨艺高超。侯大师除了本人取得了极其巨大的成就之外，他的公子侯仲华大师子承父业，在钓鱼台国宾馆也身负重任，取得了可喜的成绩。

在钓鱼台国宾馆还有一位国宴大师，他叫林进，是原北京饭店素菜大师林月生之子，现在也跟随父亲的脚步，在国宴的舞台上大显身手。当然在钓鱼台国宾馆还有很多厨艺高超、为国争光的名厨大师。鉴于笔者对他们不甚了解，就不赘述了。

笔者和一些朋友交流时，大家一致认为，1949～1966年为中华人民共和国国宴史的第一阶段是客观的。其间参与主理国家重大宴会的还有和平宾馆、民族饭店、新侨饭店、前门饭店等单位。1966～1978年改革开放前这一段时间为国宴的第二阶段，担负国宴重任的主力有人民大会堂、钓鱼台国宾馆、京西宾馆、北京饭店等单位。在第二阶段的前期，有些宴会需要北京饭店的人参与。随着时间的推移，特别是国家礼宾制度的日趋完善，大会堂和钓鱼台国宾馆担负起了越来越多的国宴重任。在第二阶段及第三阶段中有其他一些饭店或名餐馆也承办过国宴或其他重要宴会，比如全聚德、四川饭店、丰泽园等单位。

随着社会的不断发展和国事活动的需要，在北京之外的其他地方举行国宴和类似国宴的活动也时有发生，比如上海、杭州等地。但不管怎样，人民大会堂和钓鱼台国宾馆作为国家最主要的国宴主办单位的地位是毋庸置疑的。

川菜泰斗曾国华的高徒、川菜烹饪大师华文通先生对当年四川烹坛和罗国荣有如下评述：

由于我个人履历、厨师地位和眼界所限，除了书本知识的滋润，就是聆听老师傅们的传教，所叙述的一些事情也是从我的视野出发。我所写的最多只能算饮食业的边角余料野史，错误遗漏在所难免，如果有些正确的，就作为饮食业正史的补充，如果有不正确的认知，就请作为大家茶余饭后的笑料吧。在这里我想介绍两位行业中的老师傅。他们2人的技艺和大多数老前辈们一样，但他们2人对行业中的人和事记忆力好。一位是张颂云师傅，1949年前在总府街一带多家餐馆工作过，工作时间最长的地方要算在“朵颐”了。他1949年前是二招待，行业称为“二传手”“端工”。他识字，平时爱看武侠等小说，记忆力好，对行业中大多数老师傅的经历知道的也不少，为人正直仗义。第二位是李春林师傅，1949年初他还较年轻。解放军进城后，李师傅是工会组长，他家是饮食世家，可以说他就是成都饮食业的活字典。我所知道的饮食业及一些老前辈们的故事，大多数都来自他们2人和其他老师傅们的叙说。听他们说，1954年由罗国荣、范俊康等川菜厨师组成的厨师班子入驻北京饭店，他们凭着真本事和扎实的烹饪技艺，赢得了烹坛各派的尊敬。北京聚集着大量技艺高超、身怀绝技的厨师。北京饭店在民国时期只有西餐。中华人民共和国成立后，调来了中餐烹坛各大菜系的精英，中餐逐步成为主力。罗国荣他们进入北京饭店之初，就有粤、苏、鲁及宫廷、官府菜（谭家菜），这些派系的厨师技艺也是非常高超。他们对罗国荣等人的到来，当初态度傲慢，不屑一顾。但几次宴会下来，对他们态度大变，特别欣赏罗国荣的干烧鱼翅、红烧鲍鱼，就连做宫廷、官府菜的高手都自叹不如，佩服得五体投地。加之罗又善于交际，谦虚和善，很快得到了各菜系众人的拥戴。川菜逐渐在北京饭店占据了主导地位。中华人民共和国成立初期，国家对外的高级别接待几乎都在北京饭店，罗国荣他们作出的贡献是巨大的。1954～1966年，中国烹坛首屈一指的领军人物非罗国荣莫属。我还听老师傅们说过，抗战时期罗国荣经常往返成渝两地，他的主要交通工具是汽车，但有时也会坐飞机，那个年代坐汽车的都是少数，何况还有时坐飞机。

罗国荣的经历在中国烹坛上也是很特别的。人们都说时势造英雄，罗国荣所处的环境对川菜的发扬光大起了决定性的作用。1959年前，国家正式认定为特级厨师的只有4人，川菜师傅就占据了2人，他们是罗国荣、范俊康。1960年，第一次授予厨师烹饪技师称号，中餐特级烹饪技师只有3人，川菜厨师就占了2人，他们还是罗国荣和范俊康。北京四川饭店的黄绍清老师傅当时只是二级技师。中国四大菜系是川、粤、鲁（京）、苏，川菜为各菜系之首，这跟罗国荣他们的辛勤劳动是分不开的。他们为川菜争得了至高无上的荣誉和地位，同时也得到了光环，他是中国烹坛上的技术专家，是烹坛权威。

罗国荣为人正直仗义。据说当年有些川菜师傅们经他推荐到北京工作过，被他推荐的人又荐人，所以在人民大会堂和使领馆工作过的川菜厨师不在少数。据说当年孔道生师傅就被他推荐过。1984年我在北京四川饭店工作，正好孔道生师傅在北京玩耍。罗国荣的夫人（我叫罗伯母），有一天到四川饭店来看我，正好孔师傅也在场。孔师傅见了罗伯母非常亲切地叫她石大嫂，这让我非常惊讶，原来他们早就非常熟。后来我才知道他们不但熟，而且在1949年前罗师傅和孔师傅的交往就非常密切。罗伯母走后，孔师傅问我怎么会认识罗伯母，我才将我和罗国荣的幺儿是同学的关系道了出来。自那以后，我回到成都后，就再也没有见过孔师傅了。实际上我一次都没有见过罗国荣大师的真容颜，唯一感到欣慰的是，在20世纪70年代初，我见到过罗国荣大师1955年3～9月的工作笔记，那时的笔记本纸已泛黄。罗国荣大师文化不高，个别字用同音字代替，有极个别的字不会写，空着，但我还是能猜出是什么字。罗国荣大师不但技艺高超，而且对工作认真负责，什么人开的菜，什么人做的菜，效果及客人的满意度都有记录。罗大师在一天辛勤劳作后，还要自己做笔记，真是了不起！

回顾历史，我个人认为罗国荣大师和我师傅曾国华他们那代人是中华人民共和国成立后，对川菜在中国菜系中占据首位作出了卓越的贡献，他们是让川菜走出四川、走向世界的功臣。

从20世纪70年代初到80年代末，市饮食公司和各区县饮食公司都有不同等级的川菜技术培训班，对青年厨师进行川菜技术培训，特别是改革开放后，川菜得到了很好的传承发展。老师傅孔道生、张松云、曾国华、毛齐成、刘读云、华兴昌、毛树云、刘建成、张荣兴、蒋伯春、张淮俊、陈海清、陈松如、张德善、苏云、白茂洲、魏成勋、钟顺通、李德明、黄玉廷等，他们对川菜的传承功不可没，他们对20世纪80年代川菜的迅猛发展起了关键作用。改革开放后恢复了厨师技术职称考核，很多人对川菜技术职称的考核工作做出了巨大贡献，对当时川菜青壮年厨师学习川菜的热情起到了极大的推动作用。我个人认为，20世纪八九十年代是川菜技术传承发展的最好时期，也是改革开放后，川菜走向全国、走向世界的最好时期。

关于罗国荣对川菜的贡献还可以从他的从厨理念上阐释，他将烹饪当作文化和艺术来追求。他在继承传统和突破创新之间进行了大量的探索，这些都值得我们学习。

尽管拙文见识浮浅、认知鄙陋，所涉及的深度和广度都差得远，但我们仍然可以从这位川菜圣手的轨迹中，看到他辉煌的足印。

罗国荣与陈彬如合照

据川菜大师陈伯明的高徒黄友禄说："我师父给我讲过这样一个故事。师父的爷爷陈官禄老先生（王海泉大师的高徒，川菜名师王金廷、王小泉、黄绍清等人的师兄弟）因病去世时，陈官禄之子陈彬如大师（陈伯明之父）在重庆打工，陈彬如的弟弟在泸州打工，兄弟二人都不在成都。因为当年交通和通信都非常落后，要想让兄弟二人得到消息并赶回成都奔丧和治理丧事是非常困难的。在这种情况下，罗国荣毅然决然地站出来，出钱、出粮、出力承担了办理丧事的重任，顺顺利利、妥妥当当、风风光光地把丧事办了。等到陈氏兄弟奔丧到家，一看全都办妥了，大为感动。陈伯明那年还未出生，这些事情是他后来听父母讲的。为了方便做善事，在成都、重庆都开着'颐之时'餐厅的罗国荣听信亲戚之言，在新津老家买了几十亩好水田，打算用水田得到的收入资助亲戚的孩子上学，不料后来在特殊时期自己却因此受累，也连带子女都受到了影响。但直到他去世，他从未提起过此事，更不要说后悔了。"

当然，他一生所为善事还有很多。当年成都的亲戚朋友、街坊邻居都说他"这辈子不知道烧了多少冷灶"。"烧冷灶"是指去做那些应该做，但又费力不讨好的事。

罗国荣大师已逝世半个多世纪了，还有很多人缅怀他的嘉言懿行。笔者常想，20 世纪 30 ～ 60 年代，无论政权如何更迭，世事沧桑如何变化，竟然有那么多政治立场不同、地位相差悬殊的人，给了他如此多的雅号："罗斯福""秀才厨师""西南第一把手""小孟尝""川菜圣手""罗大帅""中国最具传奇色彩的厨师"，等等，这在全中国恐怕也没有第二个人了！

过去，厨师的地位很低。一位厨师能获得"圣"字的题词赠匾，确实是非常罕见的。

1959 年全中国只有四位中餐特级厨师，罗国荣是其中之一；1960 年全中国只有三位特级烹饪技师，罗国荣是其中之一；1959 年主理十年大庆 5000 人国宴，罗国荣是后厨领军人物之一。在 1954 ~ 1966 年期间的中国烹坛上，罗国荣始终扮演着重要的角色。罗国荣逝世后，1983 年的全国首届烹饪大赛，他的徒弟黄子云担任评委（裁判），徒弟陈志刚获得全国优秀厨师奖，全国十佳厨师获奖者高望久、王义均都尊他为师。2002 年，16 位名厨获得国宝级烹饪大师的荣誉称号，排在第一位的是他的徒弟黄子云，还有尊他为师的王义均，曾经想拜他为师的侯瑞轩。很遗憾，当年也想拜罗国荣为师的彭长海大师于评选前逝世，如其健在，想必也会被评为国宝级烹饪大师。这 16 位国宝级烹饪大师中，曾在罗国荣手下工作的、仰慕他的、受过他指教和点拨的也不乏其人。

我们不难想象，20 世纪后半叶，罗国荣对中国烹坛的重要影响！

有人虽已远去，然而江湖上还时常能听到他的传说。

不知是否冥冥之中有什么安排，笔者写完这部分文字的时间是 12 月 19 日，恰巧是笔者父亲——川菜圣手罗国荣诞辰 110 周年的日子。

第二章

她与川菜圣手共风雨

罗楷禹与母亲石玉琼

川菜圣手与妻子的传奇故事——漫漫风雨路，一生相伴守！

我的父亲罗国荣，20世纪三四十年代生活在四川，五六十年代生活在北京，可谓誉满业界。有关他的事迹有多篇文章作过介绍，我的三哥罗楷经出版的《川菜圣手罗国荣》一书，更是对父亲的一生做了迄今为止最为系统的文字梳理。今天跟大家讲述的是罗国荣的妻子、我们七个兄弟姐妹的母亲——石玉琼的故事。

20 世纪 90 年代初，石玉琼在北京“颐之时”饭庄

母亲是 2017 年 7 月 1 日在北京去世的（享年 97 岁），依她生前的嘱咐，两个月后我们将其骨灰送回了家乡成都。虽说母亲这一生没做过什么大事，但她在我们儿女心中却享有很高的威望。

母亲生前受过很多的苦，然而在精神上从来都没被压垮过。那些年，是母亲带着我们从艰难困苦中一步步走出来的。

1954 年 8 月，在父亲受组织调派，与范俊康、刘少安、张汉文等同门师兄弟一起率众弟子进京两年后，母亲带着我和三哥移居北京。第二年，我们家最小的七妹罗淑英在北京出生。母亲虽然只上过小学，对家乡四川以外的地方也没什么了解，但是她早年就因父亲的关系与当时的文化大家（谢无量、张大千、杨啸谷等）有交往，母亲潜移默化地从这些文人墨客身上学到了一些东西。我懂事后，经常听母亲讲起她从各位先生那里听来、学来的知识和道理。

母亲到北京后，也像在成都、重庆时那样，没多久就把各方面的关系搞得很好。熟悉母亲的人都知道，她遇事总是先替别人想，平日里与人相处也总是显得通情达理，这些品质让与她有过交道的人佩服。好多认识她的人都认为母亲是一位值得尊敬和信赖的老人。

罗国荣和石玉琼的六个子女

后排右起：大哥罗开钰、三弟罗楷经、四弟罗楷禹

前排右起：五妹罗淑芬、六弟罗开智、七妹罗淑英

母亲与友人合影

母亲石玉琼（前排右二）、陈雪湄（谢无量夫人，前排左二）、

谢无量（前排左三）、罗楷经（前排右一）

小时候母亲经常告诫我们："做人就应当走一处亮一处，千万不可以走一处黑一处。"平常她在跟别人聊家常时，也会时不时地从嘴里冒出几句富有哲理的话，而当有人向她问起是哪个大学毕业时，她又总是笑着回答："啥子大学毕业哟？我毕了业的只有小学，要说我后来长知识，那也是上的社会大学，所以我才一辈子都毕不到业！"

在我们到北京后，母亲又重新承担起家里的一切事务，包括所有人的吃穿用度。那时父亲的工作特别忙，有时组织上还安排他随首长外出（包括出国），专职负责膳食保障，并且每次都是说走就走，走之前还不会告诉家里（因为有保密要求），所以父亲平常连回家吃饭都很难得。

在我的记忆中，父亲只是偶尔回来吃母亲做的饭菜，在饭桌前他有时会顺便指导母亲几句。正因为有父亲的指点，聪慧的母亲才把一些原本很家常的菜也做得有模有样，就像一位常来我们家的客人所说："端上桌来的菜都有那么点'馆派'的味道。"

罗家部分成员在北京时的合影

石玉琼（前排左一）、罗淑英（前排左二）、罗楷禹（前排右一）、罗楷经（后排左一）、罗国荣（后排右二）

虽说父亲回家吃饭从不挑剔，但母亲总是会弄出些他在单位食堂吃不到的菜。记得有一次母亲做了干煸苦瓜、虎皮青椒、炝炒空心菜等简单的几样，父亲吃得连声夸赞。在母亲问到某道菜的做法时，父亲会从选料、刀工、火候、调味等方面一一讲解。母亲只要听明白了其中的要领和关键，以后再做菜就不只是运用自如了，而是可以举一反三。

第一节　母亲的厨艺

1. 红油猪耳

一次刘少安师叔来家里看望生病的父亲，父亲十分高兴，非要留客人吃了晚饭再走，当时他让母亲赶紧去弄几个菜出来。那天让我印象最深的是红油猪耳，但见片薄透亮的猪耳片被诱人的红油滋汁裹身，而四溢的香气更是让人食欲大增。父亲请刘师叔先动筷子，只见他夹起一片送到嘴里，还没吞下肚就开始夸我母亲："刀工好，味道巴适！"的确，连手艺高超的刘少安师叔都佩服母亲的手艺。

2. 烧海参

记得一次我回成都时，听到著名川菜大师白茂洲夸我母亲的厨艺，他说："海参还是师娘烧的好吃，她有几个菜连我这个做厨师的都赶不上。"那时我们虽然常年住北京，但家乡的生活及饮食习惯还是难以改变。

3. 泡菜

早年在四川，主妇们做菜调味时都离不开现捞的自家坛子里泡着的姜、蒜、辣椒、萝卜、青菜等。母亲去北京时，连泡菜坛子都带去了。

无论她往坛子里泡什么，香脆好吃不说，每次揭开盖子都能闻到那一股带着乳酸菌气息的清香。母亲用泡辣椒加姜、葱、蒜等调料炒出来的鱼香肉丝和鱼香茄子，总是让来我家吃饭的客人拍手叫好。后来，邻居闻到这气味就知道是罗家又在做好吃的了。

母亲泡菜的手艺让人称奇，还有一件事可以证明，那是1978年母亲迁回北京居住后，北京饭店曾派人来请她去帮忙做四川风味的泡菜。母亲现配调辅料，现起盐水，共计为饭店腌泡了16大坛泡菜。后来，饭店为酬谢母亲上门传授家常泡菜的手艺，还给她支付了1000元作为酬劳（这在当时可不是小数目）。

4. 烟熏腊肉

还记得在北京时，每年冬季母亲都会自己动手做烟熏腊肉。在京城找烟熏的燃料不容易，她想方设法地找来了花生壳、柏树枝丫等。她把已经用花椒盐（炒香）、醪糟汁、甜面酱等腌过的一块块猪肉挂起来，经过十天左右的晾晒后，再打围并点燃烟火料慢慢地熏制，直到可收获色香味俱全的腊肉为止。

5. 手蒸年糕

临近春节时，母亲又开始动手蒸年糕。她买来果脯、蜜饯，切成碎粒，再加到糯米浆盆里搅匀后，舀入蒸锅的屉格里（垫有纱布）大火蒸熟。离火晾凉后，取出来切厚片。想吃的时候，在放了少量油的锅里煎至两面金黄，装盘并撒一点白糖即可享用。一直以来，我十分喜欢母亲做的年糕，那种又香又甜的记忆好像永远都忘不掉。

6. 炖黄羊肉

1961年冬季的一天清晨，睡梦正酣的我忽然闻到浓浓的肉香味。我睁开双眼，一翻身，掀开被子，跳下床，连鞋也顾不上穿，光着脚跑到火炉边，急忙揭开大铝锅盖一看：哇！真香！肉块、胡萝卜块在红亮的汤汁中翻滚，阵阵肉香扑鼻而来，令人垂涎欲滴，食欲大增。

我问母亲："妈，哪来这么多肉啊？这是什么肉？这么香。"母亲说："你小点声，你爸在睡觉"。她说这是领导送给父亲的黄羊腿，父亲半夜十二点多才下班回来，她和父亲把羊腿骨肉分开，骨头砍断，羊肉切块。先把羊肉、骨头放入冷水锅烧开，紧出血沫，再用温水洗净。锅中加入热水，放葱、八角、花椒、干辣椒、桂皮、橘皮，倒入料酒、盐、糖、酱油。都安排好后，父亲才上床睡觉。

我问母亲：“为什么还要放橘子皮呢？”她说：“橘子皮去牛羊肉、狗肉的腥膻味效果好，牛羊肉就服大葱和萝卜。”听完母亲的一番话，兄弟俩看着还在熟睡的父亲，眼睛湿润了，不知该说什么好，舐犊情深啊！

母亲一看闹钟，急忙催我们赶紧穿衣服，洗脸刷牙，吃早饭。母亲给我们一人盛一碗肉，一人一个窝头。我们哥俩吃得那叫一个香，狼吞虎咽，三下五除二就吃完了，把碗里的汤汁都舔干净了。一碗羊肉吃下肚，只觉得浑身无一处不舒坦、熨帖，身上暖和有力气。

当时全国上下物资供应极缺，粮、油、肉都是定量配给。父母亲炖的黄羊肉肥美香醇，这是我们这辈子觉得最好吃的羊肉。

7. 毛肚火锅

除了黄羊肉，令我难忘的还有毛肚火锅。那时北京的冬天寒风凛冽，气温达到零下十几度，滴水成冰。一天，父亲下班回到家中，他对母亲说：“明天我休息，天这么冷，我们吃毛肚火锅吧，你去买些牛肉、牛棒骨、毛肚和蔬菜。”母亲当天就按父亲说的把东西买回来了。父亲把砸断的牛棒子骨，以及从牛肉上剔下来的筋头巴脑放入冷水锅中，加入葱、姜、料酒。用火烧开后，父亲用汤勺熟练地撇去血沫，他一边撇一边说：“既要撇尽血沫，还不能把油撇掉，牛骨髓油可是好东西。”几个小时后，一锅牛骨汤就熬好了，上面厚厚的一层油，香气四溢。

父亲把油倒入铁锅，把豆瓣酱、辣椒、八角、花椒、桂皮、生姜等香料炒出香味，当油成红色时倒入牛骨汤，再放盐、糖调味。当汤熬好后，屋子里弥漫着浓浓的香味，让人食欲大增。父亲用漏勺把调料全部捞尽，一锅红亮亮、油汪汪、香喷喷的火锅汤就做好了。母亲早已经把蘸汁兑好了，里面有牛肉汤、香油和葱花。她还把洗净的毛肚片成大片，再把放在室外冻了一阵子的牛肉切成薄片……不一会儿，翠绿的香菜，金黄的白菜心，雪白的豆腐，粉红色的牛肉就摆满了桌子，十分丰盛。

尽管屋子里有烟筒，为防止煤气中毒，父亲把窗户打开了半扇。然后，一家人围坐在煤炉旁准备大快朵颐。铁锅里红汤翻滚，香味扑鼻，我急忙夹起一片毛肚，直接扔到锅里。父亲看到后对我说："要不得，时间长了咬不动。涮毛肚要用筷子夹住，七上八下，就可以蘸佐料吃了。"我按照父亲说的办法一试，毛肚果然又脆又嫩，滋味十足。火锅汤味道醇厚，回味无穷，一会儿就觉得浑身发热，头上冒汗，却让人感到浑身上下酣畅淋漓。

那是我第一次吃父亲亲手做的毛肚火锅，印象极深，是至今难忘的美味。后来我所吃过的火锅都无法与之相比。

第二节 芝麻的故事

罗国荣与石玉琼四子罗楷禹

我在陕西宜君县桃村插队时，有一次分到了 50 元。那时村里的芝麻五毛钱一斤，我买了二十多斤，准备回家过年。

一早出发时，我和权绍祺各自扛着重重的行李袋，从桃村到五里镇有四十多里路，下午到镇上时，一打听才知道今天没有从五里镇去县城的班车。我俩当时就傻眼了！回去吧，不甘心，一咬牙，我们决定步行到县城。冬夜的黄土高原，寒风刺骨，我们扛着四十多斤的行李，汗把衣服都湿透了，风一吹更是寒彻透骨，我们也只能咬牙前行。这一夜走了五十多里。从昨天一早出发，在寒风中负重前行百里路程，终于买到了去铜川市的车票，到铜川后我们又买票去西安。最终二人在西安分手，他回北京，我回成都。

回到成都家中，母亲看到我带回来的牛肉干、风鸡和二十多斤芝麻，高兴地对我说："这下我可以用芝麻给你们做汤圆心子了。"那年月什么都要凭票购买，芝麻可是稀罕物。母亲拿来报纸撕开，一小碗芝麻一包，一下包了十几包，准备送给梓潼桥西街的街坊四邻。我看着大老远背回来的芝麻一下少了那么多，真有点心疼。母亲看出来我有点儿不太高兴，便对我说："快过年了，修车的、送煤的、修鞋的、裁缝，这些人生活困难，平时也给我们家帮了不少忙，送点芝麻表示一点心意，大家都要过年嘛。"拿到芝麻的邻居都高兴地向母亲道谢，母亲自豪地说："这是我们家老四从陕北带回来的。"

过年前，我们先用石磨把泡好的江米磨成米浆，然后把水吊干，汤圆粉就做好了。随后把芝麻洗净，控干水分，小火慢炒，炒香后用石臼捣细。花生炒香后用刀平压，弄成花生碎。还杀了一只不下蛋的母鸡，取出不少金黄的鸡油。母亲炼鸡油时，空气中弥漫着鸡油的香味。啊，这就是过年的味道！母亲按比例在鸡油中加入白糖、芝麻、花生，碎搅拌均匀，放在案板上，拍平晾凉，做成四四方方的大块。待鸡油凝固后，再切成小块，汤圆心子就做好了。

大年初一早上，大家齐动手，一起包汤圆。母亲包得最快、最好。汤圆煮好后，我先给外婆、母亲各盛一碗，然后兄弟姐妹一人一大碗。一口咬下满口香，芝麻香、花生香、鸡油香，真是太过瘾了，一大碗汤圆很快就下肚了。别人家都是用猪油做汤圆心子，香味就差远了。

第三节 手心煎鱼

一天，母子闲聊。母亲给我讲起父亲十三岁（实际上还未满十三周岁）从新津花源场老家到成都拜师学艺的事情。

母亲问我："你晓不晓得，你们爸为啥子非要去成都拜师学艺？"我只知道爷爷奶奶是贫苦农民，就说："因为家里太穷。"母亲说："不全对，你们爸因为受了很大的刺激和羞辱。那年，天气又湿又冷，他下地干活儿，回家时背了满满一背篓菜，路经一间茶铺时，他因为感冒了，鼻中流出清涕，又没有手帕，两手还要紧紧抓住背篓的带子。情急之下，他不自觉地就用袖子擦了一下。不料，正好被一位茶客看见了，他就冲你爸大声喊道：'你们快来看这个娃儿，有啥子出息嘛！用袖子揩清鼻子（清鼻涕），他将来要有出息了，我用手心煎鱼给他吃。'茶铺里众人都用异样的眼光看向你爸，他是个自尊心极强的人，受此羞辱，很受刺激。回到家中，他再三向父母请求要去成都拜师学艺。干不了一番事业，绝不回花源场。"

听完母亲的讲述，除了敬佩父亲少有大志、自强不息之外，我还有些好奇。我问母亲："手板心怎么能煎鱼？那么高的温度，还不把手烧坏了吗？"母亲说："先把小鱼刮鳞去内脏，用葱、姜、盐腌一下。毛巾打湿，多叠几层，倒上高度白酒，点燃，把腌好的鱼放上去煎就行了。"听完母亲这番话，我恍然大悟，原来如此！

第四节 艰难岁月

1969 年的 1 月 19 日凌晨，父亲在家中离世。十天后，父亲的骨灰由闻讯从成都赶来的大哥罗开钰抱回四川。由于大哥回成都后不能再请假，所以骨灰由我五妹罗淑芬送往新津花源场老家，最后还是借父亲堂兄弟家屋后的一处僻静地黯然下葬。

自此，从十二三岁便离乡去成都拜师学艺的父亲，其厨艺名震巴蜀、誉满京华，继而被业界尊为一代宗师。时隔46年，父亲竟然是这般孤寂落寞地魂归故里，我们为之唏嘘和痛心！

父亲走了，母亲心里的痛苦我们做儿女的当然最清楚。我们家在父亲这个顶梁柱倒下以后，不仅失去了经济来源，还因为母亲没工作而一时找不到单位依靠，在当时的社会环境下，母亲及我们要想在北京继续生存下去，实在是太难了！可是这时候的母亲并没倒下，她冷静地对我们说："你们爸走了，我更应当把家里活着的人都带好管好，只有这样才对得起他。"

在父亲去世后的第三天，我去陕西延安的宜君县农村插队落户。还没从父亲离世的悲伤中走出来的我，又要去面对一个连自己都无法预料的未来。宜君县是个啥地方？自己今后的前途命运会怎样？我们家以后的生活来源怎么办？这一连串的问题让我来不及去细想，我脑子里好像只剩下了惶恐和迷茫，在家里正需要我这个男子汉出来分担之时，我却来不及弥合少年丧父的悲伤，来不及把母亲和小妹以后的事情安排好，踏上了运送知识青年西去的火车。

我至今仍记得，离家那天北京的天空阴霾如铅，凛冽的寒风让人感觉到由里到外的冷。心情沉重的我觉得自己的两条腿像是灌满了铅，每走一步都十分艰难。母亲和小妹没有把我送到指定的出发集合点，而是只送到东单公交车站。母亲在站牌下面叮嘱我："你以后就是一个人在外面了，要学会照顾好自己，不要再惦记家里，你要相信有我在家里就会慢慢好起来。你赶紧上车走吧！"话刚一说完，母亲便牵着小妹转身离去。望着母亲那已经变得微驼的身影渐渐远去，我的情绪终于控制不住了，泪眼中，竟然盼着母亲能转过头来让我再看一眼，可是母亲一直往前走，任凭呼啸的寒风把她花白的头发吹乱也不理会……

后来我才知道，在我离开北京后，她们的日子过得更加艰难，母亲每天都在想办法填饱她和小妹的肚子。有一次，母亲在东单菜市场看到卖水产品的师傅正在宰杀鳝鱼，在其案板上堆着好些剔下来准备丢弃的鱼头和鱼骨，于是她就去向人家讨要。回到家中，母亲将其清洗干净，先挑出鳝鱼骨放入锅里，加姜片熬汤。随后净锅上火，放油并下泡椒段和姜、葱、蒜、盐炒香后，才把鳝鱼头也下锅一起翻炒，将先前熬好的汤（拣出骨头）掺进去烧几分钟，香喷喷的鳝鱼头汤就算做好了。这样变废为宝做出来的荤腥，也算是让家里人打了一回牙祭，添了一丝营养。

我再举个例子。当年东单市场时不时有鸭头卖，那都是国营食品加工企业在取料加工罐头后剩的下脚料，而那时北京居民知道如何吃鸭头的人很少，所以市场上卖两毛钱一斤都没人要。母亲知道这个情况后，便经常去市场，一旦碰到就将鸭头买回家。她会先炒糖色、炒香料，在调制好川味卤水后，再把洗净并经过汆水处理的鸭头放进去慢火卤制。每次母亲把散发着诱人香气的鸭头端上桌来时，家人都会啃得心满意足。

1969 年底，母亲和小妹回到了四川。回到成都后，小妹到商业场小学就读，大哥罗开钰四处托人帮母亲找工作，好不容易才被介绍到国营东风菜市场一个制售凉拌小菜（也叫盆菜）的店铺做了临时工，每天工作近 10 个小时才挣得 1 元钱。在店里，母亲每天都要手工切出几大铝盆的大头菜丝。母亲的刀工其实早已具备专业水准，在店里的大姐大妈当中，也只有她切得又细又匀，而经她的手拌出来的麻辣大头菜丝广受顾客欢迎。那时母亲一个月只能领到 30 元的薪水，这点钱要想维持家里的开支显然很难，如果遇到要给小妹交学费的那个月，就更是捉襟见肘。当时有好心的人劝我母亲说："你还是写个申请给学校吧，只要反映你们家生活确实困难，按政策不就减免学杂费了吗？"可是母亲还是坚持认自己的理，她说："这个月我就是少吃几顿饭，也要给幺女凑齐学费交上去。我们家老罗生前就不肯求人，今天到我这里了，我也不能丢罗家的脸，即使再困难我也得想办法克服。"

现在回想起来，母亲那些年实在是太难了。当时还有人来劝我母亲改嫁，但都被她一口拒绝了。

那时的母亲就像她常对我们说的一样："你们爸不在了，我再苦再难也要把一家人拢到一起。我们罗家的人不能散，现在我不仅要给你们外婆养老送终，还要把娃娃全都供出来！"母亲虽然从没跟我们讲什么大道理，但她一直在用自己的行动为我们树立家风。

第五节 跟母亲下厨的二三事

我再来说说母亲及父亲对我个人厨房技艺的实际影响。我从 9 岁开始跟母亲学做菜，母亲教我做的第一道菜是凉拌莴笋（青笋）。其程序是：把莴笋改刀切成片，入盆撒一点盐腌渍几分钟，用手挤出部分水分后，放红油、味精并淋几滴香油，用筷子拌匀了即可上桌。还记得母亲在尝我第一次拌的凉菜后，只对我说了一句“还不错”，可我当时却生出了一种兴奋感。

从那以后，我就更喜欢跟母亲一起下厨房了，尤其在知道家里要做回锅肉时，我会守着看母亲如何操作，包括肉要煮到什么程度捞出来，放在菜板上切多大的片才合适，肉片下锅要熬到怎样的形状才算合格，以及下锅时加调辅料先放什么后放什么，这些我都一一记在了心里。

有一次我放学回家，见母亲正准备蒸馒头，于是就去帮着揉面、分剂。开始只是觉得好玩，我一边用力地揉，一边往面团上扑干面粉，等到馒头蒸熟出笼时，父亲刚好下班回来，我赶紧上前告诉他其中哪些是我做的。那天父亲一边吃一边夸我：“馒头做得好！好吃又有嚼劲儿！”说真的，能得到父亲当面夸赞，我心里别提有多高兴了。也许是继承了父母做菜基因的缘故吧，我后来下厨做菜也显得有模有样。

有一段时间，会做好吃的菜肴让我在同学当中小有名气。那时，只要尝过我做的卤猪蹄、清炖鸭头等菜品的同学，即使不羡慕也会夸我几句。有一次在中学同学家聚餐，肉荤是几个同事从各自家里带去的。那天，大家吃得最多的还是我做的菜，有夹沙肉、氽肉丸子、鱼香肉丝等，当然，那时候大家肚子里都缺少油水，吃起来就更是觉得香。

后来下乡插队时，我做菜的手艺在公社远近闻名，有时连落户别的大队的知青，也上门来请我去做菜，到现在有老同学忆起这些往事，仍然是津津乐道。我被招工去西安后，单位还有同事慕名来请我去帮忙操办婚宴。在婚宴中，我做的麻辣牛肉干、芙蓉鸡片、鱼香肉丝等菜都颇受欢迎。后来，我被陕西省计量局招录，参加了工作。招工的一位负责人在众多知青档案中发现我填写的父亲名字及生前工作单位（他以前听说过我父亲的一些先进事迹），同时他也对我的困难处境深表同情。后来，我们成了无话不说的挚友。那时我在西安没有一个亲人，节假日董大哥见我无聊，便经常带我去他岳母曹姨家，而我在曹姨家有时会进厨房帮忙做一两道菜，不过最让我感到得意的一次，还是替主人设家宴招待几位他们家的老朋友。客人当中有几位老首长，还有杜夫人（曹姨是杜夫人的亲侄女）。还记得当天我给客人做了清蒸仔鸡、芙蓉鸡片、鱼香肉丝等传统菜。在我把造型如白色花瓣的芙蓉鸡片端上餐桌的那一刻，客人们个个都叫好。我又按自己当知青时所学的陕北民间做法炒了一盘豆芽宽粉肉片，结果再次得到了夸赞。杜夫人竟对曹姨说："今天你女婿做的菜很不错嘛！"曹姨一听便连忙解释道："今天这些菜是我女婿的好朋友在主厨，他这手艺有传承，他父亲是北京饭店的特级厨师。"

第六节　厨艺的传承

听到老前辈们对我厨艺的赞许，我想到小时候跟母亲下厨的情景，我这点厨房基本功，还不是早年在母亲身边打下的基础？不过，像芙蓉鸡片这样的工艺菜倒不是从母亲那里学来，而是从父亲生前留下的那本《北京饭店名菜谱》中比照学来的。我至今记得父亲当年把这本菜谱给我看时说过的话："如果特级厨师的儿子长大后连菜都不会做，就真的要被别人笑话了。"

1978 年，我母亲和小妹的户口迁回了北京，组织上不仅给她们母女安置了住房，还把小妹安排到父亲工作过的北京饭店上班。

回到今天，回到我们这个普通的家庭，我只想对父母的在天之灵说：对我们家而言，父亲是榜样，母亲是楷模。在艰难的日子里，正是因为有母亲为我们儿女树家风、立正气，才让我们全家人都能够从困境中坚强地走出来。

母亲，我们永远怀念您。

罗国荣 100 周年诞辰，弟子魏金亭夫妇设宴庆祝
前排从左至右依次为：魏金亭夫人张根娣、石玉琼、魏金亭
后排从左至右依次为：罗淑英、罗楷禹、罗楷经、向蔚平

母亲石玉琼与本书作者罗楷经

第三章

罗国荣重庆“颐之时”的菜单

第一节　重庆“颐之时”菜单的说明

“颐之时”是1940年由川菜圣手罗国荣大师在成都华兴正街创办的著名餐馆，后在重庆开设分号。1924年，罗国荣曾经跟当时成都饮食业被尊称为“大王”的王海泉在三合园学厨艺，满师后，得到师傅王海全同意，他再拜福华园老板黄绍清（大王的徒弟）学艺。由于罗国荣勤奋好学，技艺过硬，黄绍清经常带他去当时军政要员的公馆操办家宴。由于罗国荣聪明伶俐、勤快、技术好，深得主人喜爱，后被这位要员聘为成都玉沙街公馆厨师。20世纪30年代，这位要员因故退居雅安，罗国荣未随他前往，被当时“姑姑筵”的老板黄敬临聘为主厨。黄敬临曾在清宫御膳房任职，文化水平高，颇通饮食之道，在管理御膳房时接触过很多宫廷名厨，也接触了很多宫廷御膳资料。黄敬临创制了很多名菜，比如漳茶鸭子、香花鸡丝等。黄敬临对罗国荣的技术进步和为人处世之道很有帮助，所以罗国荣曾说黄敬临算是他的半个师傅，黄敬临也说过：“一生未收过徒弟，只有罗国荣可以算半个徒弟。”

从以下重庆“颐之时”餐厅的菜谱中，可看出姑姑筵的一些特色及三合园、福华园的风格。成都“颐之时”的菜单没有留存，但应和重庆“颐之时”的菜单相差不大，下面我来把1949年前重庆“颐之时”的菜品及其制作方法做个介绍，不仅是为了将其传承下去，还可为业界的学者提供一些参考资料。

菜单注释者、中国烹饪名师江金能

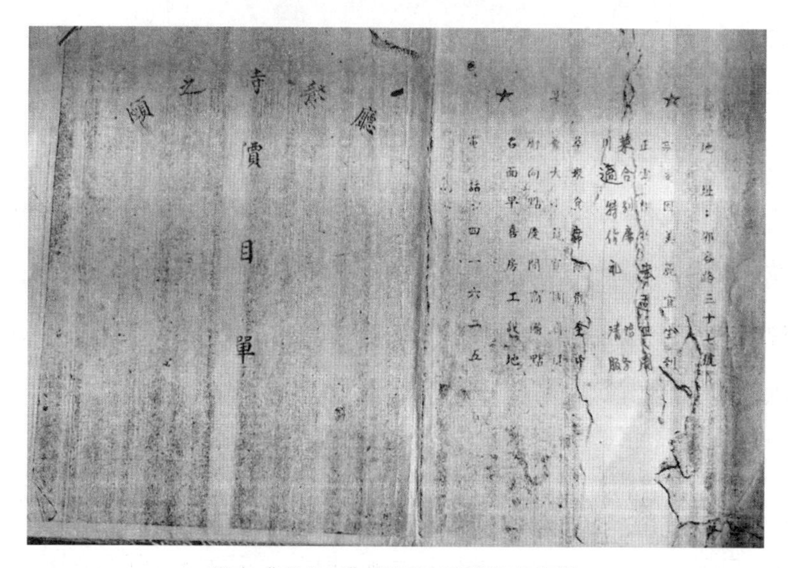

颐之時餐廳

價目單

地址：鄒容路三十七號

電話：四一六二五

重庆“颐之时”餐厅价目单的复印件

第二节 重庆“颐之时”餐厅价目单

名厨荟萃 川菜正宗 面向大众 适合需要 早点小食 特别相因

喜庆筵席 价廉物美 房间宽敞 厅堂宏丽 工商团体 丰俭适宜

设备齐全 清洁卫生 地点适中 服务周到

地址：邹容路三十七号 电话：四一六二五

◎ 早点

糕类：蛋枣糕、白蜂糕。

包子类：鲜菜大包、豆芽包子、三鲜包子、豆沙包子。

蒸饺类：鲜菜蒸饺、南瓜蒸饺。

油酥类：火腿油花。

面类：芹黄面、红汤面、奶汤面、鳝鱼面、红烧牛肉面、成都素面。

乳类：鲜牛奶、鲜牛奶蛋。

◎ 经济小食

凉拌类：葱酥胗肝、凉拌腰片、凉拌杂件、拌牛杂、鲜味卤菜。（注：北京饭店很多拼盘都用葱酥胗肝和凉拌腰片这两个菜。）

菜蔬类：鸡油笋尖、红烧素烩、奶油素烩。

豆腐类：红烧豆腐、麻婆豆腐、家常豆腐、熊掌豆腐。

肉类：清蒸杂烩、樱桃烧肉、红烧牛肉、蒜泥白肉、万字烧白、粉蒸排骨、鲜菜肉片、鲜菜肉丝、爆烟肉、京酱肉丝。（注1：蒜泥白肉是热菜。注2：万字烧白因摆成“卍”字形状而得名。注3：爆烟肉是腌过的猪腿肉或其他肥瘦相连的肉，用烟熏香，洗净，肥瘦切片炒成菜，不晾干成腊肉。）

汤类：豆腐汤、红白汤、鲜味罐汤、肥肠豆汤、豆芽蒸汤（注：红白汤为豆腐血旺汤。）

特设经济客饭（一菜一汤）每客。

◎ **零餐**

鸡类：炒鸡丁、爆烟仔鸡、珊瑚烧鸡、芋儿烧鸡、莴笋烧鸡。（注1：爆烟仔鸡食材的做法同爆烟肉。注2：珊瑚烧鸡即红萝卜烧鸡。）

鱼类：红烧鳝鱼、干煸鳝鱼、豆腐烧鱼、犀浦鲢鱼、红烧鲜鱼、豆瓣鲜鱼。

腰肚类：白油肝片、炒杂件、炒腰花、鱼香腰花、炒肚头、宫保腰块、烟熏块肚。（注：烟熏块肚食材准备如爆烟肉。）

蔬菜类：奶汤素烩、红烧素烩、鸡油笋尖、金钩菜心、火腿菜心。

凉菜类：花椒仔鸡、怪味仔鸡、白炊仔鸡、漳茶鸭子。

时菜：（注：空白。）

◎ **筵席**

乡村席

四碟子。

大菜：乡村杂烩、杂鸡卷、热窝姜汁鸡、烧红肉、烩酥肉、蒸肉、烧白、稀卤蹄筋、八宝饭、什锦汤、四饭菜。菜蔬随季节更换。

国货席

四碟子。

大菜：蟹黄素烩、旱蒸宣腿、锅烧肥鸭带饼、清蒸肝糕加鸽蛋、红烧岩鲤、雪红冬笋、虫草蒸鸡、番茄鱼糕、蜜汁柚子、冬菜鸡块汤、四饭菜。菜蔬随季节更换。

鱼肚席 1

四碟子。

大菜：鸡皮鱼肚、漳茶鸭子带饼二盘、原汤口蘑加脊髓、干烧鲜鱼、鸡油菜心、三鲜鱿鱼、板栗烧鸡、腐皮虾卷、八宝果羹、豆汤肚条、四饭菜。菜蔬随季节更换。

鱼肚席 2

四碟子。

大菜：蟹黄鱼肚、椒盐鸡卷、白汁鸭子、口蘑鸽蛋、清蒸鲜鱼、金钩菜心、红烧鱿鱼、芙蓉鸡片、蛋枣糕、酸菜鸡块汤、四饭菜。菜蔬随季节更换。（注：蛋黄糕可能是用鸡蛋黄炒的一种甜菜，有点像炒桃泥。）

海参席1

四碟子。

大菜：葱烧海参、椒盐虾糕、竹荪鸽蛋、糟蛋鸭子带饼二盘、脆皮鲜鱼、锅烧仔鸡、番茄菜心、红烧蹄筋、酿鲜梨子、带丝炖鸡、四饭菜。菜蔬随季节更换。（注：椒盐虾糕又叫椒盐虾饼。）

海参席2

四碟子。

大菜：蟹黄海参、炸虾仁球、烧罐耳鸭带饼二盘、肝糕鸭腰、清蒸鲜鱼、红烩鱿鱼、金钩凤尾、酱烧仔鸭、冰糖莲米、锅炸、豆汤白肺、四饭菜。菜蔬随季节更换。（注1：烧罐耳鸭又叫网油包烧鸭，成罐形，叉烧。注2：肝糕鸭腰切花。）

猪头席

四碟子。

大菜：烘肥猪头、开水白菜、堂片填鸭带饼、鲜蒸岩鲤、生蒸宣腿、虾蛋冬笋、姜汁热窝鸡、豆汤白肺、红苕饼、元宵汤、酸辣什锦汤、四饭菜。菜蔬随季节更换。（注1：虾蛋冬笋可能是由虾糁做成虾圆烩冬笋，圆球像蛋因而取名虾蛋。注2：北京饭店宴会菜单出现过白肺。）

牛头席

四碟子。

大菜：红烧牛头、清汤银耳加舌掌、堂片填鸭带饼二盘、干烧鲜鱼、酱烧冬笋、旱蒸仔鸡、瑶柱烧豆腐、番茄鱼糕、核桃泥、果羹汤、清蒸牛筋、四饭菜。菜蔬随季节更换。

羊头席

四碟子。

大菜：烧全羊头、肝糕鸽蛋、堂片填鸭带饼二盘、清蒸肥头、虾蛋冬笋、软烘仔鸡、瑶柱菜心、番茄鱼糕、核桃泥、果羹汤、奶汤羊杂、四饭菜。菜蔬随季节更换。

干鲍鱼席

四碟子。

大菜：干烧鲍鱼、清汤蹄燕、堂片填鸭带饼二盘、番茄烧舌掌、清蒸鲜鱼、奶汤素烩、咸辣仔鸡、葱烧海参、冰糖银耳加皂仁、萝卜火肘汤、四饭菜。菜蔬随季节更换。（注：萝卜火肘汤不光是火腿肘子，是加了火腿和鲜猪肘子。）

鲜鲍鱼席

四碟子。

大菜：奶汤鲍鱼、网油虾卷、烧罐耳鸭带饼、清汤银耳、干烧鲜鱼、红烧素烩、锅巴鱿鱼、喇嘛仔鸡、红苕饼、桃油莲米、冬菇凤翅汤、四饭菜。菜蔬随季节更换。（注：清汤银耳为咸鲜味高级清汤。）

鱼翅席 1

四碟子。

大菜：佛手鱼翅、堂片鸭子带饼二盘、肝糕鸽蛋、旱蒸鲜鱼、软烘仔鸡、豆汤白肺、酱烧冬笋、葱烧海参、红苕饼、核桃泥、奶汤素烩、四饭菜。菜蔬随季节更换。

鱼翅席 2

四碟子。

大菜：干烧鱼翅、堂片填鸭带饼二盘、芙蓉虾仁、清蒸肥鱼、蝴蝶海参、旱蒸宣腿、鸡油冬笋、冰糖银耳、慈姑饼、瑶柱鲜菜、冬菜白肺、四饭菜。菜蔬随季节更换。

鱼翅席 3

四碟子。

大菜：干烧玉脊翅、烧方、蚕豆虾仁、清蒸岩鲤、糟蛋填鸭、清汤冬笋衣、灯笼仔鸡、口蘑烧老豆腐、核桃泥、银耳汤、冬瓜火腿汤、四饭菜。菜蔬随季节更换。（注 1：玉脊翅是鱼翅中最上等的。注 2：烧方带葱、酱、芝麻饼和荷叶饼。）

第三节　江金能撰写的菜点制作方法

——三 早点 三——

糕类

蛋枣糕

原料：生猪板油500克、蜜枣500克、蜜瓜条500克、核桃仁500克、蜜樱桃250克、玫瑰蜜100克、黑芝麻50克、鸡蛋1250克、白糖1250克、面粉650克。

制作方法：猪板油去皮切成小指头粗的方形颗粒，蜜枣去核与核桃仁、蜜瓜条、蜜樱桃一起剁成绿豆大的颗粒。鸡蛋去壳放入容器内，加入白糖，用打蛋器搅打成乳白色的泡沫，膨胀至3倍时加入面粉拌和均匀，再加入备好的板油丁、蜜枣、核桃仁、蜜瓜条、蜜樱桃、玫瑰蜜拌和搅匀。在蒸笼底铺一层湿纱布，靠近笼边立置长4英寸、宽1.5英寸的薄木板一块，留出空隙，使蒸气易于上气。将已调好的枣糕材料倒进蒸笼擀平，撒上黑芝麻。蒸锅旺火烧至水沸腾后，放上装好材料的蒸笼，蒸半小时即熟。提下蒸笼，在蒸笼口上扣一块翻板，将枣糕翻出来，趁热去掉纱布，然后用一块翻板夹住枣糕，翻面，待冷却后，切成1英寸的正方形块即成。

特点：香甜爽口，富于营养。

白蜂糕

制作方法：米浆发酵加蜂蜜白糖搅匀，蒸笼垫湿纱布，盛入1.5厘米厚的发酵米浆，旺火蒸20分钟，将蒸笼提下，抹一层玫瑰酱，上面再盛1.5厘米厚的发酵米浆，在米浆上均匀撒上核桃仁、蜜瓜条、蜜樱桃颗粒，旺火蒸熟，提下蒸笼，上扣一翻板，把白蜂糕翻出来，趁热去掉纱布，然后用一块翻板夹住白蜂糖，翻面，待冷后切成方块或菱形块即成。

特点：泡嫩香甜。

包子类

鲜菜大包

制作方法：馅料用鲜猪肉肥瘦 5 ∶ 5 的比例切成颗粒，配以和猪肉同比例的绿色蔬菜。馅料猪肉加盐、酱油、胡椒粉拌匀。鲜菜一般用带绿色的小白菜，在开水中汆断生，用冷水漂凉，挤干水分切碎，拌入加味的肉馅和匀即可做馅料。

特点：色白碱正，松泡化渣，包子花纹均匀。

豆芽包子

制作方法：馅料用鲜猪肉肥瘦 6 ∶ 4 的比例切成颗粒，用混合油煵散籽，加适量豆瓣酱、少量甜面酱、酱油，炒匀，加适量花椒粉拌入炒断生的黄豆芽短段，晾凉即可做馅包成包子，旺火蒸熟。

特点：发面皮，色白碱正，松泡化渣，发亮。包子松泡油润，馅心咸鲜，散籽口味微带麻辣。

三鲜包子

制作方法：鲜猪肉肥瘦 6 ∶ 4 的比例切成颗粒，加入水发香菇、熟冬笋、金钩颗粒加盐、酱油、胡椒粉，味精、香油适量，鲜汤拌匀做馅料包成包子，旺火蒸熟即成。

特点：发面皮，色白碱正，松泡化渣。

豆沙包子

制作方法：馅料为红豆洗沙，红豆煮熟洗沙，用纱布漏去水分，下猪油炒红豆沙，炒香上色，加白糖或红糖至糖化起锅，晾凉即可成馅心包成包子。豆沙包子包成和尚头，点红，用旺火蒸熟即成。

特点：甜味包子，皮色白碱正，泡嫩。

蒸饺类

鲜菜蒸饺

制作方法：全烫面加猪油制成饺皮，半肥瘦肉，猪肉剁细，煵散籽。鲜菜用绿色蔬菜，一般用绿色小白菜氽断生，用冷水漂凉，挤干水分，切成细渣，和入煵散的猪肉后加盐、酱油、胡椒粉、味精拌成蒸饺馅，把蒸饺包成月牙形，上笼旺火蒸熟即成。

南瓜蒸饺

制作方法：全烫面加猪油制成饺皮，半肥瘦肉，猪肉剁细煵散籽，下芽菜末炒匀，加入老南瓜粒，葱花、盐、胡椒粉、酱油、味精调拌成蒸饺馅。用烫面皮把蒸饺包成月牙形，上笼旺火蒸熟即成。

油酥类

火腿油花

制作方法：把面粉加入老面中，发成子发面，面不要发得太过，加苏打使其碱正。将熟瘦火腿切成小粒，将子发面擀成5毫米厚的长方形薄片，用油刷子刷一层化猪油，再在上面撒一层均匀的火腿碎，然后卷成卷，切成5毫米细的小条，将5～6个细条用手抓住两头，扯长，头子翻在下面，摆上蒸笼蒸熟即成。

特点：泡酥可口，咸香美观，每一根油花上都粘了红的火腿碎。

面类

芹黄面

制作方法：水叶子面（韭菜叶子面）。芹黄面馅用肥瘦猪肉末加酱油水淀粉拌匀，煵散籽，下甜面酱炒香。下芹菜嫩心颗粒炒匀，加味精炒匀，即为芹黄面馅。面碗底放酱油、几滴醋、味精、熟油辣椒、葱花、适量鲜汤。面煮熟后捞入放了底味的面碗内，面上舀入芹黄面馅。

红汤面

制作方法：老母鸡、老土鸭、猪脊骨、火腿蹄骨，以上各料氽水、洗净，加原材料 4 倍的清水，在汤锅上加老姜、葱结、绍酒大火烧开，去净浮沫，用小火（不要大开）吊四五小时后捞出熬汤原料。汤内加水发香菇或口蘑，加入适量糖色或酱油、盐，再用小火熬煮 1 小时，捞出香菇或口蘑，银红色的高级清汤即为红汤。在面碗底放酱油、胡椒粉、味精、少量猪油、葱花，舀入一瓢红汤，将面条煮熟捞入面碗内，再加入口蘑片、金钩、极薄的肉片、蛋皮片、青笋片烧开，连汤带料舀入面上即成红汤面。

奶汤面

制作方法：老母鸡、猪肘子、猪肚子、猪棒子骨，以上各料氽去血水，洗净，放入汤锅，加入 4 倍料的清水，加老姜、葱结、绍酒大火烧开，打去浮沫，继续用大火把汤熬白浓，然后继续用中火把汤熬成乳白色的浓汤，捞去熬汤的原料，即成奶汤。在面碗底放盐、胡椒粉、味精、适量猪油、葱花，舀入熬好的奶汤，汤搅匀后捞入煮好的面条，加入烫好的绿色菜心，即成奶汤面。

鳝鱼面

制作方法：碗底料放酱油、味精、红油、花椒粉，加少量鲜汤搅匀，把煮熟的面条捞入面碗内，面上舀入烧好的带汤汁的大蒜烧鳝鱼。（大蒜烧鳝鱼的做法：鳝鱼洗净切段，菜油煸炒，加绍酒炒香，加郫县豆瓣煵红，加大蒜、酱油、鲜汤烧入味，家常味，汤色亮红）

红烧牛肉面

制作方法：碗底料放酱油、味精、红油，加少量鲜汤搅匀，把煮好的面条捞入面碗内，面上舀入烧好的笋子烧牛肉，撒上香菜即成。（笋子烧牛肉即红烧牛肉，下文有介绍）

成都素面

制作方法：碗底料放酱油、甜红酱油、蒜泥、香醋、熟油辣椒、花椒粉、芝麻酱、香油、味精、葱花，少量鲜汤调匀均，把煮熟的面（软硬合适）捞入放了底味的碗内即成。成都素面的特点：麻、辣、咸、甜、酸、鲜、香。

乳类

鲜牛奶（热牛奶）、鲜牛奶蛋（鲜牛奶煮荷包鸡蛋）。

经济小食

凉拌类

葱酥肫肝

制作方法：鸭肫肝刮洗干净，用盐、姜、葱、绍酒腌入味，拣去姜葱，搌干水分，用菜油微炸后捞出。锅内加入菜油，下姜片、葱段、泡红辣椒段炒香，加入鲜汤，放盐、白糖、醋、胡椒粉、醪糟汁，下肫肝，大火烧开，打去浮沫，中火收入味，待锅里的汁很少了时，加入味精、香油和匀，起锅，晾凉切片装盘。

凉拌腰片

制作方法：猪腰片成两半，剔去腰臊，片成极薄的片，漂入拌了姜葱的凉水中，多换几次凉水，漂去血水和腥味，然后把漂白净的腰片放入汤盥中，冲入开水，换两三次开水冲泡即熟。把腰片摆入盘内，淋入调好的味汁即可。（味汁可用椒麻、姜汁、红油、蒜泥等）

凉拌杂件

制作方法：可用猪的上杂（心、肚、舌）煮熟切片和拌，也可用鸡、鸭杂件（肫肝、肝、心、肠）煮熟切片和拌，可根据季节调整口味，加葱白段和拌。风味有拌麻辣味、红油味、椒麻味等。

拌牛杂

制作方法：一般用牛肚、牛心、牛舌、牛头皮煮熟切片，加芹黄段拌成麻辣味。

鲜味卤菜

因季节而异，一般有卤猪、牛肉，以及猪上杂、鸡、鸭、素豆筋、豆腐干等。

菜蔬类

鸡油笋尖

制作方法：春笋尖（或冬笋尖）切小滚刀氽熟，煮熟切薄片，用奶汤加笋尖、盐、味精、鸡油，烧烩入味，勾二流芡，起锅装盘。

红烧素烩

制作方法：将红白萝卜、青菜头、青笋、冬笋切成5厘米长、2.5厘米宽的大骨牌片，水发冬菇、竹荪也切成骨牌片，圆蘑菇片成片，瓢儿白心、黄秧白心切牙洗净。以上各料分别入开水氽断生，并分别用冷水漂凉；把以上原料搌干水分，岔色按风车形整齐摆入圆盘内，中间摆上蘑菇、冬菇片和余下的原料。锅里放猪油烧热，下姜葱炒出香味，下红汤、酱油、胡椒粉、味精烧沸，打去姜葱，把摆整齐的素烩轻轻滑入红汤内，使形体不乱，小火烧素烩入味，用水淀粉匀稀二流欠，淋鸡油，手执锅轻轻晃动将素烩滑入圆盘内，保持整齐不乱即成。

奶汤素烩

制作方法：素烩的各种原料处理同上红烧素烩。锅里烧化猪油，下姜葱炒香，加奶汤、盐、味精烧入味后，打去姜葱，把摆整齐的素烩轻轻滑入奶汤内，烧入味，匀二流芡，淋入鸡油，轻轻摇动锅，将素烩滑入圆盘即成。

豆腐类

红烧豆腐

主料：石膏豆腐。

配料：熟冬笋片、水发香菇片、熟火腿片、红汤。

调料：盐、酱油、胡椒粉、味精、猪油、水淀粉。

制作方法：豆腐切1.5厘米宽、5厘米长的长条，用开水加盐氽豆腐，去豆腥味捞出。锅烧猪油下三鲜料炒香，掺红汤下豆腐、盐、酱油、胡椒粉、味精同烧入味，勾芡推匀，起锅装盘。

麻婆豆腐

主料：石膏豆腐。

配料：净瘦牛肉剁细。

调料：豆豉剁细，干辣椒粉、花椒粉、酱油、味精、水淀粉、蒜苗段、菜油。

制作方法：锅烧菜油，将牛肉末煵散籽，下豆豉蓉炒香，下辣椒面炒香、炒红，加鲜汤，下汆过水的豆腐块，放酱油、味精笃入味，豆腐烧透，下蒜苗段，用炒锅推匀，勾入水淀粉推匀，再勾入水淀粉推匀，起锅装入浅碗或窝盘，面上撒上花椒粉即成。

家常豆腐

制作方法：稍老的豆腐切成 4 厘米见方、0.8 厘米厚的方块，下菜油锅，六七成油温炸至内有点起蜂窝眼，炸黄捞出备用。猪去皮二刀肥瘦肉切片，在炒锅用混合油煵干水气，放豆豉、红豆瓣煵香上色，掺鲜汤，下入炸好的豆腐片，加酱油、味精烧入味，放蒜苗段推匀，勾芡，起锅装盘。

熊掌豆腐

制作方法：老点的豆腐切成 5 厘米长、3 厘米宽、1 厘米厚的块，在锅内放少量菜油，锅烧至七成热，下入豆腐片，煎成两面金黄，起锅备用。锅烧混合油，下入去皮猪后腿二刀肉片煵干水气，放入红豆瓣酱炒上色，加姜、蒜片炒香，掺入适量鲜汤，再把煎好的豆腐片、酱油同烧，煎豆腐烧入味后，下蒜苗段、味精推匀，勾芡，汁浓油亮，起锅装盘。

肉类

清蒸杂烩

制作方法：将煮熟的鸡脯肉、鸭脯肉、肥瘦猪肉切片，盖面用；将熟猪肚、熟猪心、熟猪舌切片，将煮熟的芋头切条，水发玉兰片成片，炸好的酥肉切片，用刀把猪肉圆子料在汤中刮成尖刀圆子，煮熟捞出备用；把煮鸡、鸭、肉的原汤加黄豆芽和冬菜，在小火上熬 20 分钟，去掉黄豆芽和冬菜即成豆芽冬菜鲜汤，备用。取一个盦子先放生黄豆芽铺底，再放熟芋头条，然后整齐地将猪肚片、猪心片、猪舌片、尖刀圆子、酥肉、玉兰片摆在盦子四周，当中摆上事先准备好的鸡、鸭、猪肉片，最后加入熬好的豆芽冬菜鲜汤。花椒少许、味精、盐、绍酒、姜、葱放入笼锅上旺火蒸粑，蒸熟后去掉姜葱即成。

特点：浓厚不腻，汤味鲜美。

樱桃烧肉（又名樱桃肉、烧樱桃肉）

主料：猪五花肉。

调料：盐、冰糖、炒冰糖色、醪糟汁、绍酒、姜（拍破）、葱结。

制作方法：将五花肉出水切成 1.5 厘米见方的小块，再汆一次水，洗净浮沫，锅中放少量猪油炒香姜葱，下五花肉块共同煸炒，加汤（或清水），下炒好的糖色，盐、冰糖、醪糟汁、绍酒烧开打去浮沫，然后用小火煨㸆，一直煨至肉粑软、汁浓稠、色红亮即成。

特点：甜咸味浓，色泽红亮，肉质软糯，肥而不腻。

红烧牛肉

主料：牛肋条肉。

配料：干竹笋（一般用小笋干）。

调料：盐、酱油、红豆瓣、花椒、醪糟汁、绍酒、老姜（拍破）。

制作方法：牛肉切成 2 厘米见方的块，用凉水泡 2 小时，干竹笋发好，切去老的部分不用，撕成宽条，切成段，汆水备用。切好的牛肉捞入清水锅中（泡牛肉的血水留用），用大火烧开，打去浮沫，将牛肉煮透，捞出冲洗干净。将煮牛肉的水继续烧开，倒入泡牛肉的血水，搅动，快开时减少火力，待泡沫凝结时打掉浮沫，离火。将洗净的牛肉放入烧锅内，倒入汆煮牛肉的汤（勿将沉渣倒入），再大火烧开，打尽浮沫，加入笋段、老姜、葱结、盐、酱油、花椒、醪糟汁、绍酒继续烧煮。锅烧菜油，放红豆瓣，用小火把豆瓣炒红炒香，掺入炖牛肉的汤熬煮出味、出色，打去渣。将红油汤汁倒入烧牛肉的汤锅内，尝好味，用中火烧炖至牛肉粑熟，拣去姜葱，加入味精即可。烧好后汤汁不要太多。（但做面条的浇头，汤汁要多些）

蒜泥白肉

主料：猪后腿连皮肥瘦相连的二刀肉。

调料：复制酱油、红油辣椒、蒜泥、味精。

制作方法：二刀肉入锅煮至七成熟捞出，改成肥瘦相连的 3 寸长、1.2 寸宽的块，再入汤锅煮至八成半熟时起锅，用原汤浸泡，用时再捞出，沥干水分，用片刀法，一拖刀一片，越薄越好，出菜时用漏瓢在开汤内冒一下，沥干水分。趁热装盘叠好，将味精调入复制酱油内，将复制酱油浇在肉片上，再浇上蒜泥，最后淋上红油即可。

复制酱油制法：①锅放 100 克清水，下 250 克红糖，上火炒至棕黄色，下 5000 克酱油及 250 克冰糖。②再将 250 克老姜（拍破），5 克花椒，山柰、八角、桂皮、草果各少量（以上 6 种调料用纱布包好放入熬制的酱油内），烧开，用微火煮 1.5 小时，至酱油熬浓，5000 克熬成 3750 克时，取出香料包即成。

蒜泥制作方法：去皮大蒜 500 克，舂成泥，放 5 克盐、少量植物油、500 克冷开水调拌均匀，呈稀糊状。

万字烧白

主料：猪五花肉。

配料：宜宾芽菜、豆豉、泡辣椒、姜片。

调料：甜红酱油、酱油。

制作方法：五花肉煮至断生，揩干水分，趁热在肉皮上抹甜红酱油上色。芽菜洗干净，挤干水分，切细，与少量豆豉混合拌匀。泡辣椒去籽切段。锅中烧适量菜油至七成热，将上了色的五花肉皮朝下半煎半炸，使皮呈棕红色，然后泡入热水中，把制好的五花肉切成 6 厘米长、4 厘米宽、0.5 厘米厚的片，每 5 片 1 组，切 4 组，皮向下镶成"卍"（万字）形，铺于碗底，压斜，中间放泡红辣椒段、姜片，再将拌匀的芽菜放在上面，抹平。再将一小碗放甜红酱油、酱油、少量鲜汤兑匀，浇在蒸碗芽菜上，旺火上笼，蒸 2 小时即成，上菜时翻扣于圆盘内。

粉蒸排骨

主料：猪肋骨切成 4 ～ 5 厘米段。

配料：五香粗米粉。

调料：葱叶和生花椒剁细，甜红酱油、酱油、红豆腐乳汁、醪糟汁、姜末、红油。

制作方法：将排骨段拌上调料，再加入适量鲜汤，五香粗米粉拌匀，放入蒸碗，上笼旺火蒸 1.5 小时即成。

鲜菜肉片

制作方法：可根据季节选用蔬菜和猪肉片炒制，如青笋肉片、冬笋肉片、黄瓜肉片等。一般为咸鲜味或家常菜。

鲜菜肉丝

制作方法：可根据季节选用蔬菜和猪肉丝炒制，如韭黄肉丝、芹黄肉丝等。

爆烟肉

制作方法：爆烟肉是用带皮的后腿肉或五花肉切肥瘦相连的长条，用盐、花椒、硝盐（每千克肉用 0.5 克），3 种腌料和匀，抹揉在肉上，腌入味，晾干水气，用烟熏炉将锯末、稻草烧成烟熏，将腌入味的肉条块熏黄，有烟香味即可。无须晾晒风干就可做菜；如刮洗干净切片爆炒，配料一般用芹黄、蒜苗、蒜薹、青椒等。此菜一般为咸鲜味，突出烟熏的香味。

京酱肉丝

主料：猪瘦肉（或肥瘦肉）。

配料：大葱白切丝。

调料：甜面酱、盐、酱油、白糖、绍酒、味精、水淀粉、混合油。

制作方法：将猪肉切成 5 厘米长的二粗丝，加盐、酱油、水淀粉浆好，锅烧热，待油温五成热时，下浆好的肉丝煵散籽，烹绍酒，加甜面酱炒匀，再加白糖、酱油、味精炒匀，起锅装盘，肉丝上撒漂过清水的葱白丝即成。

特点：色泽棕黄散籽，细嫩鲜香，酱香回甜。

汤类

豆腐汤

制作方法：豆腐切方片或三角片，与小白菜一起，用鲜汤烧成咸鲜味的汤菜，配红油或麻辣味碟。

红白汤

制作方法：猪血和豆腐切成方片，用鲜汤加味烧入味，再放蔬菜心，烧成红白绿三色的汤菜，配红油或麻辣味碟。

鲜味罐汤

主料：猪瘦肉切成 5 厘米长的二粗丝。

配料：水发黄花、水发粉丝、蔬菜心、鲜汤。

调料：盐、酱油、味精、胡椒粉、葱花、香油。

制作方法：把水发黄花、水发粉丝、蔬菜心用鲜汤煮熟，捞入汤碗内。肉丝加盐、水淀粉浆好，下入煮过配料的鲜汤内滑熟，散籽捞入汤碗内。煮过菜、肉的原汤加入盐、胡椒粉、味精、酱油，尝好味，撒上葱花，淋上香油，灌入装了配料及肉丝的汤碗中即成。

特点：肉丝滑嫩，汤味鲜美。

肥肠豆汤

主料：猪大肠。

配料：煮熟的豌豆。

调料：盐、胡椒粉、味精、老姜（拍破）、葱结、花椒、葱花。

制作方法：将猪大肠洗净，掺清水加姜、葱结、花椒，用大火把肥肠煮炬捞出，切成小段；炒锅放猪油，用小火炬豌豆炒，翻沙、炒香，但不能炒煳。舀入鲜汤煮豆汤，把豆汤煮成淡黄色，用粗眼漏勺把豌豆壳打去，下入煮好的肥肠段，放盐、胡椒粉、味精同煮，尝好味，起锅装入汤碗内，撒上葱花即成。

特点：汤呈淡黄色，豆汤味浓鲜香。

豆芽蒸汤

主料：肥瘦肉（肥瘦比例 4 ∶ 6）。

配料：慈姑、黄豆芽、冬菜尖。

调料：盐、胡椒粉、味精、绍酒、鸡蛋清、干淀粉。

制作方法：将猪肉切成绿豆大的小粒，慈姑去皮拍破剁成颗粒，猪肉粒和慈姑粒加盐、胡椒粉、绍酒、蛋清、干淀粉拌匀成馅；锅内掺鲜汤将择干净的黄豆芽、洗净的冬菜尖熬出鲜香味，加盐、胡椒粉、味精，尝好味，把黄豆芽、冬菜尖连同汤舀入汤碗内。把先备好的肉馅用手团成圆饼，轻轻放在汤碗内的豆芽上，上笼旺火蒸熟，打去浮沫，取出淋香油即可。

特设经济客饭：每客一菜一汤，由餐厅根据季节配菜。

—☰ 零餐 ☰—

鸡类

炒鸡丁

制作方法：鸡腿或鸡胸肉切丁，码味上浆，可炒成煳辣鸡丁、青笋鸡丁等。

爆烟仔鸡（做法同前文介绍的爆烟肉）

制作方法：将制好的爆烟仔鸡洗净，去四大骨，切成块，用菜油中火将鸡块炒熟，加青椒炒干香。

特点：咸鲜微辣，鸡肉干香，烟熏味浓。

珊瑚烧鸡

又叫红萝卜烧鸡。

特点：家常味带回甜味，色泽红亮。

芋儿烧鸡

烧㸆类菜。

特点：咸鲜微辣，鸡肉鲜香，芋头𤆵糯。

莴笋烧鸡

烧㸆类菜。

特点：咸鲜味微带泡辣椒味，鸡肉鲜香，莴笋清香。

鱼类

红烧鳝鱼

主料：鲜鳝鱼片洗干净，切 5 厘米段。

配料：大蒜去皮。

调料：豆瓣酱、酱油、绍酒、味精、花椒粉、姜片、水淀粉、菜油。

制作方法：锅中油烧六七成热，下鳝鱼段煸炒，炒干水气加大蒜、姜片、豆瓣酱炒香、油红，烹绍酒加鲜汤酱油同烧，烧至鳝鱼酥软入味，大蒜烧香时下入味精炒匀，勾入水淀粉成二流芡，撒花椒粉推匀，起锅装盘。

干煸鳝鱼

主料：鳝鱼洗净切成 5 厘米的粗丝。

配料：芹菜切段，蒜苗切斜段。

调料：豆瓣、酱油、绍酒、醋、花椒粉、味精、干海椒面、香油、菜油。

制作方法：锅放菜油，烧至七八成熟时下鳝鱼丝炒煸，至水分干时烹绍酒炒香，下干海椒面炒上色，下豆瓣酱炒色红时下芹菜、蒜苗段，加酱油、味精炒匀，放少量醋、花椒粉炒匀，淋香油炒匀，起锅装盘。

特点：麻辣鲜香。

豆腐烧鱼

主料：鲫鱼或其他鲜鱼。

配料：石膏豆腐切 4 厘米见方、1 厘米厚的方片，在加盐的开水中汆去豆腥味。

调料：盐、酱油、郫县豆瓣、绍酒、味精、水淀粉、姜片、蒜片、葱或蒜苗段、菜油。

制作方法：先把鱼腌入味，拣去姜葱不用，沥干水分，锅烧油至七成热，鱼煎炸起皮，呈两面黄色后铲入盘内。锅中留适量油，下豆瓣小火炒香，下姜片、蒜片、绍酒炒匀掺鲜汤，下煎炸过的鱼、氽过的豆腐同烧，加酱油，中火将鱼、豆腐烧入味，鱼翻面烧熟，将鱼装入条盘。在烧豆腐的汁内加入味精、葱段，尝好味，勾水淀粉推匀，将豆腐和汁浇在鱼上即可。

特点：色泽红亮，家常味，鱼肉鲜嫩，豆腐软绵味鲜。

犀浦鲢鱼

主料：仔鲢鱼。

调料：郫县豆瓣、泡辣椒（剁碎）、大蒜、葱白（1 寸长段）、酱油、绍酒、醋、白糖、味精、水淀粉、炸鱼菜油。

制作方法：鱼杀后去内脏，洗净，菜油在锅中烧至八成油温，下鱼炸至表皮发硬，呈浅黄色捞出，蒜头在油中稍炸捞出，锅中留 2 ～ 3 两油，下郫县豆瓣和剁细的泡红辣椒煵香，色红后加入鲜汤，放入炸过的鱼、蒜头、葱白段、酱油、绍酒、白糖、醋，用微火烧到鱼半熟时，翻面再烧，鱼全熟时下味精，把鱼捞出摆入圆盘中，将锅移至旺火上，匀二流芡，起锅将汁淋在鱼上即成。

特点：菜色红亮，鱼肉细嫩，香鲜味美，咸鲜微辣，回味甜酸。

红烧鲜鱼

主料：鲤鱼或草鱼。

配料：金钩、水发冬菇片、熟冬笋片、火腿片。

调料：酱油、盐、胡椒粉、白糖、水淀粉、葱段、姜片、绍酒、菜油。

制作方法：锅烧红，热油软煎鱼的两面至八成熟，掺鲜汤加配料和调料，至鱼全熟时将鱼装入盘中，配料和汤汁下水淀粉勾成二流芡，淋于鱼身和周围即成。

豆瓣鲜鱼

主料：江团、鲤鱼、草鱼、鲫鱼均可。

调料：菜油、姜、蒜末、葱花、郫县豆瓣、酱油、绍酒、白糖、醋、味精、水淀粉。

制作方法：鱼制净，用盐、绍酒腌一会儿，锅烧菜油至八成油温，鱼搌干水气后，下入油锅炸至半熟，倒入漏勺内，另用混合油下姜、蒜末、部分葱花、郫县豆瓣，炒至豆瓣酥香色红时，加入鲜汤、酱油、白糖、醋、绍酒、鱼，用小火㸆熟，加味精，勾水淀粉，滴少许醋装盘，撒上葱花即可。

特点：色泽红亮，鱼肉细嫩，咸鲜微辣，回味甜酸。

腰肚类

白油肝片

主料：猪肝。

配料：择洗干净的水发木耳、鲜菜心。

调料：姜、蒜片、葱白斜段、泡红辣椒去籽斜段、化猪油、盐、酱油、胡椒粉、绍酒、味精、水淀粉。

制作方法：猪肝切均匀的薄片加盐、绍酒、水淀粉拌匀。酱油、胡椒粉、味精、水淀粉、少许鲜汤调匀成芡汁。锅炙好，下猪油烧至六七成热，放入肝片炒散，马上加姜、蒜、葱、泡红辣椒、木耳、菜心炒匀，烹入芡汁，翻颠均匀，起锅装盘。

特点：口味咸鲜，猪肝细嫩。

炒杂件

主料：猪腰、猪肚头、猪肝。

配料：水发木耳、冬笋片、鲜菜心。

调料：混合油、郫县豆瓣、酱油、盐、姜、蒜片、葱段、绍酒、味精、水淀粉。

制作方法：肥瘦相连的猪肉切成 1.2 寸、8 分宽的薄片，加盐、绍酒、水淀粉拌匀浆好。盐、酱油、味精、水淀粉、少量鲜汤调成芡汁备用。锅炙好，下混合油烧至七成热，下浆好味的杂件料炒散籽，下豆瓣炒至红色，加姜、蒜片、葱段、冬笋、木耳、菜心炒出香味，烹入兑好的芡汁，翻颠均匀即可。

特点：口味鲜香，咸鲜微辣，杂件脆嫩，原料丰富。

炒腰花

主料：猪腰

配料：水发木耳、豌豆尖（或其他时令菜心）。

调料：混合油、姜片、蒜片、葱斜段，泡红辣椒斜段、盐、酱油、胡椒粉、味精、绍酒、水淀粉。

制作方法：猪腰洗净剖成两片，去皮膜，片去腰臊，先均匀地斜剞三分之二深，再直刀切三分之二深，三刀一断成凤尾形，用盐、绍酒、淀粉浆匀。准备碗芡：盐、酱油、味精、胡椒粉、水淀粉、少量鲜汤兑匀成芡汁。锅炙好，放混合油烧至七八成热，下浆好的腰花炒散籽，下姜、蒜片、泡红辣椒段、葱段、水发木耳、豌豆尖炒匀。烹入兑好的芡汁，翻颠均匀即成。

特点：腰花成凤尾形，质地嫩脆，咸鲜可口，收汁亮油。

鱼香腰花

主料：猪腰。

配料：同炒腰花。

调料：混合油、泡红辣椒、姜、蒜、小葱花、盐、酱油、白糖、醋、绍酒、水淀粉。

制作方法：做法同炒腰花。

特点：腰花成凤尾形，质地嫩脆，收汁亮油，咸甜酸辣兼备，姜葱蒜香味浓。

炒肚头

主料：净肚头。

配料：水发木耳、绿色鲜菜心。

调料：姜、蒜片、大葱斜段、泡红辣椒斜段、盐、胡椒、味精、绍酒、水淀粉、猪油。

制作方法：肚头去尽筋缠，立刀切三分之二深的十字花刀，再切成 2 ～ 3 厘米的菱形块，用盐、绍酒、淀粉浆好。勾芡汁：盐、胡椒粉、味精、水淀粉、适量鲜汤调匀。锅炙好，放混合油或猪油烧至六成热，下浆好的肚头花块，炒至色白散籽时，下姜、蒜片、泡椒段、葱段、水发木耳、菜心炒匀，烹入兑好的芡汁，颠匀起锅。

特点：肚头色白脆嫩，咸鲜味美，色泽分明，收汁亮油。

宫保腰块

主料：猪腰。

配料：花生米（去皮花生米炸脆）。

调料：混合油、姜蒜片、葱短段、二荆条干红辣椒2厘米段、花椒、盐、酱油、白糖、醋、绍酒、味精、水淀粉。

制作方法：猪腰洗净对剖，去皮膜，片净腰臊。切三分之二深的十字花刀，再切成2.5厘米见方的方块或菱形块。用盐、绍酒、淀粉码味上浆。兑碗芡：酱油、白糖、少量醋、味精、少量鲜汤、水淀粉兑成芡汁。锅炙好，下混合油，花椒低温下锅，将麻味炒入油中，打去花椒不用，下干辣椒段炒成深红色，下浆好的腰块炒翻花，下姜蒜葱炒匀，将烹兑好的芡汁炒匀，下酥脆的花生米，颠匀起锅。

特点：香辣麻，鲜嫩脆，带甜微酸。

烟熏块肚

制作方法：猪肚用肚头那部分厚的肚块，洗净后加盐、硝盐、花椒腌入味，晾去水分。用前面介绍的做爆烟肉的方法熏香至颜色微黄，不用晾干即可洗净做菜，斜刀切成薄片，用油快速爆炒，配菜可加芹黄段等，加少许酱油，淋香油起锅。

特点：味咸鲜，肚块脆爽带烟熏味。

蔬菜类

金钩菜心

主料：水发金钩、黄秧白菜心或莴笋尖。

调料：鸡油、盐、胡椒粉、味精、水淀粉、奶汤。

制作方法：黄秧白菜心用刀切成牙状，用开水氽断生，捞入清水中漂凉，修整齐。锅中加入奶汤、盐、胡椒粉，下菜心烧入味。把菜心捞入盘内摆整齐，放入金钩煮出味，放味精。勾二流芡，淋鸡油，将汁及金钩淋于菜心上即成。

火腿菜心

做法同金钩菜心，把金钩换成熟的火腿骨排片。

凉菜类

花椒仔鸡

主料：嫩鸡（用鸡胸、鸡腿部位）。

调料：干辣椒段、花椒、盐、白糖、绍酒、菜油、香油。

制作方法：鸡腿去大骨，连同鸡胸切成 2 厘米的小块，用盐、绍酒、姜（拍破）、葱腌入味。干二荆条辣椒切 2 厘米段，花椒备好；菜油烧七成热下腌入味的鸡块（去掉姜葱），炸至皮上色捞出；锅中加适量菜油，放干辣椒段、花椒炒出麻辣香味。下入炸后的小鸡块，用大火炒匀，掺鲜汤放盐、白糖、绍酒，用中火烧至汁干亮油，用少量鲜汤化味精烹入，稍收一下，放香油，炒匀起锅。

特点：麻辣味鲜，回味略甜，鸡肉松软化渣。

怪味仔鸡

主料：嫩鸡。

调料：酱油、醋、白糖、芝麻酱、红油辣椒、花椒粉、味精、香油、葱白。

制作方法：嫩鸡煮熟，将鸡胸、鸡腿部位切成二粗丝或鸡片。葱白切斜段垫底，将上述的怪味调料调匀拌鸡丝（或鸡片），葱段和怪味调料拌匀即成。

特点：麻、辣、咸、甜、酸、鲜、香兼备，风味突出。

白坎仔鸡

主料：白皮嫩鸡。

调料：盐、味精、白胡椒粉、香油。

制作方法：将嫩鸡汆水，洗净血污，煮熟，用冷鸡汤漂晾，使其皮色乳黄，捞出。颈骨、背脊骨部分去除，另作他用。用鸡脯、鸡腿（去大骨）滴干水分，改刀装盘成三叠水形，刀口刀面整齐，淋上用冷鸡汤，将盐、味精、胡椒粉、香油兑成的咸鲜味汁浇在鸡上即成。

特点：细嫩鲜香，咸鲜可口。

漳茶鸭子

原姑姑筵老板黄敬临讲，此菜初创于清宫御膳房，把腌入味的仔鸭用开水出水伸皮，稍晾干水气。用福建漳州进贡的茶叶烧烟熏鸭子，所以叫漳茶鸭。鸭子熏皮微黄后，出熏炉，用笼蒸熟，再入油锅炸至皮脆、色棕红，改刀装盘，呈鸭形，配葱、酱、荷叶饼同上。但实际在姑姑筵操作中，因成都找不到福建漳州的茶叶，就用谷草点燃锯木粉加四川花茶、大米、黄豆烧的烟来熏。其他腌味、出胚、蒸、炸方法没有变。若作为冷菜，可不上葱、酱、荷叶饼。

特点：鸭子皮脆肉嫩，咸鲜烟香，色泽棕红。

时菜

根据时令开供应的菜单。

三 筵席

乡村席

四碟子

“颐之时”的菜单和“姑姑筵”的风格差不多，不管什么档次的筵席都用四个碟子，但四个碟子比围碟 6 寸圆盘要大些，常用 4 个 7 寸或 8 寸圆盘上筵席桌前菜（就是我们常说的冷菜），一般是三荤一素，如怪味鸡丝、漳茶鸭片、陈皮兔丁、蛋酥花仁；有些季节配的冷碟也用热碟上，如腊肉香肠就要蒸热上热碟。冷碟的用料根据宴席档次调整菜品。

大菜

乡村杂烩

与前面肉类菜清蒸杂烩做法、用料相同。

杂鸡卷

制作方法：鸡肝、鸡郡肝、鸡肉、水发玉兰片、水发香菇均切丝拌盐，胡椒粉、味精拌均匀；另准备干净猪网油，抹蛋清水淀粉，裹入拌了盐味的食材，裹成5分粗的网油鸡杂卷，封口，面上沾一层干细淀粉，在油锅中用小、中火炸至网油卷呈金黄色，熟透后改刀成1寸长段装盘，配糖醋生菜上席。

特点：网油皮酥脆，肉鲜香。

热窝姜汁鸡

制作方法：仔母鸡煮熟，去大骨及脊骨，剁成均匀的大一字条，皮朝下码入蒸碗内，加盐、绍酒、胡椒粉、鸡汤，上笼旺火蒸10分钟，取出翻入圆盘中。锅中烧适量油，下姜末及葱炒香，将蒸鸡的汤汁滗入，加酱油、味精、纯姜汁、醋烧沸，匀二流芡，淋入25克辣椒红油，将汁浇在鸡上即成。

烧红肉（又叫红烧肉）

制作方法：五花肉洗净，生切小块。锅烧混合油，将五花肉、姜、葱在锅内炒至吐油，加糖，继续煵红，加入醪糟汁、绍酒、适量盐，少量酱油继续炒红亮，加入清水刚没过肉，小火把肉煨烂；加入切成滚刀的红萝卜，继续煨至红萝卜也烂了，烧红肉即成，拣去姜葱不用。

烩酥肉

制作方法：肥瘦猪肉去皮，切成5分方丁。白芸豆（雪豆）用开水泡透去掉外衣。鸡蛋和淀粉加盐调成蛋糊。葱姜洗净拍破；锅放在火上，注入菜油烧至六成油温，把肉丁用蛋糊拌匀下入油锅中，注意不使其粘连一起。呈金黄色时捞出，滗去油，加入高汤、白芸豆、花椒、姜葱、盐煮至白芸豆烂了，拣去姜葱不用，下入炸好的酥肉，挪在小火上煨炖。烩至酥肉烧透时，加入绍酒、味精炒匀即成。

特点：酥肉外酥内嫩，味鲜美。

蒸肉

主料：猪肋条部位的保肋肉，肥多瘦少。

配料：青豌豆。

调料：甜红酱油、酱油、红豆腐乳汁、醪糟汁、花椒、葱、椒麻、五香粉、米。

制作方法：将保肋肉切成10厘米长、4厘米宽、0.6厘米厚的片。将蒸肉片拌以上调料，拌匀加点鲜汤，再拌入五香粗米粉。摆入蒸碗呈封书状，两边各摆两片，将拣去肉片后剩下的调料米粉拌入洗净的青豌豆，摆在肉片的蒸碗上，上笼旺火蒸2小时，翻盘即成。

特点：此菜又叫粉蒸肉，色泽红亮，粑糯咸甜，微麻鲜香，肥而不腻。垫底可根据时令变化用料，比如红苕、南瓜等。以上为五香风味，另外可加入红豆瓣，成咸甜味。

烧白（又叫咸烧白）

制作方法：做法同前文所述“万字烧白”。

稀卤蹄筋

主料：泡软的油发猪蹄筋。

配料：韭黄。

调料：盐、白胡椒粉、味精、香油、醋、水淀粉。

制作方法：韭黄切1厘米小段；蹄筋切1厘米小丁，加鲜汤、盐、白胡椒粉煮入味，下水淀粉勾成稀卤芡，加味精、香油调匀，最后下韭黄段、醋，和匀装入汤碗。

特点：酸辣鲜香。

八宝饭

主料：糯米。

配料：薏仁、芡实、百合、冬瓜条、橘饼、蜜枣、蜜樱桃、莲子、猪油。

调料：红糖、白糖。

制作方法：将薏仁、芡实、百合、莲子挑洗干净，分别用凉水泡胀。

冬瓜条、橘饼、蜜枣切成小丁。将薏仁、芡实、百合、莲子上笼蒸熟。将糯米煮成较硬的糯米饭。红糖在锅中加少量水，用小火熬化。在糯米饭中加入熬化的红糖、猪油拌匀，再拌入薏仁、芡实、百合、莲子，同时拌入冬瓜条、橘饼、蜜枣小丁，蜜樱桃同时拌入，装入蒸碗内沸水旺火蒸烂，取出翻扣，盘中撒上白糖即可。

特点：色泽红亮，质地软烂，口味香甜。

什锦汤

主料、辅料：泡软的油发猪蹄筋、熟猪肚、熟猪心、熟猪舌、熟鸡肉、水发冬菇、莴笋、红萝卜、冬笋、摊的鸡蛋皮。

调料：盐、胡椒粉、香油、鲜汤。

制作方法：将上述主料、辅料切成小片，加鲜汤、盐、胡椒粉、味精烧开，煮入味，淋香油，盛入汤盦子即成。

四饭菜

菜蔬随季节变化。如鱼香脆滑肉、韭黄肉丝、蚂蚁上树、三色泡菜、肉末豆花（麻辣烫酥脆）、回锅肉、宫保鸡丁等。

—三 国货席 三—

四碟子

参考前文乡村席的介绍。

大菜

蟹黄素烩

主料：蟹黄。

辅料：冬笋片、水发香菇片、竹荪、口蘑片、白萝卜片、胡萝卜片、莴笋片、鲜菜心、西红柿片。

调料：盐、白胡椒粉、味精、鸡油、奶汤、水淀粉。

制作方法：上述辅料（除西红柿外）汆水漂凉，修整齐。岔色摆成风车形定碗，加盐、胡椒、味精，奶汤浇在蒸碗内的素烩上，蒸透入味；用鸡油小火炒蟹黄，掺奶汤加盐、味精、胡椒粉，勾二流芡。将蒸碗内素烩滗去汤汁，翻入圆盘中，浇上勾好的蟹黄二流芡即成。

旱蒸宣腿

制作方法：云南宣威火腿用热碱水洗净，修去表面的陈腐肉，去皮肥瘦火腿肉切成8厘米长、3.5厘米宽、0.5厘米厚的片，放蒸碗内定碗整齐，放绍酒、姜、葱，用棉纸封碗口，上笼旺火蒸30分钟，熟透后拣去姜葱，沥去汁，翻入圆盘即成。

锅烧肥鸭带饼

主料：仔肥麻鸭子。

配料：荷叶饼2盘（16个）、鸡蛋、干细淀粉。

调料：盐、绍酒、姜、葱、白糖、甜面酱、香油。

制作方法：将洗净的仔肥麻鸭用盐、姜、葱、绍酒码味，腌入味后，在开水锅中出水，使其伸皮，皮上抹绍酒，用油炸至表皮黄亮。将锅放入少量菜油炒香姜、葱，掺水加盐、绍酒、白糖放炸过的鸭子在火上烧入味，煮熟后取出，晾凉。去骨成2片净鸭肉，鸭肉面抹全蛋糊，上火，锅内放菜油烧至六成热，下鸭肉炸至皮金黄色，蛋糊面香脆，用刀切成条块装盘，边上围荷叶饼。配葱酱碟。

清蒸肝糕加鸽蛋

制作方法：猪肝或鸡肝制成肝浆，加姜葱水，再将肝浆过滤去渣，加盐、胡椒、味精、绍酒、鸡蛋清。把兑好的蛋清肝浆倒入汤盦用中火蒸熟；将鸽子蛋在开水中煮成荷包蛋。把蒸好的盦子装的肝糕取出，把事先准备好的高级清汤烧沸，舀入盦内，再将浸在开水中的荷包鸽蛋舀入盦内，即成清蒸肝糕汤加荷包鸽蛋。

红烧岩鲤

制作方法：与前文零餐红烧鲜鱼的做法相同，将鲜鱼换成岩鲤即可。

雪红冬笋

主料：冬笋。

配料：雪红（又叫雪里蕻，芥菜的一种，一般做腌菜）。

调料：盐、味精。

制作方法：将冬笋切条或片，用菜油炸熟呈淡黄色；雪里蕻洗净，挤干水分切成细末。将锅炙好放菜油，将雪里蕻炒香，加入冬笋条同时炒，放盐，将味精用少量热汤熔化烹入炒锅内，淋点香油炒匀，起锅装盘。

虫草蒸鸡

制作方法：仔鸡制净，在清水中煮至半熟，捞出在凉水中洗净。取鸡脯部分，切 1 寸见方的块 10 块，用盐、绍酒、胡椒粉抓匀，码味半小时。将竹筷削尖，把每块鸡肉方斜戳一个 3 厘米的眼，插入洗干净的干虫草，将虫草的头部插入，整齐地摆在盘内用旺火蒸熟，取出。用净锅掺奶汤，把蒸鸡的汁也滗入，加盐、味精，匀二流芡淋鸡油，浇汁在鸡方虫草上即成。

番茄鱼糕

主料：无刺的鱼脯肉 200 克。

配料：猪生肥膘 100 克、鸡蛋、干细淀粉、鲜菜心、番茄。

调料：盐、胡椒粉、绍酒、味精、水淀粉、鸡汤、姜、葱、猪油。

制作方法：将鱼脯肉、猪肥膘肉分别捶成蓉，姜、葱拍破，加适量冷鸡汤挤出姜葱汁，把鱼蓉、肥膘蓉用姜葱汁水解散，加盐、绍酒、胡椒粉、味精、鸡蛋清、水淀粉搅匀呈稀糊状；将两个番茄，每个切 6 牙，用刀去瓤去皮；鲜菜心洗净，修整齐，用开水氽断生，用冷水漂凉，轻轻挤干水分；姜切片，葱切段备用；将制好的呈稀糊状的鱼蓉放入小的窝盘抹平蒸熟，晾冷，成鱼糕，用刀切成 2 寸长、1 寸宽、1 分半厚的片，定入蒸碗成三叠水状，将备好的菜心放在上面垫底，上笼蒸透。净锅放猪油下姜、葱炒香，掺鸡汤煮出味，打去姜、葱不用，放盐、味精、番茄片稍煮，匀二流芡。将蒸透的鱼糕翻入圆盘内，将番茄二流芡汁浇在鱼糕上，用筷子把番茄片摆在鱼糕周围即成。

蜜汁柚子

主料：柚子 1 个。

配料：罐头红樱桃 20 粒。

调料：冰糖 300 克、蜂蜜 50 克、白糖 100 克、桂花蜜 20 克。

制作方法：柚子剥去壳，撕去瓤，掰成瓣，再撕去每瓣上的皮，去掉籽，掰成小块，整齐地码在碗内，撒上白糖，上笼蒸 10 分钟取出，滗去汁水。再将 150 克冰糖砸碎撒上，用棉纸浸湿封严碗口，再上笼蒸 15 分钟；取出柚子，揭去纸，翻扣在盘内，将汁滗入锅内，加冰糖、蜂蜜、桂花蜜用小火熬化，滤去渣，把汁收浓。掀去碗，将樱桃围在周围，浇上汁即可。

特点：色泽晶莹，鲜嫩香甜。

冬菜鸡块汤

制作方法：熟鸡去大骨，取脯、腿部分剁成块，冬菜尖切小段，用原鸡汤加冬菜尖段熬汤，熬出鲜味和鸡块同煮，放盐、胡椒粉、味精，尝好味，用汤盦盛装上席。

四饭菜

菜蔬随季节更换。参考前文乡村席的介绍。

—☰ 鱼肚席 1 ☰—

四蝶子

参考前文乡村席的介绍。

大菜

鸡皮鱼肚

主料：油发水泡软鱼肚。

配料：生鸡皮、水皮口蘑、熟冬笋、奶汤。

调料：猪油、鸡油、葱、姜、盐、绍酒、胡椒粉、味精、水淀粉。

制作方法：将鱼肚坡刀片成 7 厘米长、4 厘米宽、0.5 厘米厚的片，再用开水汆两遍（汆一遍后用凉水冲洗），仍用凉水泡上；葱切段，姜拍破。鸡皮汆熟改成菱形片，加葱、姜、绍酒、汤上笼蒸。口蘑片成片，熟冬笋切片。净锅烧猪油，油热时下入葱、姜煸炒，随即掺入奶汤煮一会，捞出葱、姜不要，把鸡皮、口蘑、冬笋、鱼肚（挤去水分）放进汤内，加入盐、绍酒、胡椒粉、味精，㸆入味后勾水淀粉成二流芡，浇上鸡油即可盛盘。

漳茶鸭子带饼二盘

制作方法：与前文零餐介绍的漳茶鸭子做法一样。

原汤口蘑加脊髓

制作方法：奶汤和水发口蘑片熬汤入味，加盐、味精，再加入熟猪脊髓同烧，加适量菜心装汤碗上席。

干烧鲜鱼

主料：鲜鱼。

配料：熟猪肥瘦肉。

调料：菜油、豆瓣酱、姜、葱、蒜、酱油、醋、糖、绍酒、汤、味精、醪糟汁。

制作方法：鱼制净，在两侧剞刀，葱切大葱花，姜切成粒，蒜剁碎；锅烧菜油七成熟时，下入鱼炸至定型，表面金黄捞出。锅留油 100 克，下豆瓣酱小火炒酥后加鲜汤熬出味，打去渣，下入肥瘦肉粒、姜、蒜、酱油、醋、白糖、鱼、绍酒、醪糟汁，用小火烧入味，将鱼翻面再烧，待汤汁很少时将鱼取出盛盘，在汁内加入味精、葱花，收干汁后浇在鱼上即可。

特点：色泽红亮，味道鲜香，咸辣回甜。

鸡油菜心

绿色菜心（比如大白菜心、莴笋尖等）。

制作方法：菜心洗净，修整齐，用开水氽断生，再用清水漂凉，再轻轻挤干水分，在菜板上切整齐；奶汤加鸡油，下盐、胡椒粉、味精，把菜心轻轻滑入锅中中火烧透入味，将菜心捞入盘中摆整齐，用原汁勾二流芡，淋上鸡油，浇在菜心上即成。

三鲜鱿鱼

主料：水发鱿鱼。

配料：熟冬笋片、水发香菇片、鲜菜心。

调料：猪油、盐、胡椒粉、味精、姜片、葱段、水淀粉、鸡油。

制作方法：水发鱿鱼用汤煨泡备用。净锅放猪油烧热，下姜片、葱段炒出香味，掺入奶汤烧入味，捞出姜、葱不用，把煨泡的鱿鱼滤去汤汁下入锅中，加盐、胡椒粉、味精、冬笋片、香菇片、菜心，烧透入味，匀二流芡，淋鸡油，起锅装盘即成。

特点：色泽美观，鲜美可口，鱿鱼柔嫩。

板栗烧鸡

主料：肥嫩土仔鸡。

配料：板栗去壳去膜。

调料：盐、绍酒、白糖、胡椒粉、糖色、姜片、葱段。

制作方法：鸡制净，切3厘米方块，用盐、绍酒、姜、葱腌入味。板栗去壳、去膜，在油锅内炸进皮，捞出备用。锅中加入菜油，把腌入味的鸡块（去掉姜葱）煵干水气，吐油时加鲜汤、盐、绍酒、白糖、胡椒粉、糖色，烧开捞去浮沫，烧至六成炽时下入炸过的板栗同烧，至鸡和板栗都烧入味，汁水少且色泽黄亮时，淋香油和匀起锅。

特点：色泽黄亮，咸鲜回甜。

腐皮虾卷

主料：鲜虾仁300克。

配料：生肥膘蓉200克、荸荠10个、豆油皮3张、胡萝卜细丝250克。

调料：盐、绍酒、胡椒粉、味精、干淀粉、白糖、醋、香油、鸡蛋（3个蛋清）、椒盐、菜油、葱、姜。

制作方法：鲜虾仁用姜片、葱段、盐、绍酒、味精、胡椒粉腌入味；肥膘蓉加盐、味精搅和均匀，荸荠拍破剁碎，加蛋清合拌均匀，加到腌入味的虾仁（拣去葱姜）中，加适量干淀粉搅匀备用；胡萝卜细丝，加盐、白糖、醋、香油拌成糖醋胡萝卜备用；把豆油皮浸湿，抹上蛋清，把拌匀的肥膘蓉、虾仁、荸荠拨在油皮边上成条形，向前卷成卷，滚上干淀粉，如此卷完为止；锅烧油至六成油温，下入虾卷，炸至馅熟、皮脆捞出，切成段装入盘子一端，另一端放入拌好的糖醋红萝卜丝，配椒盐味碟一同上席。

八宝果羹

用料：醪糟、糖水樱桃、糖水橘瓣、糖水荔枝、糖水蜜桃、糖水梨子、菠萝、汤圆粉小圆子、白糖、清水、水淀粉。

制作方法：将上述水果切成粒。在一汤盦清水中加入白糖，下汤圆粉小圆子煮熟，勾水淀粉成浓糖水，加入水果颗粒烧开，打开浮沫，加入醪糟和匀，起锅装汤盦内。

特点：内容丰富，香甜可口，带醪糟的口味，食材浮在甜羹中不沉。

豆汤肚条

用料：熟猪肚条、炽豌豆、猪油、奶汤、盐、胡椒粉、味精、葱花。

制作方法：锅炙好，下猪油，小火把炽豌豆炒酥香，掺奶汤熬煮，打去炽豌豆的壳皮，把猪肚条下入豆汤中，加盐、胡椒粉、味精，熬煮入味，装入汤盦，面上撒葱花即成。

四饭菜

菜蔬随季节更换。参考前文乡村席的介绍。

——≡ 鱼肚席 2 ≡——

四碟子

参考前文乡村席的介绍。

大菜

蟹黄鱼肚

主料：油发水泡软鱼肚。

配料：蟹黄（连肉）。

调料：盐、胡椒粉、味精、绍酒、鸡油、猪油、水淀粉、葱、姜。

制作方法：将油发水鱼肚坡刀片成 7 厘米长、4 厘米宽、0.5 厘米厚的片，用开水氽两遍，氽后仍用晾水泡上；净锅用鸡油小火把蟹黄炒香，铲出备用，锅放猪油烧热，加姜、葱炒香，掺鸡汤煮入味，捞去姜葱不用，下入挤去水分的鱼肚片，加盐、绍酒、胡椒粉，尝好味，加入鸡油炒香的蟹黄，放入味精推匀，勾水淀粉呈二流芡，淋入少许鸡油，起锅盛入盘中。

椒盐鸡卷

主料：生鸡脯肉 150 克。

配料：猪去皮肥瘦肉 75 克、熟火腿 25 克、水发香菇 25 克、慈姑 5 个、网油 1 大张、2 个鸡蛋清调干豆粉制成的蛋清豆粉、糖醋生菜 150 克。

调料：盐、胡椒粉、绍酒、味精、干豆粉、菜油。

制作方法：将生鸡脯肉、猪肥瘦肉、熟火腿、水发香菇、慈姑（去皮）均分别切成细丝，加盐、胡椒、味精、绍酒共同拌匀；网油洗净搌干水气，改成 4 寸宽、6 寸长的网油片，先抹上蛋清豆粉，再将拌好味的各种丝用网油裹好，裹成 5 分粗的条，在豆粉中滚一层，依次裹卷成 4 ～ 6 条。锅烧油至五六成热时，下入鸡卷炸至内熟外酥、呈金黄色时，捞出切成段，放入条盘一端，另一端放上拌好的糖醋生菜，配上椒盐味碟上席。

特点：皮酥肉嫩，色鲜味美。

白汁鸭子

主料：土肥仔鸭 1 只。

配料：青豆 50 克，胡萝卜 150 克，冬笋 50 克，冬菇 15 克，金钩 15 克。

调料：葱、姜、绍酒、盐、牛奶 150 克、香油少许。

制作方法：鸭子制净在开水中汆几分钟，捞出清洗干净，用葱、姜末、绍酒、盐内外涂抹均匀。上笼蒸 3.5 小时，鸭蒸烂时取出，沥去三分之二的鸭汁、鸭油和葱姜，待走菜时再上笼蒸热；将胡萝卜、冬笋、冬菇等切成青豆大小的丁，用开水抄一遍，以去异味；用沥出来的原鸭油少许和鸭汤、骨头下锅烧开，打净泡沫捞出骨头，加入各种配料和少许香油，下牛奶混烧成浓汁，走菜时淋于蒸好的鸭上即成。此菜用圆盘盛装，鸭子摆好后淋汁，色白味香，别有风味。

口蘑鸽蛋

制作方法：此为高级清汤菜。水发口蘑的原汁留用，口蘑片薄片，将口蘑加入高级清汤煮开，把泡口蘑的原汁滗入汤内烧开，尝好味，点缀绿色菜心，装入汤盅，将煮熟的荷包鸽蛋捞入口蘑清汤中即成。

清蒸鲜鱼

主料：鲜鱼 1 尾。

配料：熟火腿 100 克、水发香菇 25 克、冬笋（或玉兰片）100 克、鸡汤、1 小张网油。

调料：葱、姜、绍酒、盐、味精。

制作方法：将鱼制净，两面各剞几刀，将盐、绍酒、姜、葱、鸡汤拌匀，放入磁蒸盘，鱼上间隔摆上火腿片、香菇片、冬笋片，盖上网油大火蒸 20 分钟即可；拣去网油、姜、葱，把鱼铲入条盘，蒸鱼的原汁尝好味，浇在鱼上即可。周围可镶香菜和葱丝，上菜时带姜醋碟（七成醋三成酱油，与细姜末调匀）。

金钩菜心

用料：鲜菜心（大白菜心、青笋尖等）、金钩。

调料：盐、味精、高汤、鸡油、水淀粉。

制作方法：菜心汆水断生，漂凉修整齐；金钩洗净用开水泡好；净锅掺高汤放盐、味精，尝好味，下菜心和金钩连同泡的水一同煮入味；把菜心铲入盘中摆整齐，勾二流芡，淋鸡油，将金钩和汁浇在菜心上即成。

红烧鱿鱼

主料：水发鱿鱼。

配料：熟火腿片、冬笋片（或玉兰片）、水发香菇片。

调料：盐、酱油、葱、姜、绍酒、胡椒粉、白糖、味精、水淀粉、猪油。

制作方法：水发鱿鱼改刀用鲜汤煨泡备用；火腿片、玉兰片、香菇片汆水备用；净锅下猪油，烧热，加葱段、姜片炒出香味，掺入鲜汤煮出味，捞去葱姜不用，将鱿鱼、火腿片、玉兰片、香菇片同烧，加入盐、酱油、绍酒、胡椒粉、少量白糖煨入味，下味精，勾水淀粉成二流芡，起锅装盘。

芙蓉鸡片

主料：鸡脯肉 150 克。

配料：豌豆苗、熟冬笋片、番茄片、冷鸡汤、鸡蛋清 150 克、湿豆粉。

调料：盐、胡椒粉、味精、水淀粉、姜、葱。

制作方法：将鸡脯肉捶蓉去筋，加鸡汤解散，加蛋清、湿豆粉、盐、白胡椒粉、味精调拌成鸡蓉糊。鸡蓉糊制鸡片有 5 种制作方法：小汤瓢油冲、锅边油冲、摊皮、摊皮油冲、蒸鸡蓉薄片。用油冲的鸡片要在掺了热汤的汤中泡去油脂；锅炙好下适量猪油，下姜片、葱段炒香，掺适量鸡汤，烧入味，打去姜葱，加冬笋片、番茄片，加盐、味精，尝好味，勾芡，滗去汤的鸡片、豌豆苗推匀，烩熟起锅。

特点：色泽美观，营养丰富，鸡片细嫩。

蛋枣糕

主料：蜜枣 200 克、鸡蛋 4 个、烤鸡蛋糕 150 克。

配料：瓜条 200 克、橘饼 50 克、熟芝麻 50 克、慈姑 10 个、网油 1 张，生猪板油 100 克、开水 200 克。

调料：白糖350克。

制作方法：蜜枣蒸软去皮、去核，蛋打散，蛋糕用200克开水泡胀，芝麻擀碎，网油洗净揎干水分改成两张；蜜枣、瓜条、橘饼、慈姑（去皮）、生猪板油均切成5毫米的丁；用一大碗垫上一张网油，将所有的主料、配料、调料拌匀，装入垫了网油的碗内抹平，另一张网油盖于碗上，上笼旺火蒸20分钟，取出揭去上边的网油，翻入盘内，再揭去另一张网油即成。

特点：软嫩香甜，宴席甜菜。

酸菜鸡块汤

主料：熟鸡块（取脯、腿部位切成3厘米的块）。

配料：泡青菜、炖鸡的原汤。

调料：盐、胡椒粉、味精、姜片、葱段、猪油。

制作方法：将泡青菜帮片成薄片，泡青菜叶子切段；净锅加适量猪油烧热，将泡青菜叶、姜片、葱段炒香，掺入一盦量的清汤，捞出姜葱泡菜叶，再下入泡青菜片和鸡块同煮，打去浮沫，加盐、胡椒粉、味精烧入味，舀入汤盦即成。

特点：在鸡块汤鲜味的基础上有泡菜的酸香味。

四饭菜

菜蔬随季节更换。参考前文乡村席的介绍。

—☰ 海参席1 ☰—

四碟子

参考前文乡村席的介绍。

大菜

葱烧海参

主料：水发海参750克。

配料：大葱白150克。

调料：猪油、绍酒、酱油、姜、味精、鸡汤250克、白糖、盐、胡椒粉、水淀粉。

制作方法：水发海参切成厚片，在开水锅中汆透，捞入汤碗，再掺入鲜汤泡上；锅中下猪油烧热，将切好的大葱段烹炒，以葱色炒黄为准，随即掺入鸡汤，放绍酒、盐、酱油、白糖、胡椒粉、味精，尝好味，再放入海参用中火㸆10分钟，勾芡推匀，起锅装盘。

特点：海参绵软，葱香味浓，颜色黄亮。

椒盐虾糕

主料：鲜虾250克。

配料：鸡脯肉125克（加配料、调料制成鸡糁）、生菜、干细豆粉。

调料：盐、味精、胡椒粉、糖醋、香油、椒盐。

制作方法：鲜虾挤出虾仁洗净，搌干水分用刀口剁碎；制好入味的鸡糁加剁碎的虾仁拌匀，盛入盘内抹平，上笼旺火蒸5分钟，蒸熟取出成半成品；将蒸熟的半成品虾糕切成大一字条，裹上一层干细豆粉待用；锅烧菜油至五六成热，把虾糕条撒入油锅炸至过心变色后取出，淋点香油，颠勺，装入盘子一端，镶糖醋生菜，配椒盐味碟上席。

特点：外酥里嫩，味美鲜香。

竹荪鸽蛋

用料：水发竹荪、鲜鸽蛋、有味的高级清汤。

制作方法：水发竹荪不用伞的部分，剖开切段，用开水汆好；鸽蛋在开水中煮成荷包蛋；高级清汤在净锅中烧开，加入竹荪及荷包鸽蛋，放入汤盦上席。

糟蛋鸭子带饼二盘

主料：仔肥麻鸭1只。

配料：糟蛋2个、荷叶饼2盘。

调料：盐、绍酒、味精、白糖、葱、姜。

制作方法：鸭子制净，用开水煮透，捞出在凉水中冲洗干净，去掉头颈、鸭臊，改成 1 寸方块，搌干水分；糟蛋剥去皮，用刀口在菜板上切成细泥，加入绍酒、盐、糖、味精和成稀汁，葱切段，姜拍破，将鸭块拌匀，用大蒸碗定碗（鸭皮向下）；用一张浸湿的棉纸将口封严，上笼蒸烂；走菜时揭去棉纸，拣去姜葱，把鸭子翻入盘中，把荷叶饼蒸透，带 2 盘荷叶饼和糟蛋鸭同上。

特点：浓烂鲜美，入口化渣，具有糟蛋的酒香味。

脆皮鲜鱼

制作方法：同市面上糖醋脆皮鱼的制法。

锅烧仔鸡

主料：土仔鸡。

配料：鸡蛋 2 个、干淀粉 50 克、面粉 20 克、生菜。

调料：花椒、葱、姜、绍酒、盐、糖、醋、香油、椒盐。

制作方法：将鸡制净，切去颈、翅、脚，在腹腔内抹上盐，鸡外面也抹上盐，再抹绍酒、花椒、姜葱片等调料，腌浸 2 小时，使味渗透鸡肉；连同腌鸡的容器用旺火蒸熟。取出晾凉，去掉鸡骨，在鸡肉里面抹一层用蛋清调好的豆粉、面粉糊，在六七成热的油锅中炸至 3 ～ 5 分钟使面上酥脆，切成条块，在盘中摆成三叠水状，周围镶糖醋生菜，配椒盐味碟上席。

番茄菜心

主料：菜心（大白菜心、青笋尖或其他应季的绿色菜心）。

配料：番茄、鸡汤、鸡油。

调料：盐、味精、水淀粉。

制作方法：菜心用开水氽断生，用冷水漂凉，在菜板上修整齐；番茄切牙去心，去皮，留番茄片；锅中烧适量的鸡汤，下盐、味精、菜心烧透入味后放入盘中，下番茄片稍煮，捞在菜心周围，汁勾二流芡，淋鸡油，浇在菜上即成。

红烧蹄筋

主料：油发水泡软的猪蹄筋。

配料：熟火腿、冬笋（或玉兰片）、水发香菇、鲜汤。

调料：盐、白糖、酱油、绍酒、猪油、姜、葱、水淀粉。

制作方法：蹄筋切成5厘米的段，用开水氽一遍，熟火腿、冬笋、香菇切成4厘米长、2.5厘米宽的片；净锅放猪油烧热，下姜片、葱段炒香，掺鲜汤下蹄筋、火腿、冬笋、香菇片，加盐、酱油、白糖、绍酒烧透入味，勾水淀粉呈二流芡，起锅装盘。

酿鲜梨子

主料：细砂鲜鸭梨3个。

配料：糯米、水发莲子、水发百合、瓜条、橘饼、蜜枣、蜜樱桃、蜜青果、白糖、化猪油。

制作方法：鲜梨去皮，每个切4牙，去核，用水煮熟捞出。煮梨子的水加糖熬成浓糖汁。梨子（煮熟）切成佛手状连刀片，定入蒸碗一层；糯米煮成糯米饭。将上述配料切成大颗粒，加白糖、适量化猪油和糯米饭拌匀，酿入蒸碗梨脯上，用手抹平，旺火蒸30分钟，翻入盘中淋入准备好的浓糖汁即成。

特点：香甜软糯。

带丝炖鸡

主料：熟鸡块（主要用鸡胸及腿等肉多部位）。

配料：海带丝、鸡汤。

调料：盐、胡椒粉、味精、鸡油。

制作方法：海带丝用开水煮炽，捞出用冷水冲凉，冷水泡上；锅中加鸡汤放熟鸡块，备好的海带丝加盐、胡椒粉炖入味，炖好后放味精、鸡油，舀入汤盅上席。

四饭菜

菜蔬随季节更换。参考前文乡村席的介绍。

—☰ 海参席 2 ☰—

四碟子

参考前文乡村席的介绍。

大菜

蟹黄海参

主料：水发海参 750 克。

配料：蟹黄（连蟹肉）100 克、奶汤。

调料：盐、绍酒、胡椒粉、味精、鸡油、猪油、姜、葱、水淀粉。

制作方法：海参洗净，顺着切成厚片，用凉水泡上，葱切段，姜拍破；海参用加入葱、姜的开水氽一遍，再用鲜汤泡上；净锅放鸡油，用小火炒蟹黄，出色出香，铲出备用；锅放猪油，烧热下姜、葱炒香，掺入奶汤，稍煮，打去姜葱，下入海参，加盐、绍酒、胡椒粉、炒好的蟹黄，中火㸆入味，加味精，尝好味，用水淀粉勾芡，推匀，盛入盘中。

特点：海参与蟹黄同烧，鲜美异常。

炸虾仁球

主料：鲜虾仁 180 克。

配料：生猪肥膘 60 克、慈姑 8 个、2 个鸡蛋的蛋清、粗白面包糠、糖醋生菜。

调料：盐、胡椒粉、味精、水淀粉、姜葱水。

制作方法：将虾仁、肥膘分别捶成蓉，用姜葱水把虾蓉解散，加入蛋清、水淀粉、肥膘、盐、味精、胡椒粉制成虾糁，虾糁内加入切碎的慈姑粒拌匀；把虾糁圆子挤入面包糠盘内，裹匀面包渣；油锅四五成油温，用中火炸至内熟外酥，呈牙黄色，捞出装盘，配上糖醋生菜上席。

烧罐耳鸭带饼二盘

主料：仔麻鸭 1 只。

配料：猪网油 500 克、鸡蛋 3 个、干细淀粉、猪肥瘦肉细丝 150 克、芽菜 100 克、2 盘荷叶饼。

调料：盐、酱油、绍酒、姜、葱、泡辣椒。

制作方法：鸭制净后，去颈（颈皮留一小部分），去鸭翅，去脚，鸭腿从内去四大骨。用盐、酱油、绍酒、姜、葱把鸭身内外抹匀，腌入味 2 小时；用混合油将猪肉丝煵散籽，再将芽菜末、泡辣椒斜段加酱油炒匀起锅，填入鸭腹内，用相连的去骨鸭腿肉包好封口，颈处鸭皮包好；蛋清加细淀粉调成蛋清糊；网油洗净搌干水气，用网油把鸭子包好（共三层，第一层不抹蛋清糊，另两层抹蛋清糊粘好），最后网油上滚满干淀粉；锅烧菜油（量大能炸鸭子），五六成油温下包好的鸭（成灌耳状），用中火浸炸，待鸭肉熟透，表皮黄脆时捞出，刷上香油；剥下酥脆的网油切成棱形状，围在圆盘周围，掏出肉丝馅垫在盘中，将鸭肉剁成条块整齐地放在馅上，与两盘蒸熟的荷叶饼同上。此菜也可用叉烧。

肝糕鸭腰

主料：新鲜猪肝 400 克。

配料：鸭腰 10 个、清汤 1000 克、冷鸡汤 250 克、鸡蛋清 4 个。

调料：盐、绍酒、胡椒粉、味精、姜、葱。

制作方法：将猪肝用刀剁，捶成泥状，用 250 克冷鸡汤、姜葱水化散，4 个蛋清打散。鸭腰对剖剞花，漂于冷水中；用丝漏将肝浆过滤去渣，加入蛋清、盐、绍酒、味精搅匀，盛入汤䀇内，上笼用中火蒸熟；锅烧开水把剞了花的鸭腰汆熟，漂于开水内；将清汤烧开加入味，尝好味，轻轻舀入蒸好的肝糕汤䀇内，最后把熟的鸭腰花从开水中捞入肝糕中即成。

清蒸鲜鱼

制作方法：与前文鱼肚席介绍的清蒸鲜鱼相同。

红烩鱿鱼

制作方法：与前文鱼肚席介绍的红烧鱿鱼相同。

金钩凤尾

主料：青笋尖 10 根。

配料：金钩、奶汤、鸡油。

调料：盐、味精、水淀粉。

制作方法：首先将青笋尖去皮，修理整齐，在开水中氽断生，用冷水漂凉；金钩洗净，用热汤泡一段时间；净锅掺奶汤，把青笋和金钩同煮，加盐、味精烧入味，用锅铲将青笋尖铲入盘中，锅中的金钩汤汁勾二流芡，淋鸡油，浇在青笋尖上即成。

酱烧仔鸭

主料：熟土仔鸭 1 只。

配料：绿色菜心或豌豆苗。

调料：盐、酱油、甜面酱、白糖、味精、水淀粉、混合油。

制作方法：将鸭子不用背壳及头颈，切成 5 厘米长的条块；豌豆苗洗净；锅烧混合油，用小火把甜面酱炒香，掺鲜汤适量，下入熟鸭条，加盐、白糖、酱油烧透入味，下味精，推均匀勾芡，起锅装入盘子中间；马上在另一净锅中放混合油炒豌豆苗，出锅后围在鸭条边上即成。

冰糖莲米

用料：莲子、冰糖、清水、糖水樱桃。

制作方法: 莲子泡软,去膜去心,蒸熟。清水下冰糖熬化滤渣,加莲子煮入味,加樱桃点缀，装入汤碗作为甜品汤羹上席。也可勾清芡，使糖水有一定的浓度。

锅炸（又名玫瑰锅炸）

主料：面粉 150 克、干细淀粉 25 克、鸡蛋 3 个。

配料：玫瑰酱 25 克、清水 650 克。

调料：白糖 250 克、菜油、干细淀粉。

制作方法：将面粉 150 克、干细淀粉 25 克加清水 200 克和匀，再将 3 个鸡蛋液搅散，和入面粉、淀粉糊调和成浆糊状；将剩下的 450 克清水在净锅中烧开，把调和的浆糊慢慢冲入锅内，边冲边搅，搅至全部熟透，倒在事先抹了油的平底盘内，及时抹成 1 厘米厚的方形，晾凉后切成 1 厘米宽、4 厘米长的条，放入细干淀粉盘内裹满淀粉；锅烧菜油至五六成热时，把裹满淀粉的锅炸条散开投入油内，炸至表面发硬金黄，捞出备用；净锅放入清水 75 克、白糖 250 克，用中小火炒至白糖翻鱼眼泡，下入玫瑰酱炒匀，随即倒入炸好的锅炸条，用锅铲炒匀，使糖粘于锅炸条上，收汁起霜即成。

特点：香甜酥脆，内里稀糯。

豆汤白肺

主料：白净无破洞的猪肺 1 副。

配料：熟粑豌豆 250 克、奶汤 1000 克。

调料：盐、胡椒、味精、猪油。

制作方法：清洗猪肺，用水管从肺管注入自来水，使肺内装满水，再从肺管把血水倒出，反复多次，至猪肺清洗白净，将水滤去，入沸水锅中煮熟。将煮熟晾凉的肺叶切成长 1.2 寸长，1 寸宽、半分厚的薄片备用；锅烧猪油下粑豌豆，用中火炒酥香，掺奶汤煮透，汤熬成淡黄色，捞去豌豆皮，下入切好的白肺片，加盐、胡椒粉、味精煮透入味，撇去浮沫，舀入汤�上席。

特点：汤色淡黄，爽口不腻，豆沙汤香浓，白肺鲜美。

四饭菜

菜蔬随季节更换。参考前文乡村席的介绍。

—☰ 猪头席 ☰—

四碟子

参考前文乡村席介绍。

大菜

烘肥猪头

主料： 猪头肉 700 克。

配料： 豆渣 400 克、红汤 2000 克（红汤的制法见前文）。

调料： 盐、冰糖、绍酒、花椒、大葱段、老姜（拍破）、小葱（切葱花）、味精、猪油。

制作方法： 选猪脑顶肉，去毛，刮洗干净，在锅内煮至七分熟，捞出洗净，切成 1 寸多的方块；将改刀的猪头肉放入煲锅中，加 2000 克红汤，再将冰糖炒成浅糖色倒入煲锅，加绍酒、盐、花椒、老姜、葱段，大火烧开后，用小火烘 2 ～ 3 小时，烘至色红亮𤆵软如豆腐状时，将肉皮向碗底定碗，去掉花椒、姜、葱，将原汁淋在肉上并放在蒸笼里；将豆渣用清水淘洗干净，滤干水分，将猪油烧至七成热，放入豆渣，炒干水气，至豆渣酥香、吐油呈黄色时，将蒸锅的猪头肉碗取出，将其原汁滗入炒酥香的豆渣里，同时放入葱花、味精、盐、炒匀；将猪头肉翻入圆盘中，豆渣及汁围在烘猪头肉边上，即可上席。

特点： 肉质柔糯，色泽棕红，汁浓味醇，豆渣酥香，肥而不腻。

开水白菜

主料： 黄秧白菜心。

配料： 老母鸡 1 只、猪肘 1 个（不要太肥）。

调料： 姜、葱、盐、胡椒粉、味精、绍酒。

制作方法： 老母鸡取出鸡脯肉、鸡油，猪肘子刮洗干净，老母鸡切成四大块，猪肘子剖开，用水煮开，捞出，洗净浮沫。加入 3 倍鸡、肘子量的清水，加姜（拍破）、葱段用大火烧开，撇去浮沫，然后用小火吊汤 3 ～ 4 小时；黄秧白菜心去掉老叶，用菜心嫩的部分 4.5 寸长，切成 6 牙（两颗可切 12 牙，够 1 份的量），修去老筋，用开水氽断生，用冷水漂凉，修整齐备用；鸡脯肉用刀捶剁蓉，用冷鸡汤解散成稀浆状备用；在吊好的汤中取出鸡、肘，打去浮沫，加盐、绍酒、胡椒粉烧沸，下入备好的一半鸡脯浆，搅匀，烧开用小火坠汤，鸡浆全部凝固成白色浮沫后，用丝漏打去鸡肉浮沫再将汤烧开，下剩余的鸡脯浆二次清扫汤，也是大火烧开小火坠汤，使鸡蓉吸净汤中的杂质，鲜味吊入汤中，打去浮渣，再将两次浮渣挤成两个鸡肉渣团,轻轻浸入汤中,用微火吊汤,使鸡团中的鲜味吊入汤中。吊好汤后，捞出鸡蓉团，用纱布过滤汤中的杂质制成清汤，把备好的白菜心整齐码入汤盦中，加盐、胡椒粉、味精，掺入小半盦制好的清汤，用旺火蒸4～5分钟取出，把蒸白菜心的清汤滗去；净锅烧清汤，尝好味，烧开后舀入装白菜心的汤盦即成。

特点：汤清如水，汤味鲜醇，白菜心鲜嫩味美。

堂片填鸭带饼

主料：腋下开膛填鸭1只。

配料：干大斗菜叶或干盐菜、葱白200克、荷叶饼20个、甜面酱100克、蒜50克。

调料：绍酒、饴糖、白糖、香油、菜油。

制作方法：制净的腋下开膛的填鸭，用铁钩在鸭脖根处钩住，在鸭身上浇3次开水，使鸭伸皮。将大斗菜叶由开膛处塞入填鸭，使之饱满。再在鸭身上抹匀用绍酒兑饴糖的糖汁，挂在通风处晾干鸭皮（一般晾半天即可）；将葱白切段装两碟，蒜切片装两碟，将甜面酱兑白糖、香油装两碟备用，锅烧菜油四五成热时，将鸭放入油锅中浸炸，待走菜时将荷叶饼蒸热装入两盘中。走菜时升高油温将鸭炸至枣红色，待皮酥脆时，将鸭皮片在盘内，鸭胸部的皮片在盘中间，随同葱、酱、蒜、饼同时上席。

特点：酥脆香化渣。

鲜蒸岩鲤

制作方法：与前文鱼肚席清蒸鲜鱼做法相同，区别在于此菜选用岩鲤。

生蒸宣腿

制作方法：做法同前文国货席的旱蒸宣腿。

虾蛋冬笋

主料：熟冬笋尖、虾糁。

配料：奶汤、鸡油。

调料：盐、胡椒粉、味精、水淀粉。

制作方法：将熟冬笋尖切成薄片，定成风车形在小碗中，加盐、味精、鸡油、奶汤，上笼蒸入味；将虾糁挤成小圆子，煮熟浸入汤中，把蒸入味的冬笋翻入圆盘中，汤汁滗入净锅中，把熟烫的虾圆围在冬笋周围；将蒸冬笋的汁加适量奶汤烧开，尝好味，匀二流芡，淋鸡油，浇在冬笋虾圆上即成。

姜汁热窝鸡

制作方法：做法同前文乡村席热窝姜汁鸡。

豆汤白肺

制作方法：做法同前文海参席豆汤白肺。

红苕饼

主料：红心红苕。

配料：糯米粉、洗沙、白糖、猪油、菜油。

制作方法：将红心红苕去皮切大厚片蒸粑，用漏瓢背成红苕泥；洗沙加猪油白糖炒成洗沙馅；红苕泥加糯米粉和成红苕面团做包皮，包上洗沙馅做成 1.5 厘米厚、4 厘米直径的圆饼，平锅烧菜油煎炸成金黄色，外脆内软香甜可口。

元宵汤

主料：小黑芝麻汤圆。

配料：白糖、枸杞。

制作方法：将小黑芝麻汤圆煮熟，舀入汤碗，在煮汤圆的水中加入白糖、枸杞，待白糖溶化入水中，将枸杞糖水舀入汤圆碗中即成。

酸辣什锦汤

主料：水泡软油发猪蹄筋、熟猪肚、熟猪心、熟猪舌、熟鸡肉。

配料：水发冬菇、冬笋（或水发玉兰片）、红萝卜、韭黄、摊的鸡蛋皮。

调料：盐、胡椒粉、醋、香油、鲜汤、水淀粉。

制作方法：将上述主、辅料切成小片，韭黄切小段；将切好的原料（韭黄除外）加鲜汤一甏，加盐、胡椒粉，烧开煮透后加味精，勾清芡，使所有原料浮于汤中，将韭黄、醋、香油放入汤盦内，将煮好的什锦胡辣汤冲入和匀，即成酸辣什锦汤。

四饭菜

菜蔬随季节更换。参考前文乡村席的介绍。

可将堂片填鸭剩下的熟鸭肉切粗丝，加仔姜、甜辣、蒜苗炒成酱香味的下饭菜。

—☰ 牛头席 ☰—

四碟子

参考前文乡村席的介绍。

大菜

红烧牛头

主料：水牛脑顶头皮（已制净，七成熟）750 克。

配料：土母鸡半只、生黄鸡油 100 克、鲜菜心 500 克。

调料：盐、绍酒、冰糖色、胡椒粉、姜葱。

制作方法：七成熟的牛头皮切成 5 厘米长、3 厘米宽、1 厘米厚的骨牌块状，用清水反复煮漂三四次，以去其胶质和异味，母鸡半只炖鸡汤（加姜、葱）烧开，用小火炖 3 小时，取出鸡，留鸡汤备用，舀入鸡汤 1000 克，放入牛头片块浸煮 1 小时，捞出牛头片块放入净煲锅内，加 600 克鸡汤、绍酒、生鸡油、盐、胡椒粉、冰糖色，用小火烧透入味上色，煨大概 1 小时，取出鸡油渣不用；菜心洗净汆断生，于清水中晾凉，捞出修整齐备用。走菜时将煲锅内的烧入味，烧透上色的牛头皮块连原汁倒入耳锅，用大火收稠汤汁，将牛头均匀地铲入圆盘中间。另用一净锅加鸡汤、盐，把备用的菜心煮入味，捞出，滤去汁水，围在牛头周围，将烧牛头的稠汤汁淋入牛头皮上即成。

特点：色泽红亮，味浓味厚，质糯而不黏。

清汤银耳加舌掌

主料：水发银耳。

配料：高级清汤 1000 克、熟去骨鸭舌、熟去骨鸭掌。

调料：盐、胡椒粉、味精、绍酒。

制作方法：水发银耳洗净去蒂，择成小朵，用开水汆一遍捞出，熟的去骨舌、掌用开水汆透，去除异味；净锅掺清汤下入银耳、舌、掌，加盐、胡椒粉、绍酒小火煮至主料粑软入味，加入味精和匀，盛入汤盅上席。

堂片填鸭带饼二盘

制作方法：与前文猪头席介绍的此菜做法相同。

干烧鲜鱼

制作方法：与前文鱼肚席介绍的干烧鲜鱼的做法相同。

酱烧冬笋

主料：鲜冬笋。

配料：豌豆苗。

调料：盐、甜面酱、白糖、酱油、水淀粉、菜油。

制作方法：鲜冬笋切成 1.2 寸长的一字条，豌豆苗择洗干净，锅烧菜油烧至六成热，把冬笋条炸呈微黄色，捞出备用；锅留适量菜油，小火把甜面酱炒香，掺入少量鲜汤，下炸好的冬笋条，加白糖、酱油烧入味，勾芡，使酱色的芡汁包裹在笋条上，起锅装入盘中间；净锅放适量菜油，加盐，把豌豆苗炒断生起锅，围在酱烧冬笋条周围即成。

特点：色泽美观，冬笋酱香，味浓脆嫩。

旱蒸仔鸡

主料：仔母鸡净肉 500 克。

配料：水发口蘑片（或水发冬菇）50克。

调料：盐、味精、绍酒、白糖。

制作方法：将鸡肉切成均匀的条块，水发口蘑洗净切成片，将改刀的鸡肉加盐、白糖、味精、绍酒拌和均匀，将拌好味的鸡皮朝下，整齐地摆入蒸碗定好。面上放口蘑片，上蒸笼用旺火蒸30分钟取出，翻扣入圆盘内即成。

特点：清淡爽口，鸡肉鲜嫩，味道清香。

瑶柱烧豆腐

主料：石膏豆腐。

配料：瑶柱（干贝）。

调料：盐、胡椒粉、味精、水淀粉、鸡油、姜片、葱段。

制作方法：豆腐切成5厘米长、1.5厘米见方的条，用开水加盐汆透以去石膏味和豆腥味；干贝洗净，加适量鲜汤入笼锅蒸熟，锅中放鸡油把姜葱炒香，掺鲜汤煮入味，捞去姜葱不用，加入蒸瑶柱的汤，下入豆腐条，与捏散的瑶柱同烧，加盐、胡椒粉、味精烧透入味，匀芡起锅装盘。

特点：豆腐鲜烫，色泽淡黄，鲜香可口。

番茄鱼糕

制作方法：与前文国货席介绍的番茄鱼糕做法相同。

核桃泥（又叫雪花桃泥）

主料：细玉米面150克，鸡蛋5个。

配料：核桃仁75克，罐头糖水樱桃12个，清水250克。

调料：白糖150克，猪油125克。

制作方法：核桃仁用植物油炸酥，剁成粗粒备用；取鸡蛋清2个，搅打成雪花蛋泡，装饰后盖面；将玉米面加250克清水、5个蛋黄、150克白糖搅和均匀成浆，净锅烧125克猪油，烧至七成热，下入调匀的玉米面、蛋黄、糖浆，快速大火炒至成形现籽眼，吐油时加入酥核桃仁，炒匀，起锅装入圆盘，核桃泥上放经过装饰的蛋清雪花泡即成。

果羹汤

制作方法：与前文鱼肚席介绍的八宝果羹相同。

清蒸牛筋

主料：水发牛蹄筋。

配料：水发香菇、鸡、牛肉炖的清汤。

调料：盐、胡椒粉、味精、绍酒。

制作方法：将发好的水发牛蹄筋修去杂质，切成2寸长的细条，用姜葱、绍酒、开水氽几次去异味；水发香菇洗净切片；把氽过的牛筋条和切片的香菇装入汤蠱，把尝好味的鸡、牛肉清汤掺入汤蠱，盖上盖用旺火蒸2小时即成。

特点：牛筋软烂，色泽黄亮，汤味鲜美。

四饭菜

菜蔬随季节更换。参考前文乡村席的介绍。

可将堂片填鸭片剩下的熟鸭肉切丝，加配料炒一个下饭菜。

—☰ 羊头席 ☰—

四碟子

参考前文乡村席的介绍。

大菜

烧全羊头

主料：羊头1个。

配料：老母鸡半只、瑶柱25克、水发口蘑25克、鲜菜心500克。

调料：盐、胡椒粉、味精、绍酒、姜、葱、冰糖糖色、鸡油、香油。

制作方法：将羊头烧去毛，刮洗干净，用清水把羊头煮成七成熟，捞入清水刮洗干净，把羊头剖开，取下羊头皮连头肉，把羊舌取下刮洗干净，羊脑花、眼不用。将羊头皮及头瘦肉切成1寸大小的块，羊舌切成1.5寸长的厚片，备用；

将母鸡切成大块，煮去血水，捞出洗干净，掺3倍鸡肉量的清水，加姜（拍破）、葱大火烧开，用小火炖3小时，将鸡捞出另作他用，鲜鸡汤备用；净锅放鸡油烧热加姜片，葱段炒香掺鲜鸡汤稍煮，打去姜葱不用，加入切好的口蘑片、洗净的瑶柱，煮入味放入备好的羊头皮肉、羊舌、盐、冰糖色、绍酒，用中小火㸆至羊头色红亮，熟透入味汁浓，把所有主料、配料捞出。将羊头皮向碗底，头肉、羊舌铺在上面，将口蘑、瑶柱也放在上面，上笼蒸上备用；将菜心去筋修整齐，在开水锅内氽断生，用冷水漂凉备用；把蒸笼内的定碗了的蒸羊头翻入圆盘，把漂凉的菜心用净锅掺鸡汤加盐煮烫入味，滤去汤汁，围在羊头周围。将㸆羊头的原汤浓汁加味精调匀，淋香油，浇在羊头皮上即成。

特点：色泽红亮，味浓味厚，软糯鲜香。

肝糕鸽蛋

制作方法：此为清汤菜。做法同前文国货席介绍的清蒸肝糕加鸽蛋。

堂片填鸭带饼二盘

制作方法：与前文猪头席介绍的这道菜做法相同。

清蒸肥头

制作方法：做法同前文鱼肚席介绍的清蒸鲜鱼，只不过这道菜用肥头鱼（又叫江团）。

虾蛋冬笋

制作方法：同前文猪头席介绍的虾蛋冬笋。

软烘仔鸡

主料：仔母鸡1只（生重1500克）。

配料：大葱白200克、干辣椒100克、冰糖50克。

调料：盐、绍酒、醪糟汁、味精、酱油、醋、香油、鲜汤、姜。

制作方法：鸡裆部开膛，在开水中烫去血水，晾去水分；葱白切成8厘米长的段，辣椒去籽切成6厘米长的段，姜切大片，冰糖砸碎，锅内放少许油，炒25克冰糖成糖色，掺鲜汤，锅底垫一个竹箅子，放入鸡，加绍酒、醪糟汁、姜、酱油、盐、冰糖25克、味精，烧开撇净泡沫。另一锅放入香油，将辣椒段煸成紫红色，加入烧鸡的锅内，盖上盖，移小火㸆至鸡肉𤆵烂为止。揭开盖，加入葱白段、醋，将鸡翻身，用中火将汁收到亮油，起出鸡盛入盘中，葱段和辣椒段理顺分别放在鸡的两边即可。

特点：色泽红亮，鸡肉酥烂，葱辣香味，微带甜酸。

瑶柱菜心

制作方法：与前文海参席的金钩凤尾的做法相同，只把金钩换成瑶柱（干贝）、凤尾换成菜心即可。

番茄鱼糕

制作方法：与前文介绍的国货席番茄鱼糕做法相同。

核桃泥

制作方法：与前文牛头席介绍的核桃泥做法相同。

果羹汤

制作方法：与前文鱼肚席介绍的八宝果羹做法相同。

奶汤羊杂

主料：熟羊肚、熟羊肠、熟羊肝、熟羊肺、熟羊肉、熟羊心、熟菜心。

配料：羊肉、羊棒骨、羊杂骨熬制的羊奶汤、羊油。

调料：姜、葱、盐、味精。

制作方法：将煮熟的羊肚切条、羊肠切段，羊肝、羊肺、羊肉、羊心切片；净锅放入羊油烧热，放姜片、葱段炒香，掺入熬好的羊奶汤稍煮，捞去姜葱，汤中加入切好的熟羊杂大火烧煮，捞去泡沫，加盐、味精尝好味，加入菜心，盛入汤盦上席。

特点：汤色乳白浓香，羊杂鲜香可口，可配味碟同上。

四饭菜

菜蔬随季节更换。参考前文乡村席的介绍。

可将堂片填鸭片皮留下的净熟鸭肉炒一个下饭菜。

干鲍鱼席

四碟子

参考前文乡村席的介绍。

大菜

干烧鲍鱼

主料：干鲍鱼。

配料：老母鸡、老土鸭、猪脊背、火腿。

调料：盐、胡椒粉、冰糖色、绍酒、鲜菜心、香油。

制作方法：干鲍鱼用清水泡 48 小时（2 天），每 12 小时换一次清水，如天气太热可放于冰箱冷藏泡发；泡发至软且有弹性时，用小刷子把鲍鱼刷洗干净，去掉异物；把配料用开水汆去血水、洗净，火腿泡去过多盐分，掺配料 3 倍的清水放入煲汤锅中，把水发洗净的鲍鱼用净纱布包好，放入汤锅中，先大火烧开，打去浮沫用微火煲 24 小时，至汤味浓缩鲜美，鲍鱼入味软透；把包鲍鱼的纱布取出，将配料捞出另作他用，将原汤鲜汁倒出，保管好备用；在小砂锅底垫竹箅，放上鲍鱼，将煲鲍鱼及配料的原汁淹过鲍鱼，放盐、冰糖色、绍酒、胡椒粉、小火煨两至三小时，至汁浓稠，汁很少时，将鲍鱼捞出，切片装蒸碗定成美观形状，上蒸笼保温，将蒸热的鲍鱼翻入圆盘中间，周围点缀用鲜绿菜心，用香油加盐炒熟，围在周围，将煨鲍鱼的少量浓汁淋点香油，浇在鲍鱼上即成。

清汤蹄燕

主料：干猪蹄筋。

配料：高级清汤，少量熟的瘦火腿细丝。

调料：盐、胡椒粉、味精。

制作方法：将猪蹄筋用植物油发好，放入热碱水泡胀、泡软、泡去油脂，用开水汆后，清水洗净，挤去水分，切成薄片，再切成细丝，用开水冲几遍，使之柔软发白发亮，如不够白亮柔软，可再加入适量碱面拌匀，用开水多冲几次，使它又白又嫩又软又糯，形如燕菜；用清水反复洗漂以去尽碱味；净锅烧开250克清汤倒入蹄燕汤碗中，浸泡入味热透，滗去清汤不用，再烧1000克清汤，加盐、胡椒粉、味精，尝好味，烧开，舀入装蹄燕的大汤碗中，面上撒上熟的红瘦火腿细丝即可上席。

堂片填鸭带饼二盘

制作方法：与前文猪头席介绍的这道菜的做法相同。

番茄烧舌掌

主料：去骨熟鸭掌10只，去骨熟鸭舌20条。

配料：中等个头的番茄3个。

调料：盐、胡椒粉、味精、绍酒、鲜汤、鸡油、水淀粉、姜、葱、猪油。

制作方法：将去骨的熟鸭舌掌在开水汆过捞出；番茄每个切6牙，去皮去心备用；锅烧猪油，烧热后下姜（拍破）、长葱段炒香，加鲜汤、鸭舌掌，加盐、胡椒粉、绍酒、味精烧𤆵入味，拣去姜葱不用，将烧熟的鸭舌掌捞入盘中摆整齐，锅中的汤汁汆烫备好的番茄片，捞出围在舌掌周围。锅内原汁勾水淀粉呈二流芡，淋鸡油和匀，浇在舌掌番茄上即成。

特点：味鲜香，色美观。

清蒸鲜鱼

制作方法：与前文鱼肚席介绍的清蒸鲜鱼做法相同。

奶汤素烩

制作方法：此为半汤烩菜。与前文菜蔬类介绍的奶油素烩（奶汤）相同。

咸辣仔鸡

主料：仔母鸡1只（生重1500克）。

配料：干辣椒25克。

调料：菜油、香油、酱油、盐、白糖、味精、花椒、绍酒、鲜汤、姜葱。

制作方法：干辣椒去把，用净布擦干净，切成4厘米的段；葱切段，姜拍破；

将仔母鸡制净，内外抹上盐、花椒、绍酒、酱油，加姜、葱腌半小时；锅烧菜油至六成热，将腌过的鸡拣去姜、葱，抖掉花椒，搌去水分，下油锅炸至金黄色捞出，倒出菜油；锅中再注入 100 克香油，下入干辣椒段炒成紫红色，加姜、葱、绍酒、酱油、鸡、鲜汤（以淹没鸡为度）、白糖、味精。大火烧开后撇净浮沫，再用小火㸆至鸡熟入味，汤汁浓稠（中途翻一次身）。取出鸡趁热剁成条块，整齐地摆在盘内成鸡形，辣椒段捞出围在鸡周围，浇上汁即成。

特点：色泽红润，香辣嫩鲜。

葱烧海参

制作方法：与前文海参席介绍的葱烧海参做法相同。

冰糖银耳加皂仁

主料：水发银耳。

配料：皂仁 30 克、清水、糖水樱桃（适量点缀用）。

调料：冰糖。

制作方法：水发银耳洗净去蒂，择成小朵，用清水加冰糖，小火煨炖软烂汁浓；皂仁清洗干净，加适量水放入小碗旺火蒸 30 分钟，使其成胶质、半透明、香糯时，加入冰糖银耳羹和匀，点缀糖水红樱桃，舀入大汤碗上席。

特点：席桌甜品，香甜滑糯。

萝卜火肘汤

主料：火腿肘子、鲜猪肘子（一汤盢的量）。

配料：萝卜、鲜汤。

调料：盐、味精。

制作方法：将两种肘子汆水捞出，刮洗干净，放入鲜汤内，炖九成粑捞出；将两种肘子切成条块，和切成厚片的萝卜同入锅中，继续炖至主、配料全粑，尝好味，舀入汤盢上席，配蘸碟同上。

四饭菜

菜蔬随季节更换。参考前文乡村席的介绍。

鲜鲍鱼席

四碟子

参考前文乡村席的介绍。

大菜

奶汤鲍鱼

主料：鲜鲍鱼罐头（1949 年前活海鲜运不到四川）。

配料：绿色菜心 400 克、奶汤 500 克。

调料：盐、胡椒粉、味精、猪油、鸡油、水淀粉、姜、葱。

制作方法：鲍鱼罐头开罐倒入碗中，将鲍鱼片成片备用；绿色菜心洗净修整齐，在开水中汆断生，用冷水漂凉；姜切片，葱切段；净锅烧热放 30 克猪油，下姜片、葱片煵炒后掺入奶汤稍煮出味，捞出姜、葱不要，汤汁中加入备好的鲍鱼片，加入盐、胡椒粉、味精，尝好味，烧透后把鲍鱼片捞入圆盘中间摆整齐，锅中汁勾稀二流芡，淋入适量鸡油，浇在盘中鲍鱼上，随即净锅烧猪油，加盐把菜心炒透入味，配在圆盘鲍鱼周围即成。

特点：鲍鱼鲜嫩，味美可口。

网油虾卷

主料：鲜虾仁 250 克。

配料：猪生肥膘 100 克、慈姑 8 个、网油 250 克、胡萝卜细丝 250 克、白色无味面包渣 250 克、鸡蛋 3 个、干细淀粉。

调料：盐、绍酒、胡椒粉、味精、白糖、醋、香油、椒盐、植物油、姜、葱。

制作方法：将鲜虾仁一半捶成泥蓉；将生猪肥膘捶成蓉；另一半虾仁切成小丁；慈姑削去皮，拍破剁碎；姜葱泡适量清水，调成姜葱汁；胡萝卜切细丝用淡盐水泡上；用一个半蛋清调干细淀粉成蛋清糊；将虾蓉加姜葱汁解散，与肥膘蓉、绍酒、盐、味精，再加 1 个半鸡蛋清和匀，再加适量干细淀粉搅匀，加慈姑碎，虾仁丁拌匀备用；网油洗净，辗干水分，切成6寸长、4寸宽的网油，抹上蛋清糊，在边上放入拌好的虾馅，裹成5分粗的条，再抹上蛋清糊，沾上面包渣，用此法做成四五条粘了面包渣的虾卷；锅烧植物油，油烧到四五成油温，下虾卷炸熟，网油皮酥脆时捞出，切成段盛入盘一端，红萝卜丝捞出挤去水分，拌白糖、醋、香油放于盘另一端，配上椒盐味碟一同上席。

特点：鲜香酥嫩。

烧罐耳鸭带饼

制作方法：与前文海参席介绍的烧罐耳鸭做法相同。

清汤银耳

制作方法：与前文牛头席介绍的清汤银耳加舌掌做法相同，只是不加舌掌。

干烧鲜鱼

制作方法：与前文鱼肚席介绍的干烧鲜鱼做法相同。

红烧素烩

制作方法：与前文菜蔬类介绍的红烧素烩做法相同。

锅巴鱿鱼

主料：碱发好的水发鱿鱼去尽碱味500克。

配料：煮米饭的干锅巴200克、水发口蘑（或香菇）50克、水发玉兰片50克、豌豆苗（或鲜绿菜）50克、鲜汤500克。

调料：姜、葱、蒜、泡辣椒、盐、酱油、白糖、醋、胡椒粉、味精、水淀粉、菜油。

制作方法：鱿鱼改成4厘半宽、7厘米长的片，用汤煨入味，装入汤碗泡上；锅巴掰成块；口蘑或香菇片成片；玉兰片片成片，用开水氽去硫磺味；葱切成马耳朵状，姜切成小片，蒜切成片，泡辣椒去籽切成斜段；锅烧热，加入50克油，烧五成热，下姜、葱、蒜、泡红辣炒香，掺入500克鲜汤，加口蘑、玉兰片，加盐、酱油、胡椒粉、白糖、醋调好味，将泡入汤中的鱿鱼片捞入锅中，加入豌豆苗，勾水淀粉呈二流芡汁，加入味精调匀，尝好味，盛入大汤碗内；锅烧菜油（1000

克左右），烧至八成热时，下入锅巴炸至金黄发泡时，捞入深边圆盘中，浇上烫油，锅巴和鱿鱼汤汁迅速上席，将鱿鱼二流芡汤汁浇入锅巴上即可。

特点：锅巴酥脆，鱿鱼滑嫩，口味咸鲜带小甜酸味。

喇嘛仔鸡

主料：仔母鸡1只。

配料：鸡蛋、干淀粉、水发木耳、水发玉兰片。

调料：盐、酱油、绍酒、姜、葱、蒜、花椒、菜油、香菜。

制作方法：仔母鸡制净，取净鸡脯、鸡腿肉，切成5厘米长的一字条，腌上盐、绍酒、花椒入味，加2个鸡蛋、干细淀粉拌匀，姜切片、葱切段、蒜切片；水发木耳择洗干净；玉兰片片成片，香菜洗净切段；锅烧菜油至六成热，把浆好的鸡条炸至金黄色捞出；锅中留适量菜油，下姜、葱、蒜、花椒爆香，加适量鲜汤，下木耳、玉兰片、盐、酱油、绍酒和炸好的鸡条和匀，装入碗，鸡条摆整齐，摆在碗底，上面放木耳、玉兰片。调料味汤汁舀入蒸碗，上笼旺火蒸50分钟即从笼中取出，翻入圆盘，周围撒上香菜或葱花即成。

红苕饼

制作方法：与前文猪头席介绍的红苕饼做法相同。

桃油莲米

主料：桃油（干桃胶）50克、干莲子150克。

配料：冰糖200克、枸杞10克、清水750克。

制作方法：干桃胶洗净用清水泡24小时；干莲子泡胀去膜，去莲心；枸杞洗干净；用清水在锅中把冰糖煮化，用细漏过滤渣后装入大汤碗，放入泡好的桃胶、发制好的莲子、枸杞，盖上盘子，在笼锅上旺火蒸2小时即成。该甜品不蒸，直接小火煨烂也可以。

冬菇凤翅汤

主料：去骨熟鸡翅10个。

配料：水发冬菇、鸡汤。

调料：盐、胡椒粉、味精。

制作方法：去骨熟鸡翅在锅中用汤煨透，舀入汤碗中泡上；冬菇片成片，也用鲜汤汆过；净锅加入鸡汤在火上烧开，把煨过的鸡翅捞入汤锅，冬菇片也放入鸡汤中同煮，加盐、胡椒粉、味精烧入味，撇去浮沫，盛入汤盦上席。

四饭菜

菜蔬随季节更换。可参考前文乡村席的介绍。

—☰ 鱼翅席 1 ☰—

四碟子

参考前文乡村席的介绍。

大菜

佛手鱼翅

主料：水发鱼翅 500 克、制好的鸡糁 150 克。

配料：净母鸡半只、火腿 100 克、干贝 50 克、猪颈瘦肉 250 克、生鸡油 100 克、豌豆苗或绿色菜心 250 克、冰糖色适量。

调料：盐、胡椒粉、味精、绍酒、香油、水淀粉、姜、葱。

制作方法：将水发鱼翅放入盆中，加清水，上笼蒸 5 ～ 7 小时使其排尽胶质；母鸡改成大块汆去血水洗净；猪颈瘦肉汆去血水，用清水洗净；火腿、干贝、鸡油洗净；炒锅置火上，下猪油将姜片、葱段炒出香味，掺鲜汤烧沸后打去浮渣，下鸡块、猪颈瘦肉、火腿、干贝、生鸡油、冰糖色、盐、胡椒粉、绍酒熬制成红汤，打尽泡沫，然后用净纱布包好，鱼翅放入红汤中小火㸆 4 ～ 5 小时；将鱼翅取出，挤去汤汁，将鱼翅分成 12 份，平铺于菜墩上，刮上鸡糁（大约 12 克），然后滚成直径 2 厘米圆条 12 只，稍按扁，上笼蒸熟，取出装碗摆成风车状，面上加熬红汤捞出的干贝和火腿（火腿切片），舀入红汤上笼蒸透，取出，原汁滗入净锅，蒸的佛手状鱼翅翻入圆盘，原汁尝好味，勾少许水淀粉，淋上芝麻油，浇于鱼翅上；另用净锅迅速将豌豆苗炒断生，加少许盐起锅，镶于鱼翅周围即成。鱼翅形如佛手，形色美观，色泽红亮，鲜美可口。

堂片鸭子带饼二盘

制作方法：与前文猪头席介绍的此菜做法相同。

肝糕鸽蛋

制作方法：与前文国货席介绍的清汤菜清蒸肝糕加鸽蛋做法相同。

旱蒸鲜鱼

主料：最好用岩鲤1尾750克。

配料：网油1小张（能盖住鱼即可）。

调料：盐、胡椒粉、味精、绍酒、辣椒红油50克、姜片、葱段。

制作方法：将鱼制净，两面各斜剞几刀，抹上盐、胡椒粉、味精、绍酒稍腌，再抹上红油，鱼上摆姜片、葱段，用网油盖上，上笼旺火蒸熟，取下后揭去网油，拣去姜葱，配姜醋碟同上。（姜醋碟配法：醋七成、酱油三成，和入姜汁及细姜末）

特点：味微辣而鲜美

软烘仔鸡

制作方法：与前文羊头席介绍的软烘仔鸡做法相同。

豆汤白肺

制作方法：与前文海参席介绍的豆汤白肺相同。

酱烧冬笋

制作方法：与前文牛头席介绍的酱烧冬笋做法相同。

葱烧海参

制作方法：与前文海参席介绍的葱烧海参做法相同。

红苕饼

制作方法：与前文猪头席介绍的红苕饼做法相同。

核桃泥

制作方法：与前文牛头席介绍的核桃泥做法相同。

奶汤素烩

制作方法：与前文蔬菜类介绍的红烧素烩做法相同，只是这里做成汤菜。

四饭菜

菜蔬随季节更换。参考前文乡村席的介绍。

鱼翅席 2

四碟子

参考前文乡村席的介绍。

大菜

干烧鱼翅

主料：水发鱼翅 1000 克。

配料：母鸡半只、猪肘 750 克、干贝 25 克、火腿 100 克、油菜心（瓢儿白）10 棵。

调料：盐、胡椒粉、味精、绍酒、白糖、糖色、鸡油、葱、鸡汤。

制作方法：鱼翅用水加姜、葱、绍酒汆两遍，每汆一次都用凉水冲洗，汆后用凉水泡上；鸡、肘剁成大块，用开水汆透，捞出冲刮洗干净；干贝洗净；火腿用热碱水洗净；姜切成片、葱切段，油菜心修整齐，抽去筋，用水洗净；把鱼翅捞出整齐地放在竹箅子上，再用另一竹箅盖上，并用竹筷别上夹紧（没有竹箅用纱布包上也可）；铝锅或砂锅底放几根竹筷，将竹箅夹紧的鱼翅放入锅内，再加入葱、姜、鸡、肘子、干贝、火腿、绍酒，掺入清水大火烧开，打净浮沫盖上盖，移小火㸆至鱼翅软烂（5～7 小时）；菜心用开火汆断生，用冷水漂凉，捞出切去叶尖，修整齐；把汆过的油菜心用鸡汤烧入味取出，围在圆盘周围；将㸆鱼翅锅中的鸡、肘、干贝、火腿、姜、葱拣出，揭去上箅扣入锅内，同时倒入㸆鱼翅的汁，上火加盐、胡椒粉、糖色、糖（少量）、味精，尝好味，把汁收浓，淋入 50 克鸡油，整齐地滑入盘中即可（也可在㸆时先调色、味）。

特点：色泽红亮，质地软烂，鲜浓富于营养。

堂片填鸭带饼二盘

制作方法：与前文猪头席介绍的堂片填鸡做法一样。

芙蓉虾仁

主料：鲜虾仁 250 克。

配料：鸡蛋 6 个、嫩豆腐 200 克、鸡脯蓉 50 克。

调料：盐、绍酒、味精、干细淀粉。

制作方法：将鸡脯蓉、豆腐泥加盐、味精、1 个蛋清、干细淀粉和匀成豆腐糁，用盘装好抹平，上笼蒸 5 分钟刚熟取出；将 4 个蛋清加鸡汤、盐调匀，装入圆盘蒸成芙蓉蛋，再将洗净的鲜虾仁加 1 个蛋清，加盐、绍酒、味精拌匀，放入刚蒸好的芙蓉蛋中间，蒸 3 分钟取出；再将豆腐糁蒸的糕整齐地切成骨排厚片，围在白芙蓉蛋上的虾仁周围，上笼蒸 5 分钟即成。

特点：鲜嫩爽口，颜色鲜明。

清蒸肥鱼

制作方法：与前文鱼肚席介绍的清蒸鲜鱼做法一样。

蝴蝶海参

主料：干刺参 125 克。

配料：制好的鸡糁 200 克、火腿（熟全瘦）20 克、水发熟海带 50 克、2 个鸡蛋清、干细淀粉、特级清汤 750 克。

调料：盐、胡椒粉、味精。

制作方法：干刺参用开水发好，洗净刺参内外杂质，入炒锅用清水以微火煨（约 20 分钟），捞起用刀片成 0.5 厘米厚的片，再切成 4 厘米长、3.5 厘米宽的片 20 片，然后用尖小刀雕成蝴蝶形；用 2 个鸡蛋清加干细淀粉调成蛋清糊；用净纱布将蝴蝶形的海参片搌干水分，逐片在海参浅色一面抹匀蛋清糊，再用尖刀刮备好的鸡糁放在蝴蝶片中央，成为蝴蝶的腹部；每片糁 3.5 厘米长、1 厘米宽、1.2 厘米厚，形如橄榄，随后用手蘸清水抹光滑；海带切 3 厘米长的细丝 40 根，其余切成1厘米长的细丝；火腿切成1厘米长的细丝；用手或尖夹子把火腿细丝和海带细丝相间地横镶于蝴蝶腹部。以2根3厘米长的海带细丝插入每只蝴蝶的头部作为触须；用细竹签前端沾水蘸黑芝麻，插入须侧左右各一粒为蝴蝶眼；将蝴蝶海参的半成品装入盘中，用开水蒸3分钟定形，取出装入汤碗，舀入热清汤少量，上笼再蒸2分钟取出；走菜时滗去蒸蝴蝶海参的清汤，锅中烧750克特制清汤，加盐、胡椒粉烧开，尝好味，舀入蝴蝶海参的汤碗中。此菜成品犹如蝴蝶浮于汤面。

特点：此菜是清汤菜，汤鲜美可口，蝴蝶形状美观，清淡滋润。

旱蒸宣腿

制作方法：与前文国货席介绍的旱蒸宣腿相同。

鸡油冬笋

主料：煮熟的嫩冬笋300克。

配料：豌豆苗25克、鸡汤500克、鸡油50克。

调料：盐、胡椒粉、味精、猪油25克、姜、葱、水淀粉。

制作方法：熟冬笋切成薄片；姜拍松、葱切段；豌豆苗洗净；锅烧热舀入猪油，下姜葱煸炒出香味，掺入鸡汤烧开，捞出姜葱放入冬笋薄片，加盐、胡椒粉、味精、鸡油、尝好味，用水淀粉勾成二流芡，投入豌豆苗和匀，盛入盘内即可。

特点：味鲜脆嫩，颜色浅黄，宜于冬、春食用。

冰糖银耳

制作方法：与前文干鲍鱼席冰糖银耳加皂仁做法相同，只是不加皂仁。

慈姑饼

原料：慈姑1000克、白糖200克、面粉20克、玫瑰蜜25克、化猪油75克、干豆粉50克、糯米粉150克、菜油1000克（耗150克）。

制作方法：白糖、玫瑰蜜、面粉、化猪油拌匀成玫瑰馅；鲜慈姑削皮，洗干净，用刀拍烂，剁成细泥（不现颗粒），加糯米粉拌匀，装入蒸碗，上笼旺火蒸熟取下，将慈姑泥分成汤圆大小的量，逐个包入备好的玫瑰馅，捏成扁圆形的饼，蘸清水将交口处抹光滑，沾上干细豆粉；菜油烧八成热，将饼放入油锅内炸，呈金黄色即捞出装盘，饼上撒上胭脂白糖。

特点：色泽美观，香甜爽口。

瑶柱鲜菜（瑶柱又叫干贝）

原料：鲜菜心600克、干贝25克、盐、味精、绍酒、水淀粉、姜、葱段，奶汤500克、熟鸡油15克、熟猪油50克。

制作方法：干贝洗净，掺少量鲜汤，上笼蒸熟后捏成丝；菜心洗净去筋，在沸水锅内氽断生，用清水漂凉，沥干水，修整齐；锅置火上，放猪油烧热放姜（拍松）、葱炒出香味，掺奶汤烧沸，拣去姜葱，放入菜心、干贝（连汁）、绍酒、盐、味精烧透入味，把菜心捞入盘中摆整齐，锅中原汁和干贝勾水淀粉成薄芡，淋上鸡油，浇在菜心上即成。

特点：清香鲜嫩，味美可口。

冬菜白肺

主料：白净无破洞的猪肺1副。

配料：冬菜尖100克、奶汤750克。

调料：盐、绍酒、胡椒粉、味精、猪油。

制作方法：猪肺的加工处理方法同前面海参席豆汤白肺的处理方法；冬菜尖洗净，用嫩的部分切成小段；锅烧热下猪油，将冬菜稍炒，掺入奶汤烧开，将冬菜味煮出，下入备好的熟白肺片，加盐、绍酒、胡椒粉、味精，烧透入味，打去浮沫，尝好味，盛入汤盘上席。

四饭菜

菜蔬随季节更换。可参考前文乡村席的介绍。

—三 鱼翅席3 三—

四碟子

参考前文乡村席的介绍。

大菜

干烧玉脊翅

制作方法：此菜除了主料选上好的玉脊翅外，其余做法、用料同前文鱼翅席介绍的干烧鱼翅。

烧方（烤酥方）

主料：带肋骨的猪硬边肉一方，重约10斤。（选厚膘连皮带肋骨肉，1尺长、9寸宽）。

配料：葱白200克、独头蒜100克、甜面酱100克、芝麻块夹饼20个、荷叶饼20个。

调料：盐、花椒、绍酒、白糖、香油100克。（另准备烤池、木柴、木炭）

制作方法：将硬边带肋骨一方猪肉修好，刮洗干净，注意不要伤皮；放置时将皮向下，用竹筷在肋条间均匀地扎气眼，注意不要扎伤皮；然后将盐、花椒、绍酒用手抹于排骨之上，搓抹均匀，腌2小时左右，搌去血水，用烧烤铁叉从排骨之下插入，注意叉上均匀；在烤池炭火上烤皮，注意四角要烤均匀，逐渐将肉皮燎焦，待肉皮烤成焦糊状时离火，叉尖向上斜倚案上，用刀从上往下、从左往右一刀一刀刮去黑皮，刮完一遍再烤再刮，一般情况刮两遍，刮成金黄色时，用湿布擦干净肉皮，再翻烤排骨的一面，至水汽烤干，排骨一面烤好后，在皮一面刷香油，把皮那一面来回转动，油在皮上流动，转动速度使油不滴入火中，直到把皮面烤酥金黄即成；烤好后，用净布把叉尖擦干净，抽出叉子，把肉方四方修好，把肉方放入大盘内，这时用筷子轻轻敲肉皮，发出“砰砰”响声即已成功。这时用一把锋利的薄刀，将皮划成5厘米长、3厘米宽的格形，再用小刀尖将每块酥皮挑离肥膘；将准备好的芝麻夹饼烤熟装两盘，荷叶饼蒸热装两盘，将5厘米长的葱白段装两碟，蒜片装两碟，甜面酱加白糖调匀蒸透加香油和匀装两碟，同时和烤酥方上席。

特点：色泽金黄，方皮酥香。

此菜可每位配一盅特级清汤。此方皮用完后，可将扁担肉加一些肥肉（烤熟的）炒成回锅肉；另将排骨取下抹蛋清糊，叉上叉烤成烤排骨，烤好后，切成段，带椒盐味碟同上。

蚕豆虾仁

主料：鲜虾仁 250 克。

配料：鲜蚕豆瓣 150 克、蛋清糊。

调料：盐、胡椒粉、味精、绍酒、水淀粉、姜、葱、猪油。

制作方法：鲜虾仁洗净滤干水分加姜（拍松）、葱段、盐、绍酒拌匀腌半小时。拣去姜葱，加蛋清糊浆好备用；将鲜蚕豆瓣用开水汆断生，捞出用清水漂凉，滤去水分，保持碧绿色；用一小碗放入适量盐、胡椒粉、味精、水淀粉、少量鲜汤调成滋汁；锅炙好，放入猪油烧至四成油温，下浆好的虾仁滑散，升温下入碧绿的蚕豆瓣炒匀，烹入兑好味的滋汁，翻匀起锅装盘。

清蒸岩鲤

制作方法：与前文鱼肚席介绍的清蒸鲜鱼做法相同，把鲜鱼换成岩鲤即可。

糟蛋填鸭

制作方法：与前文海参席介绍的糟蛋鸭子带饼二盘做法相同。

清汤冬笋衣

主料：鲜冬笋。

配料：豌豆苗 25 克、特级清汤 1000 克。

调料：盐、胡椒粉、味精。

制作方法：选鲜嫩冬笋，去壳洗净，用开水煮熟，选用嫩尖部分，用刀切成极薄的笋片，用清水漂上；豌豆苗洗净；净锅下特级清汤，烧开下入笋衣片，加盐、胡椒粉、味精，尝好味，把豌豆苗放入汤中烫熟，盛入汤碗即成。

灯笼仔鸡

主料：仔鸡 1 只（1000 克左右）。

配料：糖蒜 1 瓶、网油 2 张。

调料：盐、绍酒、醪糟汁、鸡蛋、味精、辣椒红油、菜油、五香粉、葱、姜、干淀粉。

制作方法：鸡制净，由腋下开膛，剁去头颈、足爪；糖蒜剥去壳；网油洗净搌干水分；葱切段，姜拍破；4个鸡蛋清兑干细淀粉调成蛋清糊；用醪糟汁、绍酒、盐、味精、五香粉兑匀，在鸡身上揉搓，并灌一些在鸡腹内；葱、姜也装入鸡腹内，放入容器内腌2小时，再用钩挂于高处，吊干水分（大概半天）；吊干水分后将鸡盛入容器内，用绵纸浸湿封严口（以免水蒸气侵入），沸水旺火蒸烂；取出晾凉，拆去腿骨和翅骨；网油平铺于案上，在蒸熟去了腿骨和翅骨的鸡身上抹上辣椒油，包上一层网油，抹上蛋清糊，再包上一层网油，滚上细淀粉；锅烧五成热菜油，下入包好的鸡，鸡下垫丝漏，以防粘锅糊皮，用小火慢慢地浸炸（大概20分钟），炸透后升高油温炸至表面黄脆捞出。鸡面网油顺划一刀，剥下面层网油，剁成方块，摆入盘一端；再剥下第二层网油不要，把鸡放在中间；另一端放糖蒜，即可上席。

特点：油皮酥脆，鸡肉鲜香微辣。

口蘑烧老豆腐

主料：石膏豆腐750克。

配料：干口蘑25克、鸡汤500克。

调料：葱、姜、盐、绍酒、味精、糖色、水淀粉、猪油、鸡油25克。

制作方法：豆腐用沸水旺火蒸成老豆腐（蒸好后和冻豆腐相似）。蒸好后放入凉水轻轻地反复挤压，去其豆味。用清水洗净，切成4厘米长、2.5厘米宽、1厘米厚的块，用凉水泡上；口蘑水发后片成片，仍用原水泡上；葱切段，姜切片；锅烧热放猪油，下葱姜煸炒，加鸡汤煮出味，捞出姜、葱，下入糖色（调成浅红色）、豆腐、口蘑（连同原汁）、盐、绍酒，烧开撇去浮沫，用小火㸆入味，加味精，用水淀粉匀芡，淋入25克鸡油，推匀起锅装盘。

特点：绵软有韧性，鲜美异常。

核桃泥

制作方法：与前文牛头席介绍的核桃泥做法相同。

银耳汤

制作方法：与前文干鲍鱼席介绍的冰糖银耳加皂仁做法相同，只是不加皂仁。

冬瓜火腿汤

用料：母鸡半只、火腿（连皮肥瘦一方）、冬瓜、盐、绍酒、味精、姜、葱。

制作方法：母鸡切大块汆水洗净；火腿用热碱水刮洗干净；冬瓜去皮去瓤切成条块；姜拍破，葱打结；将鸡、火腿掺清水，大火烧开，撇去浮沫，下姜、葱用中火煨炖，至鸡、火腿煮熟，尝好味，把鸡捞出另作他用，将火腿捞出，切成5厘米长、3厘米宽、0.5厘米厚的片；净锅舀入一汤盦熬鸡、火腿的汤，下入切好的火腿片、冬瓜条块，下入盐、绍酒、味精，尝好味，煮至冬瓜、火腿片炽软即成，盛入汤盦上席。

四饭菜

菜蔬随季节更换。参考前文乡村席的介绍。由于此席上了烧方，可用烧方的肉炒回锅肉做下饭菜。

第四节　小　结

以上是罗国荣大师1949年前在成都、重庆开办的著名的餐馆“颐之时”的部分菜谱介绍，由此可见一斑。“颐之时”有“姑姑筵”“三合园”“福华园”的风格，很多筵席根据客人的预定和要求制作，没有写进菜谱，比如超过鱼翅席档次的各种全席等。很多筵席的配套菜品没有写进菜单，如客人餐前品茗配的干果、小席点、水果等；黄敬临在清宫御膳房工作的时间较长，对宫廷御膳房膳食非常了解，对清宫正宗满汉全席也很清楚。他回成都后，先当了短时间的县长，后辞官自己开了一家叫“姑姑筵”的高档包席馆，为了避免菜式太过烦琐，他的宴席不管什么档次都是4个碟子（凉菜），比围碟大，一般用七八寸的圆碟；为了保证质量，制作精细，订席桌最多不超过4桌，且都要提前预订。黄敬临还把清宫的某些菜品带到了姑姑筵，如漳茶鸭子、清汤菊花锅等。由于姑姑筵有宫廷菜品，加之名厨掌厨，所以一炮打响。由于黄敬临和罗国荣交情甚笃，他传授给了罗国荣很多饮食之道，经营之道，为人处世之道，使罗国荣开办的“颐之时”在成渝两地大获成功。

第四章
罗国荣在北京饭店工作时的部分菜单

罗国荣大师从在师父王海泉处学徒开始，就养成了亲笔记录宴会菜单的习惯。自1954年进入北京饭店工作后，他更是保持和发扬了这个好传统。每次宴会，他都会将他开的菜单或他操作的别人开的菜单用笔记本抄录下来，十几年间他亲笔抄录的菜单不下几十本。这些菜单是在20世纪五六十年代国家政治、外交宴会的珍贵史料。然而这些菜单多数被毁，仅有1955年3～9月的91张菜单幸存下来。这91张菜单仅是半年的工作记录。按照这半年的菜单数量推算，他在北京饭店工作期间抄录的菜单，估计在2000张以上。

此菜单系罗国荣之弟子白茂洲的门人江金能先生根据罗国荣生前工作笔记精心抄写而成，并对原工作笔记做了注释。黄子云的学生刘刚根据他师父的传授，将其中少部分菜单写成菜谱，供读者参考。

第一节　罗国荣在北京饭店东七楼的工作日记

说明：

（1）此菜单为罗国荣大师1955年3～9月在北京饭店工作时记录的菜单，共91张，同时记录了他在7月7～10日间2次去中南海和为全国人大第二次会议服务的内容。以上内容仅是他作为开国国宴大厨实践的极小一部分，是弥足珍贵的史料。

（2）此珍贵史料系江金能先生根据罗国荣生前的工作笔记精心抄写而成。

（3）原工作笔记中不能识别的字用“？”代替。

1. 3 月 21 日的宴会 罗国荣开的菜

拼盘（注：冷菜）：醉鸡、明虾、鸡胗、鱼条、西红柿、黄瓜、冬笋。

竹荪鸽蛋（注：头汤，高级清汤菜）、烧鱼肚卷（注：头菜）、干烧扁豆[加红苕松（注：红苕切极细丝炸制而成）]、烤方、五红鸡淖、锅烧大鱼、素烧菜心加花菇、玻璃菜心（注：又叫开水菜心）、枣泥慈姑饼。

[当时姜科长把菜单改过，改成：鱼翅（注：头菜是鱼肚即鱼肚席，改成鱼翅即鱼翅席）、锅巴虾仁、花菇扁豆、烤方、什锦火锅（注：可能玻璃菜心改成什锦火锅当作尾汤，什锦火锅由高级清汤制成，不辣，不用上蘸料）]。

2. 3 月 25 日的宴会 罗国荣开的菜

拼盘：红油鸡、腰片、松花、黄瓜、西红柿、鱼条、明虾。

红烧鱼翅、干烧扁豆、软炸虾圆、豆瓣海参、番茄鸽蛋鸡腰、素烧菜心拼花菇、鸡豆花汤、甜菜、芝麻糊加橘子。

3. 3 月 27 日的宴会 范俊康做的菜

拼盘：鸭子、陈皮鸡、芹菜、铁麻腰片（注：可能是椒麻腰片）、黄瓜、西红柿。

竹荪鸽蛋、红烧鱼翅（注：头菜）、番茄虾仁、冬菇扁豆、酱汁鸭子、干贝白菜、橙羹汤、点心四色。

4. 3 月 28 日的宴会

拼盘：鸭子、陈皮鸡、鸡胗、鱼条、黄瓜、芹菜、萝卜（注：可能是芹黄拌萝卜干或芹黄拌萝卜）。

清汤鸡豆花（注：头汤）、蟹肉烧鱼肚（广东菜）、干烧扁豆、脆皮大鱼、八宝鸭子（广东菜）、绍子海参、素酿冬菇（广东菜）、酒米橙羹（注：可能是醪糟，餐后热甜羹，原抄为酒米）。

5. 3 月 30 日的宴会 罗国荣开的菜，范俊康做的菜

拼盘：桶子鸡、明虾、鸡胗、铁麻雀（注：可能是贴麻雀，贴有煎的意思，贴是川菜做高级菜的一种技法）、西红柿、黄瓜、冬笋。

清汤竹荪加鸡蒙白菜（注：蒙是川菜做高级菜的一种技法。鸡蒙即鸡蓉。川菜中有一种高级清汤菜叫鸡蒙葵菜，葵菜即为冬汗菜）、甲鱼烧海参加鸽蛋、番茄虾仁、火腿扁豆、脆皮鲜鱼、锅烧大鸭、白菜拼花菇、冰糖莲子加菠萝、四色点心。

6. 3月31日的宴会 罗国荣开的菜，范俊康做的菜

拼盘：白油鸡、明虾、鸡胗、腰片、黄瓜、冬笋、西红柿。

清汤鸡豆花、烧鱼肚加鸽蛋、干贝烧扁豆、番茄虾仁、锅烧鳜鱼、冬菜蒸肥鸭、花菇烧黄花?（注：原字不是很清晰，可能是烧黄花）、芝麻糊橙羹汤。

7. 4月1日的宴会

三丝鱼翅、素炒菜薹、烤鸭带饼、清蒸鳜鱼、黄烧花菇、鸳鸯鸡淖、烧荷包豆腐、烧宫保鸡（注：抄原字，可能是炒宫保鸡）、冬菜川鸭肝（注：冬菜鸭肝汤）、芝麻糊、山楂糕。

8. 4月1日的宴会 黄子云开的菜，做的菜

拼盘：红油鸡片、烤虾、鸡胗、鱼条、莲白卷、瓜皮卷、拌三丝。

鲍鱼烧海参、软炸虾圆、素炒菜薹、糖醋鳜鱼、花菇北菜（注：原抄如此，可能是花菇白菜，即花菇烧白菜菜心）、干烧扁豆、冬菜蒸鸭子、桃仁山楂糕。

9. 4月2日的宴会

芹黄烧鱼、烧牛头、原汤烧冬菇、红烧蹄黄、雪菜炒鲜笋、清蒸牛鞭、锅贴饺子、担担面。

10. 4月3日的宴会 罗国荣开的菜，范俊康做的菜

拼盘：桶子鸡、烤虾、陈皮牛肉、鸡胗、西红柿、油吃黄瓜、辣莲白卷。

清汤银耳鸽蛋（注：鲜咸味汤菜）、烧四宝（鲍鱼、海参、火腿、菜心）、番茄虾仁、软炸鲜蘑、油浸鳜鱼、油淋仔鸡、素炒菜薹、冰糖莲子加?（注：原抄文字不能识别）、四色点心。

11. 4月3日的宴会 罗国荣开的菜，做的菜

清汤竹荪鸡蓉汤（注：鸡豆花）、烧四宝（鲍鱼、海参、鱼圆、菜心）番茄

虾仁、花菇白菜、叉烧鳜鱼、油淋仔鸡、盖菜拼慈姑、菠萝山楂糕、四色点心。

12. 4 月 4 日的宴会 范俊康开的菜，罗国荣做的菜

拼盘：鸭子、鱼条、牛筋、鸡胗、西红柿、丝瓜、芹菜。

家常海参、清蒸甲鱼、黄烧元菇、炸荷包鸽蛋、烧牛蹄黄头（注：烧牛蹄黄和牛头皮）、担担面、冬菜蒸鸭子、二色鸡淖、芝麻糊橙羹。

13. 4 月 6 日的宴会 罗国荣开的菜，罗国荣与范俊康共同做的菜

拼盘：鸭子、鱼条、腰片、陈皮鸡、西红柿、三丝黄瓜（注：三丝应是拌三丝，黄瓜应是油浸瓜条或炝黄瓜条）。

清汤鸡豆花、红烧鱼翅、鸡油冬笋拼伏（注：胡）萝卜、锅烧鳜鱼、原汤烧冬菇加油菜、烤鸭带点心、扁豆拼冬笋、白菜卷口蘑汤、芝麻糊橙羹汤。

14. 4 月 6 日的宴会

拼盘：桶子鸡、明虾、鸡胗、腰片、西红柿、黄瓜、三丝。

鸡豆花鸽蛋、红烧鱼翅、番茄虾圆、锅烧鳜鱼、花菇拼油菜心、烤鸭带点心、扁豆拼冬笋、橙羹芝麻汤（注：甜品，甜羹汤）、白菜卷口蘑汤。

15. 4 月 7 日的宴会 范俊康开的菜，黄子云做的菜

广东花盘、清汤鸡豆花、蟹肉烧鱼翅、鸡油扁豆、锅巴虾仁、元烧冬菇、锅烧羊肉、北京烤鸭、樱桃黄。

16. 4 月 8 日的宴会 范俊康开的菜，罗国荣改的菜

瓜卷、桂花鸭、烤虾、葱辣鱼、辣芹菜、红油腰、西红柿、清汤鸡豆花、烧鲍鱼加鱼圆、干贝烧扁豆、炸红丝（注：炸极细的胡萝卜丝，又叫炸红松；极考究刀工、火候）、软炸鸡胗加扳指（注：传统四川名菜，肥肠形似扳指）、锅烧鳜鱼、冬菇拼油菜、生片火锅、芝麻糊橙羹。

17. 4 月 9 日的宴会 罗国荣做的菜

拼盘：干熏鱼条、三丝、莲白卷、卤拌竹荪、瓜皮卷。

干烧鱼翅、玻璃菜心加红萝卷（注：开水菜心加红萝卜卷）、季（注：应为荠）菜鸡淖、黄烧花菇、清蒸鳜鱼、扁豆拼冬菇、冬菜白肺汤（注：也叫冬菜银

肺汤，是川菜名汤菜）、核桃酪加山楂糕。

18. 4月9日的宴会 范俊康做的菜

烧牛头、鸡油青菜薹、红烧蹄黄（注：又叫红烧牛蹄黄）、黄烧花菇、清蒸牛鞭、锅贴饺子。

19. 4月11日的宴会 罗国荣开的菜，黄子云做的菜

拼盘：红油鸡片、烤明虾、鸡胗、鱼条、莲白卷、三丝、瓜皮卷。

鲍鱼烧鱼圆、干烧扁豆拼春笋（注：春笋是春天长的细竹笋）、番茄虾仁、生烧宫保鸡（注：可能是另一种烹法，宫保鸡的味型）、花菇油菜、锅烧鳜鱼、冬菜蒸鸭、四色点心、芝麻糊山楂糕。

20. 4月12日的宴会 罗国荣做的菜

择菜鸡丝（注：择是掐的意思，可能是掐菜熘鸡丝，绿豆芽的高级做法，掐去两头不用，所以绿豆芽又叫掐菜）、软炸虾堆（注：虾糁堆在一种食材上面，一般叫塔，可能是软炸虾塔）、凤菇烧鱼翅、家常鳜鱼、鸡油笋尖、素炒菜薹、清蒸肝糕、素菜两样、面。

21. 4月14日的宴会 罗国荣开的菜，做的菜

拼盘：桶子鸡、熏鱼条、虾段、麻辣牛掌、三丝、莲白卷、瓜皮卷。

烧排翅、玻璃菜心（注：开水菜心）、雪花鸭脯、素炒菜薹、叉烧鳜鱼、黄烧花菇、清汤鸡豆花竹荪、软炸枣卷。

22. 4月16日的宴会 罗国荣开的菜，黄子云做的菜

拼盘：花椒仔鸡、明虾、鸡胗、鱼条、黄瓜、莲白卷、西红柿。

红烧鱼翅、鸡油盖菜、鸡淖鲍鱼、家常鳜鱼、烤鸭、黄焖花菇、清汤竹荪加荪蓉小白菜（注：荪蓉应是鸡蓉、鸡糁，本菜应是鸡蒙小白菜心）、芝麻锅炸（注：甜品）。

23. 4月17日的宴会 罗国荣开的菜，做的菜

择菜拌鸡丝（注：择菜又叫掐菜，银牙拌鸡丝）、红烧牛蹄掌、玻璃菜心（注：开水菜心）、叉烧鳜鱼、宫保仔鸡、黄烧花菇、鸳鸯鸡淖、火腿炖萝卜汤。

24. 4月24日的宴会 罗国荣开的菜，做的菜

拼盘：红油鸡、烤虾、鸡胗、陈皮牛肉、西红柿、辣莲白卷、瓜皮卷。

清汤竹荪鸡蓉菜心、烧鱼肚丝、花菇拼油菜心、叉烧鳜鱼、蘑菇拼豌豆、豆渣烘鸭、宫保仔鸡、芝麻糊山楂糕。

25. 4月24日的宴会 罗国荣开的菜，做的菜

拼盘：红油鸡、烤虾、鸡胗、陈皮牛肉、辣莲白卷、西红柿、瓜皮卷。

清蒸肝糕加竹荪、绣球鱼翅、鲜菇拼豌豆、叉烧鲜鱼、雪花鸭脯、奶油青菜心（加菜）、豆渣烘猪头、家常烤虾（加菜）、砂锅炖鸡、软炸枣卷。

26. 4月25日的宴会

拼盘：桶子鸡、烤虾、牛肉、鸡胗、黄瓜、西红柿、莲白卷。

清汤竹荪鸡蓉菜心、烧鱼肚丝、火腿冬瓜、糖醋鳜鱼、软炸虾塔圆（注：参考4月12日的“软炸虾堆”）、宫保仔鸡、素炒菜心、芝麻山楂糕、干烧扁豆。

27. 4月25日的宴会 罗国荣开的菜，做的菜

拼盘：冰冻鳜鱼（注：可能是鳜鱼冻，咸鲜味，好看好吃。荤菜用猪皮做冻，咸鲜味。甜菜用琼脂做冻，甜香味）、汤爆肚花、软炸腰块、油吃黄瓜、莲白卷。

干烧鱼翅、干烧鳜鱼、清汤鸡豆花、烤鸭、素烧菜心、花菇拼白菜、鸳鸯鸡淖、宫保仔鸡、芝麻糊山楂糕。

28. 4月26日的宴会 罗国荣开的菜，黄子云做的菜

拼盘：盐水仔鸡、烤虾、牛肉、卤肚条。

清汤竹荪加鸡蓉菜心、烧鱼肚丝、叉烧鳜鱼、火腿冬瓜、宫保仔鸡、素菜薹拼花菇、冰糖莲子加各仙米（注：可能是加小米或西米，很多甜羹菜都加过小米或西米，好看好吃，像小珍珠一样，吃起来软、糯、滑）。

29. 4 月 27 日的宴会 范俊康、罗国荣开的菜，黄子云做的菜

拼盘：桶子鸡、烤虾、陈皮牛肉、鸡鸭肝、辣莲白卷、油吃黄瓜、西红柿。

清汤竹荪加豆苗、烧四宝（鲍鱼、鱼肚、火腿、盖菜）干烧扁豆拼南笋、叉烧鳜鱼、宫保仔鸡、苇菇拼豌豆（注：苇菇即蘑菇）、拼北（白）菜花菇、冰糖莲子加各仙米（注：可能加小米或西米）。

30. 4 月 29 日的宴会 罗国荣、范俊康开的菜，罗国荣做的菜

拼盘：桶子鸡、蛋鱼卷（注：可能是蛋皮鱼糁做的卷）、凤尾鱼、烤虾、西红柿、黄瓜、鸡胗。

清汤银耳鸽蛋、烧四宝（鲍鱼、蛋饺、鸡腰、菜心）、花菇菜薹、松鼠鳜鱼、锅贴仔鸡（注：仔鸡片）、软炸蘑菇、番茄虾仁、菠萝山楂糕、四色点心。

31. 5 月 1 日的宴会 罗国荣开的菜

鸡丝凉面、咖喱烧鸡、红烧什锦、素炒菜薹、家常鳜鱼、宫保子鸡丁、火腿炖萝卜汤。

32. 5 月 3 日的宴会

三鲜鱼肚锅巴、拼盘、鸡油扁豆、京汤鱼片（注：可能是金汤鱼片，一种烩的鱼片，汁色金黄，好看好吃。金汤做法很讲究，用鸡油炒红萝卜蓉，炒成金黄色加高级奶汤）、炸鸡腿、蚝油牛肉丝、玻璃菜心。

33. 5 月 4 日的宴会 罗国荣开的菜，做的菜

拼盘：桶子鸡、鱼条、牛肉、烤虾、黄瓜、西红柿、拌笋尖。

翡翠汤加竹荪、烧四宝（鲍鱼、鸽蛋、菜心、鸡）、花菇拼菜薹、叉烧鳜鱼、鸡油扁豆、三鲜鱼肚锅巴、软炸鸡腿、菠萝山楂糕、四色点心。

34. 5 月 5 日的宴会 罗国荣开的菜，做的菜

拼盘：桶子鸡、五香鱼条、陈皮牛肉、鸡胗、黄瓜、芹菜、西红柿。

清汤鸡豆花加豆苗、锅巴鱼肚、芙蓉火腿末（注：可能是雪花鸡淖，鸡淖炒成后撒火腿末）、香酥仔鸡、花菇青圆（注：可能是豌豆）、番茄鱼圆、鸡油青菜、核桃酪甜菜、四色点心。

35. 5 月 7 日的宴会 罗国荣、李永芳做的菜

拼盘：（鸭子、鱼条、烤虾、陈皮牛肉、黄瓜、西红柿、三丝）、红烧鲍鱼、清汤竹荪加鸡糕、黄烧花菇、鸡油扁豆。

烤鸡卷、炸猪肝、炸明虾、菠萝山楂糕、四色点心。

36. 5 月 7 日的宴会 罗国荣做的菜

锅巴鱼肚、清汤竹荪鸡糕、黄烧花菇、脆皮鳜鱼、烤鸭、虾仁豌豆、油淋仔鸡、黄烩菜心、菠萝山楂糕、四色点心。

37. 5 月 8 日的宴会 罗国荣做的菜

拼盘：烤虾、鸭丝、黄瓜、牛肉。

烧牛蹄黄加鸡腰扁豆、清蒸甲鱼、鱼香菜薹、烤方、豌豆虾仁、宫保仔鸡、干贝豆腐、火腿炖萝卜汤、四色点心（外加一盘凉面）。

38. 5 月 9 日的宴会

卤拌五丝、大烧素烩、烤方带饼、芙蓉鳜鱼、黄烧花菇、锅巴虾仁、宫保仔鸡、烧牛蹄黄、玻璃青菜心（注：开水菜心）、软炸枣卷、四色点心。

39. 5 月 10 日的宴会 范俊康做的菜

原汤花菇、鱼肚烧裙边、蚝油焗仔鸡、素镶冬瓜、叉烧鳜鱼、扁豆鸡油萝卜、云腿凤肝虾片、枣泥豌豆山楂酪、四色点心。

40. 5 月 11 日的宴会 罗国荣开的菜，做的菜

拼盘：桶子鸡、鸡胗、腰块、西红柿、笋、黄瓜、清蒸冬菇、鱼肚烧海参、锅巴虾仁、脆皮鲜鱼、烤鸭、玻璃菜心、菠萝山楂糕、鸡油冬瓜。

41. 5 月 12 日的宴会 罗国荣做的菜

拼盘：桶子鸡、陈皮牛肉、鸡肝、西红柿、黄瓜。

鸡翅烧海参、脆皮黄花鱼、脆皮鸡、烧什锦 [肚子、酥肉、鸭、心子、冬菇、兰片（注：兰片即玉兰片，是干冬笋发的）] 虾米烧萝卜、烧四喜肉、鸡肘汤（注：鸡和肘子炖的汤）、芝麻锅炸。

42. 5 月 14 日的宴会

拼盘：桶子鸡、陈皮牛肉、盐水肚子、松花蛋、烤虾、西红柿、黄瓜。

清蒸冬菇、烧四宝、红烧甲鱼、鱼香油菜薹、炸虾球、宫保仔鸡、鸡油萝卜、翡翠山楂糕、四样点心。

43. 5 月 15 日的宴会 罗国荣开的菜

拼盘：桶子鸡、盐水肚、烤虾、松花蛋、陈皮牛肉、黄瓜、西红柿。

清蒸冬菇、烧四宝、鱼香菜薹、红烧甲鱼、软炸虾球、宫保仔鸡、鸡油萝球（注：萝卜切成球来烧）、翡翠酪京糕、四色点心。

44. 5 月 16 日的宴会 罗国荣开的菜

九个小盘：爆腌鸡、盐水肚、炸羊尾、鸡胗、牛筋、酥鱼、三丝、黄瓜、西红柿。

清蒸甲鱼、烤方、鱼香菜薹、烧蹄黄、宫保仔鸡、玻璃凤尾（注：开水凤尾）、烧鸭四宝、杏仁豆腐、软炸枣卷、四色点心。

45. 5 月 16 日的宴会

拼盘：水晶肚、金银鱼卷、黄瓜、怪味鸡、西红柿、辣莴笋。

清汤芙蓉鸡包加豆苗、烧三丝鱼翅、烤鸭带葱酱饼、冬菇拼扁豆、鸡油莴笋、三鲜锅巴（鲍鱼、海参、鱼肚）、鱼丁豌豆、杏仁豆腐（注：甜品）、四色点心。

46. 5 月 17 日的宴会 罗国荣开的菜

拼盘：鸭子、鸡子、海螺、鱼卷、黄瓜、西红柿、青笋。

清汤芙蓉鸡包加豆苗、烧鱼肚卷白菜（注：可能是鱼肚卷下垫白菜心）、鲜豌豆虾仁、鱼香仔鸡、青酿瓜、锅烧鳜鱼、玻璃菜心（注：开水菜心）、冰冻莲子加京糕、四色点心。

47. 5 月 25 日的宴会 范俊康做的菜

拼盘：酱鸡、鱼片、松花、虾卷、黄瓜、冬菇、西红柿。

清汤芙蓉口蘑加小白菜心、白扒广肚、炸鸡腿、烤鸭、鸡油蚕豆、锅烧鲜鱼、虾仁锅巴、冬菇拼冬瓜、冰糖枇杷果、四色点心。

48. 5 月 26 日的宴会 范俊康做的菜

拼盘鸭子换虾卷，无烤鸭，其余同上。（注：原文照抄）

49. 5 月 31 日的宴会 罗国荣开的菜

九个小盘：神仙豆腐、辣拌牛肚、干炸小鱼、葱烧鸡肝、炝笋尖、花仁鸡丁、拌腰片、糖醋豌豆、漳茶排骨。

凉豆花（注：可能加了醪糟等的凉的甜豆花）、腌熏鲥鱼、叉烧扳指、白切肚块、粉蒸牛肉、翡翠舌掌、上烧饼（注：可能是烧饼配炸鸽方）、干煸鳝鱼、玻璃凤尾汤、软炸鸽方、鸡丝凉面。

50. 6 月 1 日的宴会 罗国荣做的菜

拼盘：花椒仔鸡、盐水鸭、熏鱼条、烤虾、黄瓜、西红柿。

清汤鸡豆花豆苗、烧鱼肚卷、扁豆拼咖喱鸡、翡翠鸽子蛋、锅烧鲥鱼、三鲜锅巴、黄凤尾（注：可能是黄烧凤尾）、冰荔枝、四色点心。

51. 6 月 1 日的宴会 罗国荣开的菜

清汤鸡豆花加豆苗、烧鱼肚卷、鸡油豌豆、三鲜锅巴、锅烧鳜鱼、火腿白菜心、油淋仔鸡、烧四素（冬菇、冬瓜、扁豆、茄子）、冰冻鲜果、四色点心。

52. 6 月 2 日的宴会 罗国荣开的菜，做的菜

大拼：棒棒鸡、酥豌豆、软炸小鱼、白切肚、盐蛋花生米、黄瓜、葱烧鸡肝。

清汤鸡豆花加豆苗、黄烧鱼翅、翡翠鸽蛋、原蒸鲥鱼、软炸鸭卷、黄焖（注：可能是烧、烩）白菜、粉蒸仔鸡、蜜汁桃脯、四色点心。

53. 6 月 2 日的宴会 罗国荣开的菜，做的菜

拼盘：麻辣仔鸡、葱烧鱼条、炸鸡肝、糖醋酥虾、黄瓜、西红柿、白菜卷。

清汤冬瓜燕加鸡包（注：原为清汤鸡包加冬瓜燕，鸡包可能是鸡圆）、烧鱼肚卷、软炸虾球、花菇拼凤尾、家常鳜鱼、烧鸽脯加红萝卜、鸡油大白菜、鸡丝凉面、冰汁枇杷。

54. 6 月 5 日的宴会

拼盘：葱油鸡、拌虾片、叉烧肉、盐水羊肉、黄瓜、西红柿、白菜卷。

清汤豆苗加鸡腰、三丝鲍鱼、口蘑拼蚕豆、红烧海味（注：即为鱼翅、鲍鱼、鱼肚加菜心；烧鱼翅、鲍鱼、鱼肚，菜心围边或垫底）、翡翠鸽蛋、炸鸽脯方、家常鳜鱼、素烧凤尾加口蘑、粉蒸仔鸡、开水白菜、奶酪冰冻、四色点心。

55. 6 月 6 日的宴会 罗国荣开的菜，黄子云做的菜

拼盘：葱油鸡、虾片、黄瓜、鸡胗、西红柿。

清汤冬菇、鸡淖鲍鱼、翡翠鸽蛋、炸鸽脯方、清蒸鲥鱼、黄焖（注：可能是烧、烩）白菜、粉蒸仔鸡、鲜果冰冻。

56. 6 月 8 日的宴会

拼盘：葱油鸡、虾片、拌肚丝、炸小鱼、辣莲白卷、鲜泡菜、西红柿。

红烧海味（注：即为鱼翅、鲍鱼、鱼肚加菜心；烧鱼翅、鲍鱼、鱼肚，菜心围边或垫底）、翡翠鸽蛋、炸鸽脯方、家常鳜鱼、素烧凤尾加口蘑、粉蒸仔鸡、开水白菜、奶酪冰冻、四色点心。

57. 6 月 9 日的宴会 罗国荣开的菜，做的菜

九个小盘：水晶肚、葱油鸡、炸小鱼、虾片、黄瓜、西红柿、辣莲白卷、怪味萝卜丁、陈皮牛肉。

清汤玻璃鸡片加豆苗、干烧灰鲍加南？（注：“南”字后边还有字，未分析出来）、蚕豆豆？（注：可能是鲜蚕豆瓣烩口蘑）、炸鳜鱼卷加生菜、鸡油苋菜、烤鸭带葱酱饼、黄焖（注：可能是烧、烩）白菜。

58. 6 月 10 日的宴会

九个小盘：冻鸡腰（注：皮冻鸡腰，好看好吃，鸡腰切成花）、鱼条、虾片、红油鸡、白切肚、黄瓜、西红柿、冬菇、白菜卷。

清汤鸡包加鸡蒙菜心（注：鸡包可能是鸡圆）、烧鲍鱼（注：加了鸡胗、红萝卜和冬菇 3 种食材，像烧四宝）、软炸虾球、黄卤白菜（注：可能是黄焖白菜心）、鸡卤冬瓜（注：可能是卤鸡烧冬瓜条）、原汁蒸鲥鱼、宫保仔鸡、鸡丝凉

面、冰汁桃脯。

59. 6 月 13 日的宴会 范俊康开的菜，罗国荣做的菜

拼盘：桶子鸡、鱼条、虾片、鸭肝、黄瓜西红柿、冬菇。

清汤鸡包加豆苗、红烧鱼肚、鸡油冬瓜火腿、锅烧鸭子、清蒸鲥鱼、翡翠鸽蛋、素炒白菜（加辣味）（注：可能是素炒白菜加辣味）、冰冻桃脯、四色点心。

60. 6 月 22 日的宴会 范俊康开的菜，李魁南做的菜

拼盘：葱油鸡、叉烧肉、凤尾鱼、牛口条、辣白菜、瓜皮卷、西红柿。

清汤鸡片加豆苗、三丝鱼翅、宫保仔鸡、冬瓜拼冬菇、烤鸭带饼、豆瓣脆皮鱼、火腿大白菜、莲子？米（注：可能是莲子小米羹）、八宝稀粥、四色点心。

61. 6 月 24 日的宴会 罗国荣开的菜，做的菜

拼盘：麻辣仔鸡、陈皮牛肉、炸鱼条、鸡肝、黄瓜、西红柿。

清汤冬瓜燕加鸡包、烧鱼肚卷、炸虾仁球、口蘑豌豆、家常鳜鱼、鸡油大白菜、鸡丝凉面、冰冻枇杷。

62. 6 月 25 日的宴会

拼盘：桶子鸡、鱼条、肚仁（注：肚头内层很脆嫩）、叉烧肉、白菜卷、黄瓜、西红柿。

清汤冬瓜燕鸽蛋、烧鲍鱼（加鸡胗、胡萝卜、冬菇、玉兰片）、豌豆虾仁、炸鸡塔、家常鳜鱼、口蘑烧丝瓜、鸡丝凉面、火腿大白菜、冰冻枇杷。

63. 7 月 12 日的宴会 罗国荣开的菜，做的菜

红烧牛头、上烧饼、素炒野鸡红、黄烧花菇、鸡丝凉面、清汤冬瓜燕。

64. 7 月 13 日的宴会 膳食科开的菜，罗国荣做的菜

拼盘：花椒仔鸡、拌鲜鱼片、葱烧鸡胗、黄瓜、西红柿。

冬笋拼丝瓜、鸡油生菜、小白菜、冬菇拼扁豆、烤鸭带葱酱饼、清汤冬瓜燕。

65. 7 月 16 日的宴会

拼盘：花椒仔鸡、葱烧带丝、虾子芹菜、黄瓜、西红柿。

大烧素烩、家常青鱼、黄烧花菇、鳝鱼烧豆腐、烤鸭带葱酱饼、鸡丝凉面、清汤冬瓜燕加鸡包、冰镇雪梨。

66. 7 月 23 日的宴会 罗国荣做的菜

拼盘：五香鸡、鱼片、鸡肝、牛肝、黄瓜、西红柿、白菜卷。

黄烧素烩、锅烧仔鸡、烧花菇、家常青鱼、红烧鳝鱼、鸡丝凉面、冬瓜燕汤。

67. 7 月 25 日的宴会 罗国荣开的菜，做的菜

拼盘：红油鸡、拌鱼片、麻酱腰片、盐瓜、红辣子、黄瓜、西红柿。

冬瓜燕汤、鸡淖鲍鱼、黄烧花菇、宫保仔鸡、鸡油豌豆、锅烧仔鸡、家常比目鱼、镶白菜卷、冰镇雪梨、四色点心。

68. 7 月 28 日的宴会 罗国荣做的菜

拼盘：麻辣鸡代丝（注：可能是卤海带切丝，我曾在成都东风饭店几次看见师父白茂洲做拼盘时用了卤的海带）、鱼片、瓜皮卷、叉烧肥肠（注：一般是热菜）。

清汤冬瓜燕、烤方（上葱酱芝麻饼荷卷夹）、黄烧花菇、清蒸肝糕加鸡包、干烧比目鱼、烧素烩、粉蒸牛肉、酸辣瑶柱羹、冰冻奶酪。

69. 7 月 29 日的宴会 罗国荣开的菜，做的菜

软炸鸡胗、清汤冬瓜燕（加鸡包）、宫保仔鸡、黄烧花菇、干煸鳝鱼、清蒸肝糕、鸡丝凉面、冰冻桃脯。

70. 7 月 31 日的宴会 罗国荣开的菜，做的菜

拼盘：红油鸡、鸡胗、烤虾、鱼片、辣莲白卷、黄瓜、炝红辣子。

清汤冬瓜燕（加鸡包）、三鲜鲍鱼、花菇拼丝瓜、宫保仔鸡、锅烧鲜鱼、素烧小白菜、咖喱粉羊肉、鸡丝凉面、冰冻奶酪。

71. 8 月 1 日的宴会 罗国荣开的菜，做的菜

拼盘：腊熏鸡、拌鱼片、麻酱腰片、炝红辣子、瓜皮卷、辣白菜卷。

清蒸肝糕加竹荪、芙蓉鲍鱼、拼花菇丝瓜、锅烧青鱼、宫保仔鸡、干贝小白

菜心、粉蒸牛肉、冰冻奶酪、四色点心。

72. 8 月 1 日的宴会 罗国荣开的菜，做的菜

拼盘：红油鸡、烤虾、鱼片、拌腰片、辣白菜卷、瓜皮卷、炝红辣子。

清汤肝糕加竹荪、芙蓉鲍鱼、干炒虾仁、香酥烤鸭、？？桃鸡片（注：前两个字遗失）、花菇拼丝瓜、干贝烧菜心、冰冻奶酪、四色点心。

外添冬瓜钟（注：可能是冬瓜盅）。

73. 8 月 3 日的宴会 罗国荣开的菜，做的菜

拼盘：五香卤鸡、烧虾、鱼片、葱烧鸡胗、炝红辣子、瓜皮卷、辣白菜卷。

清汤冬瓜燕（加鸡包）、三鲜鲍鱼、鲜桃鸡卷、花菇拼丝瓜、锅烧青鱼、锅巴虾仁、干贝烧小白菜、车厘子冻（注：大樱桃做的甜果冻，车厘子即大樱桃）、四色点心。

74. 8 月 4 日的宴会 罗国荣做的菜

拼盘：炝烧鸡、烤虾、鸡胗、鱼片、炝红辣子、瓜皮卷、辣莲白卷。

清汤竹荪鸡豆花、原烧鲍鱼围蛋饺（注：蛋皮做的饺子，黄色，好看好吃）、软炸桃椒仔鸡、黄烧花菇加丝瓜、家常青鱼、烤鸭（带葱、酱、饼）、烩八丝（带四色点心）、冰糖银耳加雪梨。

75. 8 月 7 日的宴会 罗国荣做的菜，姜科长开的菜

拼盘：桶子鸡、烤虾、腰片、炸鱼片、炝红辣子、拌桃仁、瓜皮卷。

竹依鸡羹汤加茉莉豆苗（注：又取名竹荪鸡羹汤。此汤很特别，加了鲜茉莉花增香）、糖醋鳜鱼（注：一般是糖醋脆皮鳜鱼）、虾子炒茭白、花菇拼丝瓜、烤鸭带葱酱饼、烩三鲜鱼肚（口蘑、鸡丝、冬笋丝）、咖喱鸡带米饭加鸡蛋花、萝卜干、洋葱（注：米饭加鸡蛋花即蛋花炒饭）、冰冻花生酪、四色点心。

76. 8 月 10 日的宴会 罗国荣开的菜，做的菜

拼盘：五香卤鸡、烤虾、鱼片、葱烧鸡胗（注：“颐之时”老菜单的凉菜有葱酥胗肝，此菜做法同葱酥胗肝）、辣莲白卷、瓜皮卷、炝红辣子。

清汤竹荪（加鸡包）、鲍鱼烧鱼圆、宫保仔鸡、花菇拼丝瓜、家常青鱼（青

鱼买不到用鲤鱼）、软炸腰卷、鸡油菜心（注：莲白小白菜，用的莲白心和小白菜心）、冰冻花生酪、四色点心。

77. 8 月 14 日的宴会 罗国荣开的菜，做的菜

七个小盘：花椒仔鸡、烤虾、拌鱼片、葱烧鸽脯、辣莲白卷、瓜皮卷、西红柿。

清汤冬瓜燕（加鸡包）、三丝鱼翅、口蘑丝瓜卷（注：师父白茂洲说此菜是将丝瓜皮抹鸡糁裹成如意状，蒸定形后切片成如意形；我依此方实践过，效果相当好）、叉烧鳜鱼、北菇拼冬笋、软烘仔鸡、玻璃小白菜心（注：尾汤，开水小白菜）、杏仁豆腐加菠萝京糕、四色点心。

78. 8 月 17 日的宴会 罗国荣开的菜，做的菜

拼盘：卤鸡、烤虾、鱼片、？腰片（注：第一个字不明确）、莲白卷、瓜皮卷、鲜桃仁。

清汤竹荪鸡包、原烧鲍鱼围饺子（注：蛋饺或菠饺）、口蘑拼丝瓜、锅巴虾仁、糖醋鳜鱼、干贝烧白菜、脆皮仔鸡、冰冻奶酪、四色点心。

79. 8 月 17 日的宴会 罗国荣开的菜，范俊康做的菜

拼盘：卤鸡、鸭肝、鱼条、陈皮牛肉、豆豉鱼、瓜皮卷、西红柿（注：看似简单，实际用料、摆盘非常讲究，淋蜜汁）。

清汤冬瓜燕鸡包、烩全家福（注：相当于海味什锦，原菜单上客人点的是三丝鱼翅）、口蘑丝瓜、锅巴虾仁、烩鲍鱼片、烤虾拼桃仁、香酥鸭子、玻璃小白菜、冰冻菠萝加莲子、四色点心。

80. 8 月 23 日的宴会 罗国荣开的菜

拼盘：卤鸡、烤虾、鱼片、牛肚仁、豆鱼卷（注：可能是豆油皮或豆皮做的鱼卷）、莲白卷、瓜皮卷。

清蒸肝糕、原烧鲍鱼围饺子（注：原烧即原汤烧、上汤烧，围饺子是蛋饺）、口蘑丝瓜、叉烧鳜鱼、溜桃椒鸡、锅巴虾仁、干贝烧大白菜、冰糖奶酪、四色点心。

81. 8 月 23 日的宴会 范俊康开的菜，罗国荣改的两样菜

拼盘：熏鸡、凤尾鱼、鸭肝、红辣椒、黄瓜。

清汤竹荪鸡包、小白菜围蛋饺、口蘑丝瓜、锅烧活鱼、虾片锅巴、清炖牛肉、脆皮仔鸡、红烧茄子、四色点心、杏仁豆腐。

82. 8 月 26 日的宴会 罗国荣开的菜，做的菜

拼盘：卤鸡、烤虾、鱼片、麻辣牛肉。

清汤冬瓜燕鸡包、红烧鸽脯、冬笋拼红萝卜、叉烧鲜鱼（注：叉烧鲜鱼的鱼腹有肉和芽菜馅，包猪网油上叉烧熟，上桌时连网油皮切块一起上，肉馅鱼一起装盘上席。网油皮经过叉烧皮酥脆香）、丝皮烧鸡（注：可能是丝瓜皮处理过的造型）、口蘑小白菜、冰糖鲜莲加菠萝、四色点心。

83. 8 月 29 日的宴会 罗国荣做的菜

拼盘：鸭子、烤虾、鸡胗、凤尾鱼、黄瓜、红椒、莲白卷。

清汤竹荪、烧鲍鱼肚（加火腿、鸽蛋）、口蘑豌豆干烤虾、酱烧冬笋、烤鸭带葱酱饼、干贝小白菜、冰糖果羹、四色点心。

84. 8 月 30 日的宴会 罗国荣做的菜

拼盘：鸭子、火腿、鸽子、口条、海？（注：未分析出来）、黄瓜、红椒、冬菇、鸡胗。

清汤银耳加豆苗？菇（注：加的可能是鸽蛋、香菇，也可能是清汤银耳加豆苗、鸽蛋、香菇）、烧鲍鱼围蛋饺、溜虾片、口蘑豌豆、五柳鲜鱼、酱烧鸭子、干贝小白菜、冰汁果羹、四色点心。

85. 8 月 31 日的宴会 罗国荣开的菜，做的菜

清汤竹荪鸡包、烧翅鲍丝（注：烧鱼翅和鲍鱼丝）、锅贴火腿、冬菇拼丝瓜卷、豌豆烩鱼丁、软炸花鸡腿、黄焖小白菜心、银耳枇杷、四色点心。

86. 9 月 2 日的宴会 罗国荣开的菜，做的菜

拼盘：红油鸡、烤虾、鱼片、鸡胗、黄瓜卷、？丝（注：可能是卤带皮丝）、红椒。

清汤竹荪（加鸡包）、烧鲍鱼围饺子、三夹火腿、瓜冬菇拌丝瓜（注：菜名可能有误）、脆皮鲜鱼、脆皮仔鸡、素烧九菜（注：照原样抄，可能不是“九”字，而是“尤”字，可能是北京人叫的油菜）、银耳枇杷羹、四色点心、大米饭。

87. 9月9日的宴会 罗国荣开的菜，做的菜

拼盘：白鸡、烤虾、凤尾腰花、拌鸭肝、莲白卷、炝红椒、瓜皮卷。

清汤鸡圆豆苗（注：清汤鸡圆加竹荪豆苗）、烧鲍鱼肚鸡胗蛋饺、鲜熘鸡烹锅巴（注：即锅巴鸡片，只不过此做法是滑熘鸡片的做法，鸡片更嫩）、冬菇拼丝瓜、原水煮鲜鱼、北京烤鸭带葱酱饼、素烧小白菜心、鱼翠银耳汤（注：原字是“鱼”字，可能“翠”是错别字，应是“脆”字。“鱼脆”我没有做过，但经查有鱼脆羹这道甜品汤，因此推测此菜为鱼脆银耳汤）、四色点心。

88. 9月12日的宴会 罗国荣开的菜，做的菜

拼盘：红油鸡、腰花、鸭肝、鱼片、辣莲白卷、瓜皮卷、炝红椒。

清汤竹荪鸡圆、烧鲍鱼肚（注：烧鲍鱼和鱼肚）、冬菇拼扁豆、锅巴烹鸡片、原煮鲜鱼、锅烧鸭子去骨、素烧菜心、炒山药糕、四色点心。

89. 9月14日的宴会 罗国荣做的菜

拼盘：鸡卷、鱼条、鸡胗、烤虾、辣莲白卷、盐水扁豆、炝青笋（注：可能是炝凤尾，家常味，很好吃）。

清蒸肝糕加豆苗、烧翅肚鲍、烤方带葱酱饼、花菇拼丝瓜卷、清汤鱼卷（注：定碗圆盘上）、软炸鸽脯方、清汤大白菜心（注：开水白菜）、枣糕、四色点心。

90. 9月15日的宴会 罗国荣和李魁南做的菜

拼盘：鸡卷、烤虾、鸡胗、鱼片、辣莲白卷、瓜皮卷、西红柿。

清汤鱼圆豆苗、三鲜鲍鱼、金钱鸡塔、干烧扁豆、冬笋拼丝瓜夹、黄酒煨鸭、蟹黄烧大白菜、一品枣糕、四色点心。

91.9月15日的宴会 罗国荣和黄子云做的菜

双拼：桂花鸭、鸡卷、鸡胗、火腿、烤虾、莲白卷、瓜皮卷、西红柿。

清蒸肝糕加豆苗、烤方带葱酱饼、烧鱼肚卷、冬笋拼扁豆、蒸芙蓉鱼、宫保仔鸡、蟹黄大白菜、拔丝山药、四色点心。

第二节 刘刚撰写的菜谱

中国烹饪大师刘刚

第一张 1955年3月21日

冷菜：香醉仔鸡、盐水大虾、红油胗花、芝麻鱼条、白糖西柿（注：西柿即西红柿）、油吃黄瓜、虾籽冬笋。

热菜：竹荪鸽蛋汤、浓汁扒鱼翅、锅巴明虾仁、花菇烧扁豆、三吃叉烧方、鱼羹菊花锅。

其他：点心四样、什锦果盘。

竹荪鸽蛋汤

一、原料

主料：鸽子蛋 10 个、干竹荪 20 克。

配料：清鸡汤 2000 克、豆苗尖。

调料：盐、料酒、胡椒粉、味精、葱姜、化猪油。

二、操作过程

（1）将花盏抹上猪油，打入鸽子蛋上笼蒸熟，将鸽子蛋取出放入清水中。竹荪泡开洗净，切成 2 厘米宽、4 厘米长的条。豌豆苗洗净。

（2）将鸽子蛋放入开水中去浮油。竹荪用清鸡汤汆一下，豆苗用开水烫熟，清鸡汤烧开调好味。

（3）将鸽子蛋放入汤碗内，放入竹荪，浇上清鸡汤，撒上豆苗即可。

三、特点

汤清味鲜，营养丰富。

浓汁扒鱼翅

一、原料

主料：水发黄肉翅 1500 克。

配料：油鸡 2000 克、猪肘 1000 克、干贝 25 克、火腿 250 克。

调料：盐、料酒、味精、胡椒粉、鸡油、水淀粉、葱、姜。

二、操作过程

（1）葱剖开切成段，姜拍破。鸡、肘汆透冲洗干净。火腿用热碱水刷洗干净，干贝洗净，待用。

（2）先用开水把鱼翅汆一遍，再换水加葱、姜、料酒、胡椒粉汆两遍。每汆一次均用凉水冲洗，去净异味，再用清水泡上。

（3）用竹筷子捆绑成十字架，垫在容器内放上竹垫，将鱼翅放在竹垫上（也可以用纱布包好），再盖上一个竹垫，加入鸡、肘子、火腿、干贝、葱姜、料酒，注入水。大火烧开，打净沫子，㸆约1小时后，移小火㸆至汤汁浓白，鱼翅软烂，挑出鸡、肘子、火腿、干贝、葱姜，两手提起竹垫将鱼翅翻扣在盘中。将汤汁过箩在锅内用盐、胡椒粉、味精调好味，将汁收浓，勾水淀粉二流芡，淋入鸡油浇在鱼翅上即可。

三、特点

汁浓味厚，营养丰富。

锅巴明虾仁

一、原料

主料：虾仁750克。

配料：锅巴150克、鲜豌豆粒50克、胡萝卜100克、鸡蛋、鸡汤。

调料：花生油1千克、猪油1千克、淀粉、盐、胡椒粉、味精、白糖、醋、鸡蛋、姜、葱、料酒、番茄酱50克。

二、操作过程

（1）将虾仁去掉虾线清洗干净，锅巴掰成块，胡萝卜去皮切成小丁，用水氽熟冲凉，豌豆氽后冲凉去皮，葱切马耳形，姜切片，淀粉鸡蛋清调成糊。

（2）虾仁控干水分，加料酒、盐调底味，上蛋清糊浆好，另用白糖、醋、味精、料酒、胡椒粉、盐、番茄酱、鸡汤兑成汁。

（3）锅烧热放入猪油，将虾滑散，捞出；锅内留少许油，下葱、姜炒香，下入胡萝卜丁和豌豆粒煸炒后，倒入兑好的汁，后倒入虾仁，调好味，勾水淀粉二流欠，倒入碗内。

（4）在炒汁的同时，另用一锅烧热花生油，下入锅巴炸酥，捞出盛入带沿的盘内，再浇上热油。这时迅速地将两样同时上桌，把虾仁倒在锅巴上即发出“吱吱”的响声。

三、特点

酥脆鲜嫩，汁味香浓，甜酸适中。

花菇烧扁豆

此菜为素菜，选嫩扁豆加工好，过油后用鸡汤烧熟，放入盘中。香菇加工好，清汤烧入味，勾二流芡放鸡油，浇在扁豆上即可。口味咸鲜，清淡爽口。

三吃叉烧方

一、原料

主料：带肋骨的硬边猪大排一方，重约6千克。

配料：葱白200克、独头蒜100克、甜面酱200克、泡辣椒5个、青蒜200克、烧饼10个。

调料：盐、花椒、香油、白糖、花椒盐、豆瓣酱。

二、操作过程

（1）选用膘厚、皮薄、不窝血、毛眼细、皮面平整无刀伤的猪肋肉一方。下刀方法是紧贴前腿根处直刀切下，再由后腿与肋骨之间切下（一般以40厘米长、30厘米宽为准），将肚皮部分切下（肋骨不要伸出肉外），再将靠前腿的脊骨伸出的部分砍去，使脊骨成直线（以免烤时放置不小心顶破酥皮）。清干净皮面，皮向下放于案上用无尖的竹筷子在每条肋骨缝中扎上若干气眼（以扎到接近肉皮一层的油皮为准），以免烤时肉皮鼓起。用炒热的花椒盐在骨缝处揉搓，使之入味，再将肉翻过来肉皮向上，腌制2小时控去血水。

（2）将木炭点燃斜靠在烧烤池一面。这时将腌好的肉（皮向下）放于案上，用双股烤叉由肉的肋骨之下插入，叉尖伸出另一端，叉把的弯处距肉约10厘米，在上叉时炭火已烧旺。将炭火拨在四周（中空右边火稍旺），把叉好的方肉（皮向上）顺放在烤池上将肉内水分烤出，再翻转（皮向下）在火上燎皮，烤时由一边往另一边慢慢地转动，逐渐将皮燎焦，待肉皮已燎到起锅烟时离火。叉尖向上斜倚案上，用一把刀刃稍鼓的刀由上往下，由左往右，一刀一刀地刮，待刮完一段时，再接第一段往下刮。下刀要轻不能在中间住刀，否则刮后表面会成高低不平的梯形，影响质量，刮完第一遍后，再烤再刮，一般情况下刮两遍后，皮面即呈蜂窝形花纹。这时看肉皮表面的颜色、厚度是否一致，若有不一致的地方可重烤一下，或用火钳夹一块火炭重点烤后单刮，务必使全部一致。然后上火，皮向上烤肋骨的一面（行话叫吊膛）将肉烤熟，把肉的四周修理干净整齐，保持温度待走菜。

（3）走菜时把炭火拨散，布满池底，在肉皮上刷上香油，上火以稍快的速度左右转动烘烤，这时要防止油滴入炭火中冒烟，将肉烤制颜色一致，呈金黄色即成。

（4）在烤肉的同时，把葱白切成6厘米长的段，泡辣椒切成1厘米长的段，蒜切片。将泡椒圈套在葱白外，用刀把葱白两头划开数刀，泡在凉开水中使葱的两头开花，甜面酱加白糖、香油蒸熟待用。

（5）葱、酱、蒜片各放在小盘内，将烧饼烤熟，从侧面开一个口，装入盘中。

（6）将烤好的方肉用快刀将酥皮整齐划一地切成5厘米长、3厘米宽的块，使皮肉分离，皮上不能有肥膘。将烤叉拔出，放入盘中随同葱段、面酱、蒜片一起上桌，配上烧饼。

（7）客人酥皮食用完后端回后厨，剔下通脊肉，切成片，青蒜切段，炒成回锅肉。猪排烤完剁成块，配椒盐和回锅肉一同上桌，三吃叉烧方即完成。

三、特点

方皮酥香，回锅肉独特，椒盐排骨回味无穷。

鱼羹菊花锅

一、原料

主料：活鳜鱼1250克。

配料：鸡脯肉200克、猪腰子200克、鸡胗250克、白菜心200克、豌豆尖150克、粉丝50克、馓子12个、白菊花1朵、炸花生米50克、香菜25克、葱白50克、姜25克、奶白鸡汤2000克。

调料：盐、味精、料酒、胡椒粉、猪油、花生油、葱、姜。

二、操作过程

（1）将鱼清洗干净，去头、尾、骨、大刺，剔出鱼肉，用连刀法片成鱼片码放盘中。猪腰去臊洗净，切成腰花放入盘中。鸡胗去皮取肉，切成鱼腮片码放盘中。鸡脯肉去筋去皮，片成长薄片码放盘中。白菜心洗净撕成块，豌豆尖洗净，粉丝用热油炸成泡状，菊花去掉蒂和蕊，酥花生米剁碎，香菜取叶、葱切小葱花、姜切细米，将白菜、豆苗、粉丝、馓子分装于 4 个盘子中，菊花、香菜、葱花、姜末、花生碎分装在 5 个小碟内。

（2）调料的葱姜切末和段、片。

（3)用料酒加葱姜末，洒入 4 个肉食盘以免干边。再用 2 个小碟，每碟放上盐、味精、胡椒粉。

（4）锅烧热放入猪油，下入葱段、姜片煸香即加入奶汤，放入鱼头、骨、边角料，放入料酒烧开，煮出鱼汤过箩注入火锅内。所有装盘的食物和装碟的调味料与火锅一起上桌。

（5）将火锅点燃，烧开，客人自己动手放入各种涮制食材，自己调味，汤菜可一起食用。

三、特点

汤白如奶，味道鲜美，别具特色。

第二张　1955 年 4 月 3 日

冷菜：桶子鸡、酒烤大虾、陈皮牛肉、卤水鸡胗、鲜桃西柿、油吃黄瓜、炝莲花白。

热菜：清汤银耳鸽蛋、砂锅浓汁四宝、番茄烹炒虾仁、椒盐软炸鲜蘑、油浸鲜活鳜鱼、白油清炒菜薹、干炸油淋仔鸡。

其他：蜜汁冰糖莲子、点心四样、什锦果盘。

清汤银耳鸽蛋

一、原料

主料：鸽子蛋 12 个、银耳 20 克。

配料：豌豆苗、高级清鸡汤 2000 克。

调料：盐、味精、猪油。

二、操作过程

（1）将银耳用温水泡散，削去黄根清洗干净，加工成小朵，用开水焖煮至能够食用，换用清鸡汤烧开待用。

（2）将豌豆苗、鸽子蛋冲洗干净。

（3）在蒸鸽子蛋的模子里面抹上一层猪油，然后把鸽蛋打入模子内，保持鸽蛋完整，再摆上两叶豆苗，上笼蒸熟，取出模子里的鸽蛋，倒入清水中。

（4）走菜时将鸽蛋放入烧开的清汤内，去掉浮油，放入汤碗内加入银耳，注入调好味的清鸡汤即可。

三、特点

银耳滑润适口，鸽蛋营养丰富，清汤鲜美。

砂锅浓汁四宝

砂锅四宝是宴会的头菜，也是大菜。浓汁由老母鸡、猪肘子、干贝、火腿制成。制作方法同前面介绍的浓汁鱼翅类似。根据宴会标准调配四种海味食材，如鲍鱼、鱼肚、鱿鱼、海参、鸽蛋、大虾等。

番茄烹虾仁

一、原料

主料：新鲜虾仁 750 克。

配料：红番茄 200 克、青豌豆 30 克、葱、姜。

调料：盐、料酒、胡椒粉、味精、白糖、淀粉、鸡蛋、花生油。

二、操作过程

（1）虾仁洗净控干水分，加盐、胡椒粉，用蛋清糊上浆，番茄去皮去籽，平切成菱形块，青豆烫一下去皮，葱切马耳形、姜切片。

（2）用盐、料酒、胡椒粉、味精、白糖、少许水淀粉兑成汁。

（3）将锅烧热下油，注意油不要太热，滑散虾仁，保留合适的油下番茄、青豆、葱、姜煸炒，烹入兑好的汁即可。

三、特点

色彩鲜明，清淡爽口。

椒盐软炸鲜蘑

一、原料

主料：鲜蘑400克。

调料：盐、味精、花椒、鸡蛋、淀粉、花生油、葱、姜。

二、操作过程

（1）鲜蘑选大小一致，加少许底味盐、葱段、姜片。鸡蛋、淀粉、油调成软炸糊，盐、花椒制成椒盐。

（2）将油锅烧至六成热，将鲜蘑沾上软炸糊逐一放入油锅内，边炸边捞，油烧热再复炸一次即装盘，随小碟椒盐同上。

三、特点

干香可口。

油浸鲜活鳜鱼

一、原料

主料：活鳜鱼1250克。

配料：葱、姜、香菜。

调料：酱油、盐、味精、胡椒粉、白糖、花生油、料酒。

二、操作过程

（1）将鳜鱼加工洗净。

（2）葱白切丝、姜去皮，一半切丝，一半切片，香菜择叶洗净。

（3）锅上火烧开水，下葱段、姜片、盐、料酒、50克花生油，放入鱼，移至小火微开将鱼煮熟。

（4）用酱油、味精、胡椒粉、白糖兑成汁，上火烧开。

（5）将鱼捞出控干水分，浇上烧开的汁，撒上葱姜丝、胡椒粉，另用锅烧热100克花生油，浇在葱姜丝上，撒上香菜叶即可。

三、特点

鱼肉鲜嫩，清淡味美。

白油清炒菜薹

此菜为素菜，白油即猪油。清炒，加盐、味精、少许白糖，急火快炒。口味咸鲜，清淡爽口。

干炸油淋仔鸡

一、原料

主料：肉鸡腿肉。

配料：生菜。

调料：花生油、香油、酱油、白糖、醋、花椒、料酒、盐、花椒粉、味精、葱、姜。

二、操作过程

（1）将鸡腿肉切成7厘米长、4厘米宽的条状，生菜洗净，葱姜一半切末，一半切段、片。

（2）将鸡肉用料酒、酱油、盐、葱段、姜片腌入味。

（3）将葱末、姜末、香油、酱油、醋、白糖、花椒粉、味精兑成汁，口味略带甜酸。

（4）烧热花生油，下入腌好的鸡肉，用中火在油内浸炸，熟透捞出，再用热油冲一下，放入盘中，浇上兑好的汁即可，围上生菜叶。

三、特点

色泽红亮，质地香嫩。

第三张　1955年4月11日

冷菜：红油鸡片、盐水大虾、红糊鸡胗、姜汁鱼片、炝莲花白、三丝瓜卷。

热菜：竹荪肝糕汤、鲍鱼烧鱼圆、番茄爆虾仁、宫保炒仔鸡、花菇油菜心、锅烧鲜鳜鱼、冬菜蒸肥鸭。

其他：山楂芝麻糊、点心四样、什锦果盘。

竹荪肝糕汤

一、原料

主料：新鲜黄猪肝 500 克、干竹荪 20 克。

配料：清鸡汤 1500 克、鸡蛋 4 个。

调料：盐、料酒、胡椒粉、味精、葱、姜。

二、操作过程

（1）猪肝用刀背砸成泥浆状，用凉鸡汤 300 克加葱姜把猪肝搅散泡上，鸡蛋去黄留蛋清，打散。干竹荪泡软洗净，切成条或段均可，用开水氽烫，待用。

（2）肝浆用箩过滤去渣，加入蛋清、盐、料酒、味精、胡椒粉搅匀，盛入汤碗内，上蒸笼用中等火力蒸熟，取出（中间揭一次锅盖放气）。

（3）将清汤烧开，加盐、胡椒粉、料酒、味精调好味，轻轻注入肝糕内，放入竹荪，上蒸锅小火蒸热即可上席，可放几颗豆苗。

三、特点

汤清味鲜，猪肝细嫩，营养丰富。

鲍鱼烧鱼圆

一、原料

主料：鲍鱼罐头一盒，草鱼肉 300 克。

配料：高级奶白鸡汤 1000 克。

调料：盐、料酒、味精、胡椒粉、水淀粉、鸡油、花生油、葱、姜。

二、操作过程

（1）鲍鱼取出，撕去花边，片成鲍片。

将鱼肉用刀背捶成泥过箩，用葱姜、酒水澥开，加盐，朝一个方向搅打，加少许油，将鱼糁挤入冷水中，漂起为佳。小火烧开制成鱼圆。

（2）锅上火加入奶汤，调好味下入鲍片，入味后捞出，放入盘中，再下入鱼圆，小火烧热后勾少许水淀粉，淋上鸡油，浇在鲍鱼中间即可。

三、特点

汁浓味厚，鱼圆滑嫩。

花菇油菜心

花菇油菜心是素菜。油菜心用开水烫过后冲凉，保持绿色，花菇洗净氽水。菜心用清鸡汤烧熟放置盘中，花菇用清鸡汤烧入味勾二流芡，淋上鸡油，盖在油菜心上即可。此菜口味咸鲜。

冬菜蒸肥鸭

一、原料

主料：填鸭 1 只。

配料：四川冬菜 100 克。

调料：盐、料酒、胡椒粉、白糖、酱油、水淀粉、花生油、葱姜。

二、操作过程

（1）填鸭洗净，挖去鸭臊，冬菜洗净剁成碎末，葱切段、姜切片。

（2）在鸭子皮面抹上酱油，下热油锅，炸成金黄色捞出。取一大扣碗，先放入冬菜末，把鸭子腹向下放入碗内，再加入酱油、料酒、白糖、葱姜（鸭子也可剁成块码在扣碗中盖上冬菜），上笼蒸烂。

（3）将蒸好的鸭子取出翻扣在盘中，原汤滗入锅内，加入味精调味烧开，勾少许水淀粉浇在鸭子上即可。

三、特点

冬菜为四川特产，别具风味。

第四张　1955 年 4 月 25 日

冷菜：水晶鳜鱼、汤爆肚头、软炸腰花、蓑衣黄瓜、炝莲花白。

热菜：清汤鸡豆花、干烧黄肉翅、鸳鸯炒鸡淖、花菇大白菜、干烧活鳜鱼、宫保炒仔鸡、清炒油菜心、北京烤肥鸭。

其他：山楂芝麻糊、点心四样、什锦果盘。

清汤鸡豆花

一、原料

主料：鸡柳肉 150 克。

配料：熟火腿 25 克、鸡蛋 5 个、高级清汤 1500 克、豌豆苗尖 50 克。

调料：盐、料酒、味精、胡椒粉、葱姜、水淀粉。

二、操作过程

（1）将鸡柳肉抽去筋，用刀背砸成极细的泥，再用刀刃剁几下，火腿切成细末，鸡蛋去黄留清，葱切段、姜拍破，用 100 克鸡汤泡上。

（2）鸡泥先加入少许葱姜鸡汤澥散，边加边搅成稀浆状，鸡蛋清打散兑入鸡泥浆，加盐、料酒、水淀粉 25 克调拌均匀，豌豆苗用开水烫熟。

（3）烧开清汤，用盐、胡椒粉、味精调好味，把鸡泥倒入锅内，并用手勺轻轻推动锅底，以免粘锅，这时减小火力，待鸡豆花熟时，用小漏勺轻轻地捞入汤碗中，放入清汤豆苗，撒上火腿末即可。

三、特点

汤清鸡嫩，味鲜可口。

干烧黄肉翅

一、原料

主料：水发黄肉翅 1500 克。

配料：老母鸡 1500 克、猪肘 1000 克、干贝 25 克、火腿 250 克、油菜心 10 颗。

调料：盐、料酒、味精、胡椒粉、白糖、糖色、鸡油、葱姜、鸡汤。

二、操作过程

（1）将水发鱼翅用水加葱段、姜片、料酒氽两遍。老母鸡、猪肘洗净剁成大块，用开水氽透，捞出洗净，干贝洗净、火腿清洗干净、油菜心加工后洗净。

（2）鱼翅控去水分，整齐地放在竹箅子上，用另一竹箅子盖上，用竹筷子固定四周，放入容器内，加入葱段、姜片、肘子、鸡块、干贝、火腿、料酒，放入适量清水，上火烧开，打净沫子，盖上盖，移小火㸆到鱼翅软烂（5～6小时）。油菜心汆烫后冲凉，修改整齐。

（3）将油菜心用鸡汤、盐、味精烧入味，取出围在盘边，将鱼翅内的鸡、肘、干贝、火腿、葱、姜拣出，将鱼翅扣入锅内，同时将㸆鱼翅的汤过箩，倒入鱼翅锅内，上火，加盐、胡椒粉、糖色、少许糖、味精调好味，把汁收浓，淋入鸡油，整齐地滑入盘中即可。

三、特点

色泽红亮，质地软烂，营养丰富。

鸳鸯炒鸡淖

一、原料

主料：鸡柳肉300克。

配料：鸡蛋8个、鲜菠菜500克、葱姜、火腿。

调料：盐、味精、胡椒粉、料酒、淀粉、猪油、清鸡汤。

二、操作过程

（1）将鸡柳肉去筋，用刀背捶成鸡蓉，清鸡汤加料酒、葱姜成葱姜汤，菠菜洗净取汁，熟火腿切细末。

（2）将一半鸡蓉用葱姜汤调散，加鸡蛋清、盐、味精、胡椒粉、水淀粉调成糊状，将另一半鸡蓉加菠菜汁，同样调好。

（3）锅烧热注入猪油烧至六成热时，放入鸡蓉糊慢炒，熟后将一半鸡蓉放入盘子，另外菠菜汁的鸡蓉同样炒好，放于盘子另一半，将火腿末撒在白鸡淖上即可。

三、特点

口味鲜美，白绿两色，清爽怡人。

花菇大白菜

此菜为素菜。取白菜心加工汆水后，用鸡汤烧制，整齐摆入盘中，原汁烧花菇调好味，勾二流芡，淋上鸡油浇在菜心上即可，此菜口味咸鲜。

干烧活鳜鱼

一、原料

主料： 鳜鱼 1 条。

配料： 肥瘦猪肉 100 克、青蒜 20 克。

调料： 盐、胡椒粉、料酒、醪糟、酱油、郫县豆瓣酱、醋、味精、花生油、白糖、葱、姜、蒜、汤。

二、操作过程

（1）鳜鱼加工洗净，鱼身两面剞花刀，用盐、胡椒粉、料酒、葱、姜码底味。

（2）将猪肉切成青豆大小的肉丁，葱、姜、蒜切末，青蒜切小段。

（3）锅烧热下油，鱼煎至两面金黄，出锅。锅内留油下肉丁煸炒至水气干，下豆瓣酱炒香，下葱、姜、蒜炒出味，放酱油、料酒、醪糟汁、少许白糖、醋、味精、适量鸡汤，调好味放入鱼，小火两面烧入味，熟后取出，放入鱼盘中，将锅内汁收干，撒上青蒜，浇在鱼上即可。

三、特点

色泽红亮，汁干味厚，辣香中带甜酸。

第五张　1955 年 8 月 1 日

冷菜： 腊味熏鸡、姜汁鱼片、麻酱腰片、炝红辣椒、三丝瓜卷、珊瑚白菜。

热菜： 竹荪肝糕汤、鸡蓉烧鲍鱼、宫保炒仔鸡、花菇烧丝瓜、小笼蒸牛柳、锅烧鲜青鱼、干贝小白菜。

甜菜： 冰冻牛奶酪、点心四样、什锦果盘。

鸡蓉鲍鱼

一、原料

主料： 鲍鱼罐头 1 盒。

配料： 母鸡脯肉 150 克、鸡蛋 250 克、豌豆苗 50 克、火腿 25 克、鸡汤 650 克。

调料： 盐、料酒、味精、胡椒粉、猪油、鸡油、水淀粉、葱姜。

二、操作过程

（1）鲍鱼开盒，撕去鲍鱼花边和疙瘩，平片成薄片，用鲍鱼原汁泡上。鸡脯肉表皮片干净、剔去筋，用刀背砸成极细的泥，再用刀拨开，去掉细筋，再排剁一遍，鸡蛋去黄留清，火腿切成细末，葱姜拍破，用150克鸡汤泡上。

（2）用泡葱姜的汤将鸡泥澥散成糊状，加入料酒、盐、味精、水淀粉25克、胡椒粉调匀，蛋清用打蛋器打成泡状，兑入鸡泥内调匀，混为一体。

（3）锅烧热放入50克猪油，热后下入葱段、姜片煸出香味，加入鸡汤煮开，捞出葱姜，放入鲍鱼片，用盐、胡椒粉、味精调味烧开，用水淀粉勾二流芡，淋少许鸡油，盛入盘内，同时另烧热锅放入100克猪油，热时下入兑好的鸡泥，轻轻推动，炒熟后盛入鲍鱼当中，撒上火腿末、豌豆苗烫熟围边即可。

三、特点

色泽鲜艳美观，质地软嫩，汤鲜味美。

宫保炒仔鸡

一、原料

主料：笋鸡肉600克。

配料：花生米100克。

调料：葱、姜、蒜、干辣椒、花椒、辣椒粉、酱油、醋、盐、白糖、料酒、水淀粉、汤、花生油。

二、操作过程

（1）将鸡肉剁成约1.5厘米的丁，花生米用开水泡过去皮，油炸至酥脆，葱切1厘米长的段，姜、蒜切片，干辣椒去籽剪成2厘米的段。

（2）用少许盐、酱油、料酒将鸡丁拌匀，再加入适量的水淀粉浆好，拌入少许花生油封面。

（3）用料酒、盐、酱油、白糖、水淀粉、汤兑成汁。

（4）锅烧热放入油，热后放花椒15粒，炸出味道捞出，下入干辣椒炸至紫红色时投入鸡丁，用勺推动翻炒，断生后加入辣椒粉炒出红油，放葱、姜、蒜炒香，即烹入兑好的汁，淋几滴醋，放入炸好的花生米，翻炒出锅即可。

三、特点

香、辣、鲜、嫩、脆。

说明：此菜也有不兑汁的，称为燃汁炒。

花菇烧丝瓜

此菜为一道素菜，鸡汤烧花菇围在烧好的丝瓜边上，勾二流芡。口味咸鲜。

小笼蒸牛柳

一、原料

主料：牛里脊 600 克。

配料：大米、花椒、大料、桂皮、香菜。

调料：盐、胡椒粉、花椒粉、料酒、辣椒粉、酱油、香油、味精、葱、姜、蒜。

二、操作过程

（1）将牛里脊切成薄片，葱切小葱花，姜切末，蒜制成泥，用白开水调开，香菜洗净取叶。

（2）大米加花椒、大料、桂皮，上火炒香磨成米粉。

（3）牛肉加入盐、胡椒粉、料酒、味精、酱油、葱花、姜末、香油拌匀，调入米粉。

（4）在小竹笼内垫上竹叶，码上牛肉，上蒸锅蒸熟。取出后撒上花椒粉、辣椒粉、蒜水、香菜叶即可。

三、特点

牛肉嫩香，味道麻辣，五香味浓。

锅烧鲜青鱼

一、原料

主料：活青鱼 1 条。

配料：川冬菜 50 克、猪肥瘦肉 250 克、小白菜 250 克、面粉 150 克。

调料：葱、姜、盐、味精、酱油、白糖、料酒。

二、操作过程

（1）将鱼清洗干净，在鱼身两侧横剞坡刀，葱姜拍破，用盐、料酒、胡椒粉把鱼腌上，冬菜洗净切碎，猪肉100克切肉丝、150克剁肉末，小白菜洗净用开水烫熟，捞出晾凉，挤出水分切碎，面粉用开水制成烫面，葱切葱花、姜切末，鸡蛋用蛋清加干淀粉调成蛋清糊。

（2）锅烧热，放入50克猪油煸炒肉丝，加葱花、姜末、料酒、酱油、白糖、冬菜末炒香，倒出备用。

（3）锅烧热，加50克油将猪肉末炒熟，加葱花、姜末、料酒、酱油、盐、味精炒好晾凉，加入小白菜调成馅，用烫面包成饺子，蒸制成烫面饺。在蒸饺子的同时烧热油锅，手提鱼尾在鱼身挂上水淀粉，再滚上干淀粉，把冬菜肉丝放入鱼腹内，用蛋清糊把口封好，将鱼下油锅炸熟，可两次炸制，捞出盛在盘中围上蒸饺，随小碟椒盐一同上席。

三、特点

鲜鱼外焦里嫩，冬菜味浓。

干贝小白菜

此菜为素菜。干贝洗净蒸好；小白菜取心后，洗净加工成型，开水烫过冲凉，保持绿色；将菜心用鸡汤加盐、味精烧透，捞出放入盘中；将清鸡汤、干贝调汁勾二流芡，浇在菜心上。清淡爽口，味道咸鲜。

刘刚师承黄子云大师，对原菜单中菜品的名称、制作方法的诠释进行了改进和调整，特此说明。

第五章

罗国荣的部分传承人

罗国荣一生授徒众多，有正式拜师的，有尊他为师的，也有受过他指点、教诲的。由于这些人主要分布在成都、重庆、北京及全国各地，因时间久远等原因，我们只能将其中部分门人的事迹简单记录于此。

第一节　国宝级烹饪大师黄子云和他的弟子

国宝级烹饪大师黄子云先生

黄子云，1926 年出生于四川新津一个贫农家庭，全家 9 口人，过着食不果腹、衣不蔽体的穷困生活。9 岁的黄子云只上过两年私塾就被迫去谋生，11 岁时当了放牛娃，两年后，父亲托人让他向某师傅学木匠。但师傅心狠手辣，蛮不讲理，动辄打骂。小小的黄子云生性倔强，忍无可忍，终于含恨逃走。他怕父亲伤心，怕乡里人耻笑，不愿再回家，决定要闯出一条人生之路。他打过火锤，拉过板车，年仅 15 岁的黄子云在求生存的人生道路上艰难前行。可怜的父亲到处打听、多方寻找，终于在成都找到了他。当时，四川正值军阀混战，到处抓壮丁，民不聊生。黄子云虽未成年，但终日都在惶恐中度过。父亲只好托亲戚将黄子云介绍到成都学厨。

成都，这次向黄子云敞开了幸运之门。也许是命运，也许是天意，“颐之时”的经营者、称雄巴蜀的名厨、名满京城的川菜大师罗国荣将黄子云收入门下。

旧社会学厨都是从干勤杂活开始，黄子云踏实肯干，毫无怨言，天长日久，颇受罗国荣赏识。罗国荣对徒弟和店员要求严格，立下“不准赌钱，不准偷盗，不准转街”的规矩。黄子云把店规作为生活信条严格遵守。

近朱者赤，罗大师的精湛技术、高尚人品都深刻地影响着黄子云。由于罗大师从业理念高超，技术精湛，给学习者提供了优良的成长环境。因家境贫寒，黄子云文化程度不高，但他禀赋超人，悟性奇高，心灵手巧，敬业乐业，善于学习钻研，举一反三。

1940 年前后有大批金融巨子、大企业家、文化名人、社会贤达云集于重庆。大批高层人士入川，各方宴请频繁。罗国荣和刘少安带领众弟子活跃在重庆的烹坛上，如此巨大的舞台为黄子云等提供了提高技艺的机会。经师父和刘少安的精心传授点拨，又经频繁的宴会锻炼，加之自己刻苦钻研，此时的黄子云已成为一位独当一面的厨师了。

曾有个位高权重的人物的 63 岁寿宴在重庆林园举办，主办者知道，请罗国荣来主厨是最合上司心意的，于是派专车接罗国荣前去。罗国荣、刘少安、黄子云在寿宴上大显身手，精心烹调的丰盛酒席让众人大饱口福，十分满意。

1954 年北京饭店新七楼建成，北京饭店是接待国内重要人物及国际贵宾的重要场所。黄子云随罗国荣一起调入北京饭店从事川菜烹饪工作，也开始了他走向人生辉煌的时刻。黄子云头脑聪明，眼光独到，他认为跟着师父干就一定有前途。他曾对人说：不想当“御厨”的厨师，不是好厨师。他决心一辈子追随师父，实现自己的梦想。

罗国荣（右）和黄子云（左），20 世纪 50 年代合影

1954 年黄子云的生活发生了重大转折，就在这一年他随师父罗国荣进入了北京饭店工作。海阔凭鱼跃，天高任鸟飞。黄子云有了用武之地，罗国荣给他搭建了人生更大的舞台。到北京饭店报到的第三天，饭店经理通知他们，领导要来“试菜”，请他们准备一桌川菜。这是对他们的特殊考试。据说领导是位美食家，黄子云既紧张又兴奋。清朝名士朱彝尊云：“凡试庖人手段，不须珍异也，只一肉一菜一腐，庖之抱蕴立见矣。盖三者极平易，极难出色也……”意思是说，试验厨师的水平高低不需要山珍海味，只用肉、菜蔬、豆腐三样就可以立刻看出厨师的水平。因为这三种原料极为平常，极难烹调出色。一生做过无数山珍海味的罗大师曾对徒弟于存说过：“山珍海味做得好是本事，普通原材料做得好才更是本事。”他们不愿以山珍海味取胜，而偏用难出色的“一肉、一菜、一腐”，结果得到领导的赞赏。初试成功后黄子云精神振奋。不久，川菜名厨用精湛技艺获得的赞誉便不胫而走。

一时间，相邀罗、黄师徒献艺的，应接不暇。1954 年底，某领导在府邸举行家宴，用车来接罗、黄二人，二人刚到府邸，家什尚未安顿好，领导便走进厨房与师徒亲切握手，并关切地问道：“你们到北方来习惯吗？要注意身体！”接着又打趣地说："这儿要吃粗粮，吃窝窝头，能行吗？"黄子云内心感到无比温暖，他紧紧握着领导的手说："谢谢！谢谢！我们吃什么都行。"这次家宴受到领导的好评，他们的外会（外边的宴会）任务日益繁忙。

随着饭店的工作逐渐趋于正轨，任务也越来越重。

1954～1966年，北京饭店接待任务既有超大型宴会，又有小型宴会。作为饭店主力的黄子云，既要有嘍啃宿将的宏大气魄，又要有白衣护士的细心体察。

一名厨师能烹调出上千道美味佳肴、举办上百人的宴会，已属不易，而北京饭店的厨师要更胜一筹。他们如指挥三军的将帅一样，能在两三天之内，准备好上万人的国宴！黄子云曾说："1959年我们首次承办5000人的国庆招待会，这样大的场面我们筹办起来着实有些紧张，但还是较好地完成了任务。1959年10月的全国群英会，6576名代表加上各方面负责同志及工作人员近8000人参加的宴会，我们已成竹在胸了。"1959年那次国庆招待会，黄子云是热菜组的负责人之一，仅用料一项，就有牛肉达数千斤，猪肉3000斤，鸡5000斤，鸭1000余只。从洗净加工到烹调制作，再到拼摆装盘，仅仅用了3天时间。他们安排得井井有条，无懈可击。

1961～1966年，每年都要在北京饭店召开例会，客人来自东南西北。黄子云和同事们绞尽脑汁，决心变"众口难调"为"众口称道"。一向粗犷豪爽的黄子云居然也像护士一样在细心体察客人的习惯。

他向工作人员了解客人的生活习惯，向招待员询问客人吃菜的情况，每次撤席之后，他还要仔细察看用菜情况。经过反复了解、精心观察，他对每位客人用菜的特点，已做到胸中有数，配菜自如了。

黄子云在工作之余，虚心向各菜系的同事学习，了解粤菜、淮扬菜、谭家菜、北方菜的特点与长处，同时也学习西式菜肴的制作，兼容并蓄，博采众长。在烹制川菜的过程中，融合各菜系特点，自成一派，菜式新颖别致，菜品色、香、味、型俱全，是烹调技艺传承与创新的典范。

黄子云的拿手菜中，备受客人欣赏的是"三元牛头"，这道菜是川菜中的一绝。传说秦始皇的丞相吕不韦被贬于四川，他好食牛肉，养牛甚多。有一天，庖厨做了一道牛头佳肴，滋味别具一格，美味无比。吕不韦食后很是赞赏，于是这道菜就流传下来了。做“三元牛头”费工、费时、费力，黄子云却制作得极其精细，先用火燎牛头，烧焦皮面，然后用水浸泡，再仔细刮净焦皮，直至毛根退净才上火烹制。

随着改革开放，川菜逐步走出国门，走向世界。川菜大师们发现自己面临着一个新的市场：川菜中的“宫保”“鱼香”“怪味”等味型很合西方人的口味。例如他们吃担担面时，尽管辣得满头大汗，但还是喜欢有刺激性的面点。当然，给外国人做菜，口味要减一些，不能像以前那样辣，要稍微加点糖，辣而不燥。这是黄师傅的经验之谈。

1980 年 10 月的一天，中国烹饪周开幕式在德国科隆洲际饭店举行。宴会大厅彩灯高悬，气氛热烈，赏心悦目的各种美味佳肴令人陶醉。正在人们交口称赞，推杯换盏之时，一位身材魁梧，面带微笑，身着洁白工作服的中国川菜大师黄子云来到宴会厅，客人们纷纷起立，热烈鼓掌，镁光灯一片闪亮，大家向他敬酒、祝贺，并请他签名留念。

开幕式震动了科隆，第二天各大报纸、电视台纷纷报道。中国川菜大师满大街寻找老母鸡炖汤的事件，也成为美谈。一时间，波恩、汉堡乃至冰岛、比利时的“老饕”们不远千里来到科隆大饱口福。一行 12 人的名厨代表团，在“中国烹饪周”的短短十来天里，接待了上万名各国食客。他们烹制的“宫保鸡丁”“烫片鸭子”“软炸大虾”尤为出色，每天盈利高达 4 万马克，巨额的收入让洲际饭店的副总经理克斯曼既高兴又感动，他亲自为中国厨师倒香槟、递汽水。黄师傅打趣地问克斯曼先生：“你们总经理满意不满意？”克斯曼认真而又诙谐地回答：“这么好的生意从未有过。”是啊，洲际饭店赚了大钱，经理当然高兴，而我们的名厨们也为国争了光，为中国烹饪技术扬了名，让世界更好地了解中国的食文化。各国来宾为表示自己的敬意，纷纷赠送礼品，付给小费，黄子云一一婉言谢绝。

1972 年起，黄子云曾先后到美国、法国、德国、日本、奥地利等国献艺，被誉为“烹饪特使”。很多外事活动上，黄子云都作为第一主力被调到钓鱼台国宾馆主厨。1972年，某国元首第一次来访，下榻钓鱼台国宾馆，对黄子云做的“叉烧鸭子”“虾仁蚕豆”“糖醋鲤鱼”“生片火锅”等菜吃得津津有味，特别是对皮脆肉嫩的“叉烧鸭子”颇有好感。会谈时，中方问他吃得怎么样，他幽默地比着大肚子学鸭子叫，告诉东道主说吃得太饱了，尤其是鸭子特别好吃。有位美国记者写道：“中国人已经用美味的中国菜把总统征服了，总统为此付出的代价很可能是每天增加两磅体重。”这征服总统的中国菜主要是川菜，总统夫妇都是中国菜的爱好者，特别是对川菜更是情有独钟。

1982年，黄子云作为首席厨师，在美国纽约第46街的北京饭店掌勺4个月，令许多吃惯广东菜的美国人开始知道，粤菜好吃，川菜更妙。

1982年，黄子云一行16人，参加日本东京新大谷饭店举办的“中国北京饭店名菜节”。开幕式与众不同，主席台前架好了炉具，准备了固体燃料和锅碗瓢勺，以及待炒菜肴。这是专为黄子云当场献技准备的擂台。中日双方代表互致贺词后，只见黄师傅面带微笑，沉着稳健地走上台来，他向台下到会的来宾招手、致意。黄大师开始他的精彩表演：只见炉火熊熊，炒勺快速翻动，数种调料在十来秒内顺次放入，动作敏捷、准确。令人眼花缭乱的动作停止后，他将菜倒入盘中，稍待片刻，又听“滋啦”一响浇汁声。此时掌声四起，满堂雀跃。黄子云将色、味、香、型、声兼具的“锅巴海参”呈现在来宾面前。接着，在黄子云事先精心的设计下，中国名厨奉献了十大冷盘、八道功夫热菜和十几种风味点心。菜品一一上来，让到会来宾大开眼界，大饱口福。

第二天，各大报纸、电视台争相报道，一家电视台开辟了“料理大师”的专题节目。一位久慕中国名菜的日本老人，特意从400千米之外赶到东京，他兴奋地说：“真是名不虚传啊！”许多客人拿着《中国名菜故事》请黄子云签名留念。

黄子云做锅巴海参还有一次精彩表演。20世纪80年代要宴请重要贵宾，领导亲自点名由黄子云主厨，还特别点了“锅巴海参”这道菜。黄子云领到任务后，为了呈现锅巴海参这道菜的最佳效果，他计算了从厨房步行到餐桌的时间，他发现时间太长会影响效果。做锅巴海参之前，他在离宴会较近的一个不起眼的角落架起一道屏风，在屏风后摆了一个当年居民家中常用的液化石油气钢瓶和有两个灶眼的厨灶，一个灶眼烧海参，另一个灶眼炸锅巴。成菜之后，服务生用最快的速度和标准的手法，将鲜香扑鼻的海参及汤汁倾倒在炸得金黄色的、酥脆焦香的锅巴上。只听得“嗤”的一声后，就是“噼噼啪啪”的脆响，领导和满座宾客大喜喝彩。业内有很多人都认为，这道名菜是黄子云的师父罗国荣在抗战时期创制的，此菜又称“雷菜”，它除了让宾客有视觉享受、味觉享受、触觉享受（口感）之外，还有听觉享受。此菜一上桌，顿时惊艳四座，令人啧啧称奇。

日本举办了“中国北京饭店名菜节”，新大谷饭店副经理吴永翔特邀黄子云到某宾馆。席间，吴先生问黄子云带点什么东西回国，外汇是否够用。黄子云客气地回答：“商务处都给我准备好了，我什么都不需要。”吴先生未能如愿，总感不安。在黄子云一行即将离开东京回国的前夜，他找到黄子云，请他去酒吧喝酒，出于礼貌，黄子云携徒弟同往，吴先生拿出一个别致精巧的盒子，双手送到黄子云面前说：“这是我一点心意，请黄先生务必收下。”多次恭请，盛情难却，黄子云接受了他的馈赠。打开一看，是闪闪夺目的一只金壳名表。如此贵重的礼品是友谊的象征。黄子云心潮起伏，他想得更多的是：“荣誉是属于国家和人民的，这块金表是可爱，但更可爱的是祖国，外事纪律不允许这样做。我黄子云从来没有做过对不起国家的事，没有辱没过自己的人格。”他毅然决然地把表上交组织了。

在东京期间，黄子云曾去拜访获得“现代名匠”荣誉的、善烹麻婆豆腐的川菜名厨——陈建民。当年，国画大师张大千要招一名家厨，陈建民前往应聘，此人虽然人品好，但厨艺尚不成熟，因此张大千不打算收下他。罗国荣知道此事后就对大千先生说：“此人我了解，厨艺虽差些，但人品还好，以后大师您和其他人都可以指点他，我相信要不了多久，他定可成材，我劝大师还是收下他吧。”

大千先生对罗国荣的为人处世和识人的眼光非常信任。于是张大千收下了陈建民，此人在张大千家中工作十分勤奋，其间又多次获得罗大师的指点，后来果然成了一位川菜名厨。再后来，他去日本发展，事业兴旺，名震日本，他一辈子不忘罗国荣的推荐之恩。在日本开了川菜馆之后，他定下一条规矩：凡是遇到四川人来就餐，除了免费招待一顿饭之外，还要把本人的故事讲给客人听。黄子云知道陈建民和师父的这段往事，带了几个同事一起去拜访他。陈建民一看罗国荣的徒弟来了，兴奋异常，激动万分，握着黄子云的手久久都不分开。当黄子云和他说到师父已经故去时，陈建民含着热泪说："我早就听说了，你师父是我的大恩人，我们全家都忘不了他。"然后，陈建民非常热情地款待黄子云一行，并请黄回国后向罗师母问好。

黄子云技艺超群、勋劳卓著，先后培养了100多名高徒，正式拜师的有胡德海、刘国柱、陈士斌、刘刚、李强民等人。另外像郑秀生等名师也都受过他的指导。黄子云认为中国的烹饪技艺是几千年劳动人民勤劳智慧的结晶，应该一代一代地传下去，他认为自己的菜炒得再多再好，也不如培养出一批人才贡献大。

正如他那直爽粗犷的性格一样，他带徒弟毫不保守，把几十年的经验、教训和盘托出，从选料、刀功到烹制、烧烤，他都亲自示范，绝不惜力。就拿"口袋豆腐"这个菜来说吧，这是一道很难掌握的四川名菜，把切成长方块的豆腐先过油炸至金黄色，再用碱水浸泡，使豆腐块里的豆腐化成豆浆，然后再用鸡汤煮。做好这道菜有两个关键，一是炸，二是泡。炸嫩了，在豆腐碱水里一泡就破了；炸老了，碱水进不去，里面没有豆浆。另外，碱放得量不合适，也泡不成功。这样的绝招，在过去，当师父的是要"拿一手"的，放碱时要背着徒弟，那么徒弟要想"偷"学这个菜就很难了。黄子云却是一边示范，一边细致讲解，还让徒弟们轮流实践，在较短的时间掌握了这道菜的奥妙。

"烤方"也是四川名菜，此菜又名"三吃叉烧方"，一吃松脆的酥皮，二吃椒盐的猪排，三吃美味的回锅肉。但这道菜制作复杂，颇费体力，要把一块二三十斤重的带皮硬肋肉，用叉子叉在火上均匀烧烤，左右翻动，反复刮皮，直至肉皮像一层薄纸。在烤方时，室温高达40℃，黄子云边烤边讲，从无丝毫疏漏。

黄子云的工作信条是"严""狠"二字，对徒弟也一样，他说："不狠学不会，不严学不精”。黄子云还参加了《北京饭店名菜谱》《北京饭店的四川菜》的编辑，1990年黄子云和黄楚云、张老头（张志国）合著《菜点集锦》，对川菜的发扬和创新作出了重要贡献。

2002年9月，北京烹饪协会认定了16个国宝级烹饪大师：黄子云、康辉、侯瑞轩、伍钰盛、王义均、陈玉亮等。他们的年龄都在70岁以上，从事烹饪工作50年以上，培养了大量杰出的烹饪人才，不但厨艺精湛，厨德更是有口皆碑。在这些国家级烹饪大师名单中，黄子云排在第一位。

黄子云师从罗国荣后，无论在成都、重庆还是在北京，始终追随师父二十余年。在罗大师的带领下，黄子云在重大活动的宴会上都发挥了重要作用，创造了属于他自己的辉煌业绩，成为烹坛一代天骄，被专家列为和关正兴、黄敬临、蓝光鉴、孔道生、罗国荣、曾国华、史正良一类对川菜作出巨大贡献的“川菜名人”。

黄子云精通红白两案，烧、爆、炒无不精通，他烹制出上千道色香味形各具特点的川菜。黄子云的烹饪技艺超群，他选料精细、刀功娴熟，善从火中取宝，调料灵活多变，真正做到了百菜百味，一菜一格。他的宫保鸡丁又别有风味，味道煳辣鲜香，其色红亮夺目，此道菜极其讲究火候，需在几秒内完成一系列投放调料的工作，黄子云动作敏捷，游刃有余。他的灯影牛肉薄如蝉翼，夹起后片片皆可透过灯光，他的虾须牛肉根根细如虾须。如此高超的烹饪技艺，真不愧是川菜巨匠。

他是一个刚正不阿、利不忘义、光明磊落、实事求是的人。在他几十年的从业生涯中，也遇到过手段卑劣的人，面对这种情况，黄子云既不弯腰躬背、趋炎附势，也不肆意妄说、落井下石。在一些外事活动中，黄子云维护了国家的尊严和声誉，不见利忘义，不利令智昏，维护了庄严的国格。黄子云说得好，人的一生要行得正，走得直，不因利而妄言，不以贫而志短。

他就是一个襟怀坦白、实事求是的人。黄子云从厨半个多世纪，拜他为师、尊他为师、受过他指导和教诲的人很多，据说在百人以上。由于各种原因，我们仅能将我们知道的几位门人做个不完整的、简单的介绍。

胡德海是黄子云在北京饭店正式收的第一位徒弟，还有一位徒弟叫陈士斌。胡德海和陈士斌都是为人忠厚正直、尊师重道、学艺刻苦之人，在黄子云那儿学到了一身过硬的本领，是黄子云在重要宴会上的得力助手，是北京饭店川菜团队中的名师翘楚。

刘国柱，中国烹饪大师，生于 1948 年，20 世纪 60 年代进入北京饭店，师从著名川菜大师黄子云。曾任北京贵宾楼饭店行政厨师长、香港京华国际酒店烹饪技术顾问。1991 年，他在中国香港被吸收为世界美食学会（法国）会员，被授予“世界烧烤大师”荣誉带。

刘刚，1955 年生，1971 年分配到北京饭店工作，拜川菜大师黄子云为师，主学四川菜，同时也向粤菜、淮扬菜、谭家菜、鲁菜名厨学艺。他非常热爱本职工作，并有很强的敬业精神，早在 1975 年就在北京市财贸系统的技术比赛中获得“操作能手”的称号，在原北京市第一服务局举办的烹调技术比赛中多次获得优异成绩。1979 年，中央人民广播电台在“对工人广播”节目中以“炉灶前的小状元”为题介绍了刘刚的先进事迹，并在北京青年报上发表。1997 年电视台“人才红娘”节目也播放了“职业技能明星”的专题报道。

刘刚和原国际奥林匹克委员会主席萨马兰奇先生合影

刘刚多次出国表演和参加比赛。1980 年到德国科隆洲际饭店参加“中国烹饪周”的表演。此次表演引起了很大轰动，当地电台、电视台、报纸都做了报道。

1983 年，他赴美国纽约的北京饭店工作一年，在美期间，为美“双语”厨师训练班授课，《美洲华侨日报》在报道中写道：“中国厨师刘刚先生炒‘天府里脊’时，一只手拿着锅的把手，凌空一抛，二十多块肉像一张丝绸那样一翻又回到锅中去了，这个绝技令中外观众无不喝彩。”

1986 年，他随中国代表团参加了在捷克举办的“布拉格第五届国际烹饪大赛”，5 个参赛菜肴“咕咾肉”“三吃叉烧方”“丰收硕果”“吉庆有余”“鸡山群蟹”均受到热烈欢迎和赞赏，获 5 枚银牌并获“最受喜欢奖”。后来他在捷克的表演影响也很大。1992 年，他赴新加坡参加“世纪之宴”的表演深受宾客的欢迎，当地报纸做了报道。1996 年，他参加全国技能大赛并获得“全国技术能手”的称号。他作为中国工人代表团成员参加了韩国职业技能大赛的观摩和表演，大赛中刘刚做的中国烹饪表演非常成功，得到了当地各大报纸的报道。

多年来，刘刚配合师父或独立为来访贵宾服务，在国宾馆和外地多次完成接待任务，并两次随领导赴大同、沈阳执行外事任务，得到领导好评。领导还为刘刚亲自题写“精益求精”四个大字，鼓励刘刚要继续提高。由于刘刚工作努力，在学徒期间被饭店破格晋升一级工资。1986 年，被北京市人民政府授予特三级技师职称。1991 年参与组织了“首届中国饮食文化国际研讨会”。

在 2008 年北京奥运会期间，刘刚担任奥运工作部鸟巢团队副总经理，主要侧重负责国家体育场等 4 个竞赛场馆的厨房管理工作和团队的安全工作。在开幕式当天，刘刚和他领导的团队为来自世界各地的 80 多名国家和地区的元首及 1000 多名中外高级贵宾完美呈现了奥运第一餐，得到了时任国际奥委会主席罗格先生的高度评价。

刘刚自参加工作以来，主要任职如下：

1971 ～ 2003 年在北京饭店工作，北京饭店行政主厨、中国烹饪协会理事、北京市旅游局厨师协会副会长

2003 年任北京饭店总经理助理

2003 ～ 2007 年任河南郑州建国饭店副总经理

2007 年、2008 年任北京 29 届奥运会鸟巢餐饮服务有限公司副总经理

2008 ～ 2015 年任北京西苑饭店副总经理

李强民，1956 年 8 月生，1971 年 7 月进入北京饭店，跟川菜大师黄子云学徒。现有徒弟三人：殷志攀、张铁柱、赵增福。

黄子云夫人、李强民师娘周玉珍（右）与李强民（左）

李强民自参加工作以来，主要任职如下：

1981 年 11 月赴日本东京新大谷饭店参加北京饭店名菜节活动

1986 年 11 月～ 1990 年 11 月在驻英国曼彻斯特总领事馆工作

1993 年 8 月领队参加了北京市奥运烹饪大赛获团体金牌

1999 年 9 月参加日本福冈亚洲美食节获福冈市政府颁发的感谢状

2010年获首旅荣誉职工称号

2010年9月随北京市侨联中华厨皇会烹饪文化代表团赴意大利、荷兰、比利时三国访问并展示厨艺，获中华美食大使称号

2014年11月带领厨师团队圆满完成APEC会议期间在水立方举行的国宴服务，获首旅风范评选优秀服务奖

2004年获北京市烹饪大师称号

2005年经考核获中餐烹调高级技师职称

1994～2015年连续22个暑期赴北戴河为领导服务，被评选为暑期服务先进个人

刚文彬，1944年2月生，北京市人。1961年到北京市服务学校学习中餐烹饪，得到在校任教的广东菜、淮扬菜、山东菜、宫廷菜和北方菜名师的教育指点。1964年毕业后，分配到北京饭店，投师于川菜大师罗国荣，也求师于叶焕林、徐海元、黄子云等名师，他的技艺提高很快，参加了各种重要宴会的烹调制作。

刚文彬很注意总结烹饪经验，研究烹饪理论，最近几年来，先后在《中国烹饪》《中国食品》《中国食品报》上发表了多篇研究中餐烹饪的文章。其中，在《中国食品》上连续两年连载的“烹调入门”汇编成书。1979年，还与王文桥一起，以北京市第一服务局编写组的名义出版了《烹调基础知识》《家常菜一百例》《北京素菜》等书，并参与了仿膳饭庄、丰泽园饭庄、北京烤鸭店三店的菜谱编写工作。其中《北京素菜》《家常菜一百例》分别被译为英文出版。1984年，刚文彬曾为中央电视台“家常菜的烹制”节目编写过文稿。

1986年5月～1988年1月，刚文彬与郑铁生厨师（冷菜）一起，应荷兰职业教育中心邀请，参加中国厨师讲师团，赴荷兰讲烹调技术20个月，在西欧地区产生了较大影响，并应邀到访了英国、比利时、卢森堡三国，与同行切磋技艺。讲学结束后，荷兰职业教育中心为他颁发了荣誉证书。

第二节 中国烹饪大师白茂洲和他的弟子

中国烹饪大师白茂洲

白茂洲，生于 1921 年，是罗国荣大师的嫡传弟子之一。因为亲戚关系，他称呼罗国荣大师为舅舅。1940 年成都“颐之时”在华兴街开业，19 岁的白茂洲到成都“颐之时”跟罗国荣学艺。白茂洲之前做过木匠，手脚麻利，加之他做事机灵，勤奋好学，干活踏实，吃苦耐劳，常得到师父罗国荣的耳提面命。“颐之时”高手云集，在这样的环境中锻炼，使他的厨艺日渐长进，不久即成为“颐之时”的主力厨师之一，保持并发扬了“颐之时”罗派的菜肴风格。当年他师父罗国荣曾说：“我这个徒弟的手艺是完全可以信赖的了！”

1950 年，罗国荣率部分弟子赴重庆经营重庆“颐之时”餐厅，成都“颐之时”由熊倬云先生任经理，由白茂洲管理厨政。这时罗国荣大师把当年黄敬临送他的两副清官窑瓷器送给弟子白茂洲一副，另一副同款的瓷器送给了文殊院方丈。这两副瓷器是当年黄敬临在清宫御膳房管事时得到的奖赏，黄敬临当年把如此珍贵之物送给了罗国荣，可见黄敬临和罗国荣关系非同一般。现在这副珍贵的清官窑瓷器还保存在白茂洲儿子白仕强手中。后因诸多原因，成都“颐之时”在1954年底歇业。1956年他回到成都，在四川省交际二所（后来的东风饭店）主厨。后经罗国荣举荐，1960～1965年其到中华人民共和国驻缅甸大使馆工作，先后为两位大使主厨。在此期间，他多次为领导人主厨，包括大型宴会、鸡尾酒会以及答谢宴会。1965年后，白茂洲一直在成都的四川省交际处二所（后称东风饭店）任主厨、厨师长。由于白茂洲师从名师，又勤奋钻研，博采众长，不断创新，在工作中作出了很大成绩，为机关培养了大批技术骨干，并多次担任重要接待的主厨。1982年，有贵宾来成都访问，白茂洲被调派过去为贵宾服务。以下为几次重要接待的菜单介绍（摘自白茂洲的工作笔记）：

1982年9月19日晚餐

仔姜炒鸭丝、辣白菜心、凤尾鱼、糖醋蜇皮丝、三色泡菜、银耳鸽蛋、鸡汤面条、稀饭、西餐点心、咖啡、红茶。

1982年9月20日早餐

宣腿煎鸡蛋、麻辣牛肉丝、花椒豆筋、炒莲花白、拌芋丝、三色泡菜。

小吃、点心：白糖包子、蛋糕、吐司配黄油果酱、白面点心、稀饭、牛奶、红茶、咖啡。

1982年9月20日午餐

清汤蹄燕、鸡油海参、漳茶烤鸭、黄烧狗肉、干贝烩干丝、开水白菜。

小吃、点心：蒸鸡蛋糕、萝卜饼。

1982年9月21日早餐

灯影牛肉、榨菜肉丝、陈皮狗肉丁、白油炒荷心、炝黄瓜条、三色泡菜。

小吃、茶点：盐茶鸡蛋、豆浆油条、吐司配黄油、果酱、馒头、花卷、稀饭、咖啡、红茶。

1982 年 9 月 21 日午餐

葱烧牛肉、陈皮豆筋、姜汁豇豆、拌辣仔姜、三色泡菜、红烧鱼翅、锅烧狗肉配椒盐、虫草蒸鸭子、宣腿烧白菜、大蒜红烧肥头鱼、竹荪鸡片汤（1 个人吃，有烩鸡片）。

小吃：菊花酥、金丝面条、盐茶鸡蛋。

1982 年 9 月 21 日晚餐

红烧牛筋、煳辣红萝卜烧鸡、三鲜鱿鱼、豆渣鸭块、清蒸足鱼、全钩冬笋片、蘑菇烧莲花白（1 个人吃，有鱼香鸽蛋）、豆瓣海参、酸菜鸡丝汤、盐煮花仁、香油白果、烟胗肝。

小吃、主食：蒸饭、清汤抄手、面条。

1984 年 11 月 25 日晚餐

冷菜：棒棒鸡丝、醉板栗、五香熏鱼、金钩拌芹黄、陈皮兔丁、白油桶鸭、麻酱凤尾、雀翅蜇卷。

热菜：一品海参、开水白菜、红烧牛筋、清蒸江团、干贝菜心、汽锅足鱼、蟹黄菠菜、鸡豆花汤、三色泡菜。

小吃：红油水饺、叶儿粑、芝麻萝卜饼、蛋烘糕、冰糖银耳羹、花卷、馒头。

1984 年 11 月 26 日早餐

素炒茼蒿菜、炝青菜、广味香肠、炒虾松、三色泡菜。

小吃：炸苕子饼、芝麻萝卜饼、花卷、烤面包、黄油、果酱、鲜牛奶、咖啡。

1984 年 11 月 26 日午餐

大蒜烧鲢鱼、青笋烧鸡腿、金钩烧白菜、红烧牛筋、漳茶烤鸭、芙蓉蛋白汤、三色泡菜。主席加烩荷包鸽蛋。

小吃：小汤圆、花卷、馒头、拉面。

1984 年 11 月 26 日晚餐

鸡翅烧海参、白油青圆、干贝烧花菜、蒜薹肉丝、生爆盐煎肉、干烧鱼、白水豆花汤、三色泡菜。

小吃：锅贴饺子、蒸饺子、馒头、花卷。

1984 年 11 月 27 日早餐

盐水仔鸡、炒魔芋肉丝、炝莲花白、烂肉炒菠菜心、素炒豆苗、三色泡菜。

小吃：葱油酥饼、软饼果酱卷、馒头、花卷、稀饭、牛奶、咖啡。

1984 年 11 月 27 日午餐

四川回锅肉、开水白菜、麻婆豆腐、芹黄炒肉丝、素炒豆苗、菜头鸡汤、三色泡菜。

小吃：甜叶儿粑、咸叶儿粑、红油水饺、馒头、花卷。

1984 年 11 月 27 日晚餐

魔芋烧鸭、开水凤尾、银芽肉丝、鱼香鹌鹑蛋（镶红油菜）、蟹黄烧白菜心、三色泡菜。

小吃：担担面、口蘑小包、花卷、馒头。

1984 年 11 月 28 日早餐

太白烟肉、盐茶鸡蛋、烂肉炒雪里蕻、炝青笋片、陈皮兔丁、三色泡菜。

小吃：珍珠圆子、金钩小包子、蛋糕、小桃酥、花卷、馒头、稀饭。

1984 年 11 月 28 日午餐

魔芋烧鸭、蟹黄烧青菜头、开水凤尾、韭黄炒肉丝、素炒豆苗、酸辣肉丝汤、三色泡菜。

小吃：龙眼小包子、担担面、花卷、馒头。

1984 年 11 月 28 日晚餐

鱼香鹌鹑蛋镶红油菜薹、青椒炒肉丝、大蒜烧牛筋、蘑菇烧豆角、三色泡菜、小白菜三鲜汤。

小吃：臊子面、锅贴包子、馒头、花卷。

1984 年 11 月 29 日早餐

太白酱肉、素炒小白菜、煎荷包蛋、炒洋芋丝、三色泡菜。

小吃：白芙蓉糕、炸蛋麻花、馒头、花卷、稀饭、牛奶、咖啡。

1984 年 11 月 29 日午餐

芋儿烧鸭子、家常牛筋、烧蘑菇三鲜、清炖鸽子、金钩玉兰片、鸡油烧白菜、蹄筋鲜菜汤、三色泡菜。

小吃：炸萝卜饼、鸡汤面条、馒头、花卷。

1984 年 11 月 29 日晚餐

冷菜：灯影牛肉、漳茶鸭片、红油郡肝、冬笋尖芹黄拌鸡丝、火腿拌蒜薹。

热菜：开水白菜、鸭掌烧红珠海参、虫草蒸田鸭、炒宫保鸡、菠饺凤尾、大蒜烧肥头鱼、鸡豆花汤、三色泡菜。

小吃：鸡汤抄手、青菠鱼汤面、烧卖、炸金钱红苕饼、银耳果羹。

1984 年 11 月 30 日早餐

盐茶鸡蛋、香油拌芹黄、京酱肉、葱烧鸽脯、烂肉炒菠菜心、三色泡菜。

小吃：炸红苕饼、火腿软饼卷、臊子面、蒸红苕、馒头、花卷、芋儿稀饭。

1984 年 11 月 30 日午餐

三鲜鱼肚、臊子蹄筋、炒红油菜薹、蒜苗炒家常肉丝、烂肉炒泡青菜、拌四川辣菜、漳茶鸭子、榨菜肉丝汤、三色泡菜。

小吃：支耳面、火腿饼、馒头、花卷

白茂洲大师在继承"颐之时"罗派川菜的基础上，不仅自己作出了很大贡献，也将技艺传承给了众多弟子，比如，白仕强、黄明厚、贾先明、江金能、梁叶敏、刘志全、张铮、邹玉林、崔健、熊兆军、曾福元、施兴成、吴庆和等数十位徒弟。这些徒弟在所在的饮食行业都作出了很大成绩，有些还把川菜的烹调技艺发展到海外国家，下面仅将其中的几位作简单地介绍。

贾先明，原成都滨江饭店餐厅部副经理兼厨师长，曾多次被派到四川金牛宾馆参加国宾招待宴会的制作；1984 ～ 1986 年，作为四川第一批川菜厨师被派往日本工作。他在日本三重县铃鹿市本田游乐中心的四川料理"楼兰饭店"先后担任主厨及厨师长。1986 年 8 月，他在"楼兰餐厅"主理了该餐厅自成立以来的最高接待标准之楼兰大宴，并应客人的要求绘制了菜品图。以下为“楼兰大宴”的菜单：

八冷碟：灯影牛肉、金钩玉笋、煳辣田鸡、香油蚕豆、五香鸽子、冰汁莲藕、桃仁郡肝、麻酱芦笋。

大菜：龙眼象鼻、芙蓉燕窝、一品熊掌、孔雀鱼翅、虫草鸭方、大蒜鹿冲、菊花猴头、四川活鱼、雪莲豆泥、清蒸足鱼。

小吃及水果：成都水饺、火腿花卷、菊花酥饼。银耳瓜盅。

贾先明不仅工作成绩突出，还培训出了井桁良树这样享誉全日本的川菜名厨。井桁良树在东京开的三间中国菜餐厅（飘香川菜馆），如今都成了当地的知名中餐馆；1990～1993年，贾先明又被公派到开设在德国杜塞尔多夫市的“四川饭店”担任厨师长，在此期间又为该店培养了多名人才。

白仕强，原四川总府皇冠假日酒店的中餐总厨，曾参加第四届中国烹饪大赛并夺得金奖，被评为全国优秀厨师；1996年领导视察成都时，白仕强被派往金牛宾馆担任接待晚宴的主厨。白仕强的徒弟陶冶，现任盛美利亚酒店（成都）中餐总厨。

第四届中国烹饪大赛金奖获得者、白茂洲之子白仕强

中国烹饪名师江金能

江金能，特一级厨师，2002 年被中国商业联合会及中国烹饪协会授予“中国烹饪名师”的称号，1995 年被任命为厨师（技师）考核委员会的高级评委。早在 1980 年江金能从厨师岗位选调到成都市东城区饮食公司业务及技术培训科工作，在经过几年锻炼后，又被提拔担任公司的副经理，主管经营业务及技术培训的工作。江金能曾组织并举办了十多期烹饪技术培训班，每期都担任培训班的主讲教师及技术考核的评委之一。由于工作成绩突出，江金能还被选为东城区第九届党代会代表，并担任过两届东城区政协委员。

江金能不仅传承了大批传统川菜的做法，一心一意地传授给弟子，他还非常清醒地知道，这种师徒传承是必须的，把这些经典川菜的做法记下也是非常重要的。“颐之时”的菜单和罗国荣 1955 年 3 ～ 9 月在北京饭店的宴会菜单的发现、整理，就是由他开始的。

20 世纪 80 年代，白茂洲将已虫蛀的纸色发黄的重庆“颐之时”餐厅菜单原版交给江金能复印留存，后江金能将原版返还给白茂洲。14 种不同档次的筵席菜单，从最低档的乡村席到最高档的鱼翅席，真可以说是川菜由创始定型期走向发展繁荣期的一个完美微缩样板，是罗国荣大师整合成渝两地川菜的生动例证。

江金能发现这个宝贵的资料后，花费了很多的心血将其中菜品的制作，根据他师父白茂洲的传授及自己多年的实践，尽可能地作了还原和阐释。这无疑是对现代川菜史的贡献。

1984 年和 1987 年，江金能两次被成都市东城区党代会、人代会、政协会组织者聘请担任相关大型会议伙食的主厨；1987 年，他参加成都市烹饪技术比赛，获得热菜比赛第一名。1988 年初至 1990 年 8 月，江金能被调到成都九州宾馆担任餐饮部经理兼厨师长，从筹建厨师培训到协助餐厅顺利开业，他做出的成绩得到了领导的表扬。1990 年 9 月～ 1994 年 5 月，江金能被公派到德国布鲁赫萨尔市北京酒楼当大厨；1994 年 6 月～ 1996 年 6 月，江金能被成都岷山饭店聘为中餐部行政总厨；1996 年 7 月～ 2000 年 4 月江金能再次被德国布鲁赫萨尔市北京酒楼老板聘为大厨；2000 年 5 月到退休之前，他一直被成都市国际经济技术合作公司聘为出国厨师培训的指导教师，先后培训出了大批川菜厨师到其他国家工作。

江金能带过的徒弟现在大多已退休，只有几个徒弟还在国外开中餐馆。例如，蒋永毅在美国新泽西州开了“Chen Du 23 川菜馆”，康栋在英国伦敦开了“康大厨老成都川菜馆”，杨勇在瑞典的一家中餐馆担任主厨。

第三节　中国烹饪大师陈志刚和他的弟子

陈志刚，男，汉族，生于 1927 年 2 月，四川简阳人，1945 年到成都市华兴正街“颐之时”餐馆拜罗国荣为师学习烹饪技术，1949 年出师。

有“山城一把勺”之誉的中国烹饪大师陈志刚

学艺期间，他尊重师父、团结师友、听从师父教诲，多次受到师父的表扬鼓励，刚拜师时他从做杂工开始，大约 3 个月后师父开始教他基本功，比如磨刀端锅练手力。有的徒弟年龄尚小，杂工卫生工作需要做一年多，但陈志刚已在师父的指导下开始整理蔬菜，去其泥沙、虫卵、黄叶、老帮，清洗干净，有的还要剥皮抽筋。师父教他认识干货及怎样发制，慢慢他就知晓哪些用冷水发，哪些用热水发，还有碱发、蒸发、泡发都是师父手把手地教。有时生意不忙或晚上打烊后，师父会讲解一天工作中的问题，出现的问题怎样进行补救，怎样解决。这样又过了 3 个月，陈志刚的墩子工作也能初步掌握了，特别对刀工有了更高的要求，各种刀口都有不同规格，如肉丝要求丝丝断根，丝的长短大小一致，丝的规格也各不相同，但必须整齐划一，美观大方。再后来，师父又让他接触高端原料，原料的发制初加工工作又做了 3 个月，陈志刚对笼锅（蒸笼）、油锅、卤锅、水台（鸡鸭鱼的宰杀和清洗处理）等各工种都有了很好地了解和实践。由于工作刻苦，学习用心，师父开始指点他一些素菜、汤菜，一年后陈志刚已能在师父的指导下做炉子，在宴席上均能得到好评，但他不骄不躁，坚持每天提前起来做卫生、换水钵、看火、氽水、准备调味料和小翘头等。一年半以后，在师父的指导下，他开始做高档宴席的菜品，在1948年他开始独立操作。1949年成都和平解放，解放军高级将领在“颐之时”宴请起义将领，宴会菜肴均是在师父的指导下由汪再元、白茂洲、张雨山、黄子云、陈志刚等人共同完成的，受到了高度赞扬。

1958年，罗国荣推荐了陈志刚、孔道生等人出国传艺。他们是1949年后最早以专家身份出国传播川菜的先驱。陈志刚到布拉格的中国饭店任主制厨师，传播中国饮食文化和川菜技艺。在一年多的时间里，陈志刚根据当地饮食习惯和口味的需求，把具有川菜特色的麻婆豆腐、鱼香肉丝、宫保腰块、火爆双脆等菜肴进行适当调整，很受当地食客和各界人士的欢迎，受到了广泛赞誉。当地食客为了品尝中国美食，时常大清早就在中国饭店门前排长龙候餐，此现象成为当地一大新闻，城市广播电视台和多家报刊媒体争相报道。中国饭店在当地影响越来越大，还吸引着苏联和匈牙利、罗马尼亚等地的食客闻香而至，络绎不绝，这是川菜在海外飘香传播的典范。

1980年6月，陈志刚赴香港任四川省与港商香港美欣食品有限公司老板伍占德合办的“锦江春”川菜馆厨师长。陈志刚师出名门，功底扎实，精通川菜技艺，对川菜干烧、干煸、吊汤技法别具匠心，并能旁通粤菜、江浙菜和西菜，其代表菜有干烧岩鲤、孔雀开屏、开水白菜、鱼香烤虾、蝴蝶海参、鸳鸯火锅、奶油时蔬等。在香港锦江春，陈志刚利用当地原材料，施以川菜烹饪技法和川菜味型，以24个基本味型为基础先后创造了100多道海鲜菜肴，开创了海派川菜之先河，不仅丰富了四川菜谱，也为锦江春带来了可观的经济效益。菜品受到了各界美食家的赞赏，让长期食用粤菜的香港市民耳目一新，他们从不认识川菜到喜欢川菜，再到离不开川菜。后来，重庆市饮食服务公司在深圳开了川菜馆“重庆酒家”，每到周末会有很多香港人同家人过罗湖桥专程来吃川菜，特别是鱼香肉丝、麻婆豆腐、水煮肉片、开水白菜、漳茶鸭子、奶汤素烩等菜肴特别受欢迎。

1981年，香港美欣食品有限公司（老板伍占德，经理伍淑清小姐）举办中菜表演赛事，陈志刚以其创新菜品“蛟龙献珍”技压群芳，独占鳌头。此菜因其造型独特，鲜香扑鼻的味道轰动了香港，当地食客曾把陈志刚奉为“神厨”。

1983 年 6 月，陈志刚回到重庆市饮食服务公司味苑餐厅（当时为商业部重庆川菜厨师培训站），为培训全国的川菜厨师尽心尽力。在此期间接到通知，有客人要到北京四川饭店用餐并想吃火锅，陈志刚主理的首创鸳鸯火锅请客人品尝，客人品尝后连说好吃，给予了极高的评价。这是鸳鸯火锅的故事传至坊间的源头，这也为重庆火锅的发展奠定了坚实的基础，现在重庆火锅香飘海内外，是一张非常响亮的地域名片。

陈志刚首创的鸳鸯火锅

1983 年 11 月，在人民大会堂的首届烹饪大赛中，陈志刚的创新菜品官燕孔雀、蛟龙献珍、鸳鸯火锅、干烧岩鲤均获得高分，被评为全国优秀厨师，并获得了“干烧、干煸、吊清汤是陈志刚三大绝招”的评语。

陈门创始人、一代宗师陈志刚工作照

北京大赛归来，陈志刚立即投入味苑的培训工作中，在中国饮食服务公司重庆川菜厨师培训站任教师兼教研组长，与周海秋、陈清云、吴海云、李跃华等老师（均为重庆顶级烹饪大师）在吴万里站长的领导下，培养了一批又一批的烹饪技术人才。本地各区县只有一个前来学习的名额，其他各省、自治区、直辖市及大型企业若要派人学川菜也必须申请、排队、等候通知，依次分批进入培训站学习。味苑由于烹饪大师集中，菜肴质量上乘，名满山城，顾客盈门，座无虚席，订筵席须提前10天才行。大师们将锅儿玩得团团转，火候掌握得十分巧妙。陈志刚说，做菜站炉子是一种艺术，更是一种享受，不论煎、熘、爆、炒、炸均是火中取宝，正如罗国荣大师教导的那样："烹饪之道，如火中取宝，火候第一，不及则生，稍过则老，争之俄顷，失之于须臾；非言语所能传其妙，非笔墨所能尽其奥；要慎思，要实践，才能得心应手。"必须精力集中，反应及时，动作快速，否则菜肴质量达不到要求。糖醋味型味要浓厚，糖要大于醋，做脆皮鱼、糖醋瓦块鱼，糊芡在锅中制好后要冲入旺油，芡糊才会发亮，才会起果子泡。荔枝味型要做到进口酸，醋要多一点，要考虑醋的挥发性，味要浓厚。鱼香味型要做到酸甜咸辣四味一致，姜葱蒜香味突出。如鱼香肉丝要求鱼香味正，散籽现油，色泽红亮，质地细嫩。陈志刚还讲，炒菜要吃香，爆菜要吃脆，溜菜要吃嫩，蒸菜要吃粑、烧菜要吃糯。特别是做炉子时，每天必须将调料车上的调味料检查一下，并且要试味，知晓调味料的品质味道，调味料摆放是否顺手也是重要因素，还有上炉子之前要勤洗手保持干净卫生，做出来的菜必须是色香味俱全，起锅装盘需要美观大方。

周海秋老师要求严格，学员认为菜烹好该起锅了，周老师试味后说不行，还需要调整味道，学员只有再次调味合格后，才能起锅装盘。刘应祥老师讲川菜筵席时说，川菜筵席讲究 10 个字的特点：甜，咸，酥，软，脆，麻，辣，嫩，鲜，香，开筵席菜单必须遵循这 10 点全面考虑。对川菜的色香味，刘老师说“色入目则心动，香入鼻则胃动，味入舌则食欲动”，他的经典话语让学员们终身不忘。各位老师都尽自己毕生经验传授给每位学员，让学员学到知识、学到技术，让学员有立身的饭碗，以便回到单位后更好地服务社会。陈老师常跟学员讲，你们回去要当老师的，老师就要讲人品、讲素质，要为人师表，要有师德，做菜如做人，由菜品看人品，只有人品素质好、厨德好才能把菜做好，才能成为一名优秀的厨师。培训站站长吴万里更是强调学员的人品修炼，所以对选送学员的单位和地区是有要求的，必须是人品素质好，踏实肯干，不怕吃苦，肯学肯专，有一定从业经历和技术基础的人才能来深造学习。陈志刚老师说：“我们做餐饮，是关系到人们安全健康的，应该是良心产业，产品肯定是良心产品。你大清早上班没人监管，只能凭着良心做产品。你必须讲究卫生，讲究食品安全，不滥用食品添加剂，严格执行相关法规。你制作的产品自己能吃，自己家里小孩能吃，才能给客人吃，这就是良心。”

由于严格地培养，结业的学员德艺双收，川菜传遍大江南北，处处皆闻川菜香。这其中有学员们的功劳，有陈志刚老师和各位教学大师的功绩，也有学员单位的重视，更有培训站领导吴万里老师的精心策划及全体老师和师兄师姐的无私奉献。

陈志刚长子、陈门川菜第一代掌门人、中国烹饪大师陈彪

陈志刚长子陈彪，1979 年刚参加工作就入职师爷罗国荣创办的餐饮名店重庆“颐之时”，与泰斗级烹饪大师周海秋、徐德章等人共事，并得到他们的精心指导。陈彪说，我在他们身上学到了真正的匠人精神。在这些大师的言传身教中，特别是在父亲手把手的指导下，陈彪苦练基本功，不仅打下了深厚的基础，厨艺也是突飞猛进。在重庆市青年厨师明星大赛中，参赛选手 200 余名，陈彪一举夺得第一名，被评为“青年突击手标兵”。

经过多年努力，陈彪在味苑餐厅从助教很快晋升为讲师，在行业中影响颇大。2003 年陈彪主理厨政的北京“巴渝小镇”火爆京城，推出的极品系列菜品为企业创造了良好的经济效益。《北京晚报》以“彪哥传奇”为题，对陈彪进行了专题采访报道。

陈彪发起和领衔的“中国食文化研究会陈志刚川菜传承工作室”，在烹饪厨艺和文化传承方面为重庆树立了一面旗帜，在传承中国饮食文化的基础上积极挖掘与创新，为行业培养了技术骨干，推动了行业技术进步，充分发挥了大师的引领作用。

中国食文化研究会陈志刚川菜传承工作室在川渝两地影响很大，甚至在全国也是有一定影响力的组织。陈志刚一生教授了众多弟子，这些弟子又传授了众多弟子，因而聚集在陈志刚川菜传承工作室大旗下的陈门弟子人数众多。2021 年召开的陈门大会，出席的弟子人数达到了 700 余人。据大会的组织者说，截至大会开始，全国各地自认是陈门之后的厨师已达万人。

陈彪门下优秀弟子有：

李秋路，陈门理事会常务副理事长，宴宾楼饭店传承人。

周到，陈门理事会常务理事，陈门火锅专业委员会副主任，重庆周师兄火锅创始人，全国最美厨师奖获得者。

李开强，陈门理事会常务理事，陈门中餐专委会副主任，中式烹调高级技师，重庆金科大酒店行政总厨。

陈门一代优秀弟子介绍

王偕华——陈门第二代掌门人，特一级烹调师，国家级烹饪大师，陈门监事会监事长、技术专家组组长。

1971 年入行，因其吃苦好学深得陈志刚大师喜爱故纳入门下。经众多大师名厨精心指导造就一身好厨艺。1979 年随师赴港初试锋芒，3 年间深受各种饮食文化熏陶，自身厨技更加全面充实，在香港深得食客好评。1981 年在川菜培训站重庆味苑培训基地任厨师长兼教学老师，培养出一大批川菜人才。1989 年组团赴美国华盛顿特区蓉园大酒楼任总厨，并获得华盛顿邮报美食专家专刊盛赞，王偕华将川菜文化与陈门之独特技艺相结合，为川菜走向世界作出了很大贡献。

20世纪90年代，王偕华回国自主创业只身赴蓉，将成渝两地饮食习惯相结合创建“重庆老火锅王”品牌，27年来在蓉家喻户晓，食客们排队进餐，至今不衰。

门下优秀弟子有：

张青，陈门理事会常务理事，中式烹调高级技师，凯悦酒店副厨。

何跃，中式烹调高级技师，和秦记江湖菜厨师长。

黄斌，中式烹调高级技师，鹅艺空间厨师长。

杨波，中式烹调高级技师，重庆老火锅王厨师长。

冯山峻——陈志刚川菜传承工作室第二任主任，监事会副监事长，技术专家组副组长，中式烹调高级技师，重庆美食专家评委，中国烹饪大师。

1970年在“颐之时”大酒楼拜入师门，其间潜心钻研技术并很快脱颖而出，1980～1982年，出任川菜培训站助教，协助老师陈志刚培养烹饪技术能手。1982～1985年，受单位委派赴美国华盛顿进行为期3年的烹饪事业交流。1986年调任重庆第一家餐饮涉外合资企业“重庆饭店有限公司”任行政总厨，并圆满承接了诸多重要外事活动。1991年以来一直从事重庆市的厨师教培和美食评审工作，曾三度带领重庆代表队参加国家级美食大赛且屡获佳绩。

门下优秀弟子有：

晏兵，陈门理事会代表理事，中式烹调高级技师，皇靓记酒楼行政总厨。

卢朝斌，陈门理事会代表理事，中式烹调高级技师。

黄国良——川菜陈门监事会监事，技术专家组成员，中式烹调高级技师，中国烹饪大师，餐饮业国家一级评委，重庆市职业鉴定专家委员会中式烹调师专家组成员。

1972年参加工作，1979年因为职称晋级考核连中三元得到重庆日报的特别报道。1986年代表重庆市参加了日本广岛世界美食节并传播了中华川菜文化。1989年受组织委派赴瑞士苏黎世中国红狮酒店主厨。1992年开始自主创业，

2004～2019年连续出任沙坪坝区饮食行业会长。现为重庆喜悦饭店董事长并多次出席重庆市及各区县烹饪大赛及美食节的评审工作。历任重庆市第十二届市人大代表、沙坪坝区第十七届政协委员、沙坪坝区第十二届人大代表。

门下优秀弟子有：

胡红亮，陈门理事会副理事长，中式烹调高级技师。

罗荣华，陈门荣昌分会的奠基人，中式烹调高级技师，重庆市烹饪大师。

陈彦——陈门川菜陈门监事会监事，技术专家组成员，中式烹调高级技师，国家级烹饪大师，重庆市第三届美食节金奖获得者。

陈彦1971年参加工作，1981年调任川菜培训站带班班长和代课老师，培养了700多名川菜高级人才。1992年开始，任全国多个大酒店行政总厨，一生兢兢业业，致力于川菜事业的发展和传承。

门下优秀弟子有：

陈安源，中式烹调高级技师，成都“重庆火锅王”总经理。

杨明兵，陈门理事会副理事长，中式烹调高级技师，大韩海鲜行政总厨。

李代中，陈志刚川菜传承工作室联合创始人，中式烹调高级技师，汉宫餐饮创始人。

徐世兴——陈门川菜陈门监事会监事，技术专家组成员，中式烹调高级技师，国家级烹饪大师，国家酒店餐饮业一级评委。

1960年参加工作，1970年拜入师门，1975年在全市“工业学大庆，农业学大寨”比赛中连中三元，声震巴渝，参与了中日菜谱的拍摄工作。1982年公派出使美国，回国后历任昆明饭店、北京建国饭店、扬子江假日饭店等合资企业总厨，后又出任顺生大酒店、江州大酒店、锦绣大酒店总经理。重庆市“改革开放个人功勋成就奖”、东南亚中华饭店协会“饭店管理艺术最高成就奖”获得者。

门下优秀弟子有：

艾道奇，中式烹调高级技师，重庆市现代技师学院高级讲师。

谢刚，陈门理事会代表理事，中式烹调高级技师。

薛祖达——川菜陈门监事会监事，技术专家组成员，中式烹调高级技师，高级营养师，职业鉴定高级考评员。

1969 年参加工作，1977 年拜入师门，1992 年前一直履任公司领导。20 世纪 80 年代初期，协助恩师陈志刚出版了《川菜珍肴》一书，2019 年编著出版了《渝派川菜宝典》，还编写了 20 余万字的烹饪培训教材。现任重庆新东方烹饪学院、重庆现代技师学院、任荣烹饪集团等院校客座教授，重庆市烹协专家顾问、中国美食发展研究会大师级研究员。1996 年被评为特一级烹调师，2004 年被评为高级烹调技师，任重庆武隆羊角豆制品有限公司高级顾问。

门下优秀弟子有：

薛峰，陈志刚川菜传承工作室联合创始人，陈志刚川菜传承工作室副主任，中式烹调高级技师，娅峰餐饮管理公司总经理。

左国举，陈志刚川菜传承工作室副主任，中式烹调高级技师，重庆味道大酒楼总经理。

徐平，陈志刚川菜传承工作室联合创始人，陈志刚川菜传承工作室副主任，中式烹调高级技师。

贺习昌——川菜陈门监事会监事，技术专家组成员，中式烹调高级技师，国家级烹饪大师。

1974 年参加工作，1981 年为川菜培训站学员，1985 ～ 2015 年履任全国多家知名酒店和高端会所总厨。现任多家餐饮公司总顾问，重庆现代职业学院继续教育学院客座教授。

门下优秀弟子有：

陶武建，陈门理事会常务理事，中式烹调高级技师，永顺汤坊创始人。

庞厚建，中式烹调高级技师，世界烹饪大赛特金奖获得者。

陈亚非——陈志刚次子，中式烹调高级技师，国家级烹饪大师。

1980年参加工作，历任重庆“颐之时”酒楼、扬子江假日饭店、紫薇大酒店、夏宫川菜厅、大众餐饮公司、陈川粤大酒楼、新大兴集团、鑫安大酒店等主厨、总厨、餐饮总监等职务。

门下优秀弟子有：

平山，陈门理事会常务理事，中式烹调高级技师，山民居乡野菜创始人。

黄旭，陈门理事会常务理事，中式烹调高级技师。

李国平，陈门理事会常务理事，中式烹调高级技师。

李有福——中式烹调高级技师。

1963年参加工作，同年拜入师门。历任“颐之时”餐厅、建设公寓、扬子江假日饭店主厨。1993年创建龙凤美食城。

门下优秀弟子有：

梅彦，陈志刚川菜传承工作室联合创始人，陈志刚川菜传承工作室副主任，中式烹调高级技师，重庆汤嫂食品联合创始人。

张平——中式烹调高级技师，国家级烹饪大师。

1971年参加工作，1981年为川菜培训站学员，同年拜入师门。在川菜红案及冷菜上造诣极高，其食品雕刻绝技独树一帜、别具匠心。诸多作品被各类烹饪书籍收录，并撰写了《合理烹调与营养》《酒在烹调中的作用》《川菜以擅用麻辣著称》等学术论文，发表在各类烹饪刊物上。1993年创建了西郊大酒楼，至今为陈门的优秀传承基地。

门下优秀弟子有：

张基庆，陈门理事会副理事长，中式烹调高级技师，西郊大酒楼行政总厨。

刘俊伦，陈门理事会副理事长，中式烹调高级技师，注册国际烹饪大师。

龙大江，中式烹调高级技师，重庆璧山区饮食行业协会会长，重庆市非物质文化遗产“来凤鱼”传承人。

钱广，中式烹调高级技师，重庆市青年名厨联谊会常务副会长，重庆厨耕记餐饮管理有限公司联合创始人。

李有力——特一级烹调师，中国烹饪大师。

1981 年拜入师门，1984 年顺应改革潮流创建了“宴宾楼饭店”，并陆续创办了宴宾楼分店、桃园春火锅店、阳光火锅城等知名餐企，获得了瞩目的社会效益和经济效益。1986 ～ 1996 年，连续出任沙坪坝区政协委员。1992 ～ 1996 年，出任重庆市餐饮协会副理事长。重庆市政府多次委派其出国进行技术交流和川菜文化传播。

门下优秀弟子有：

陈开明，陈门理事会副理事长，中式烹调高级技师，第三届全国烹饪大赛金牌获得者。

肖晥云，陈门理事会代表理事，中式烹调高级技师，2002 年全国厨师节川菜烹饪大赛银牌获得者。

廖庆华——特一级烹调师。

1960 年参加工作，1973 年在川菜培训站学习，同年拜入师门。1983 ～ 1985 年，受组织委派到美国华盛顿会仙楼工作，回国后历任重庆诸多餐饮名店厨师长、北碚区烹饪培训站站长。

门下优秀弟子有：

廖东，陈门理事会代表理事，中式烹调高级技师，重庆北碚区饮食服务公司监事长。

杨国钦——资深国家级烹饪大师，特一级厨师，国家一级评委，国家级裁判员，四川省非物质文化遗产“川菜传统烹饪技艺”代表性传承人。

1973年进入出国厨师高级培训班学习，同年拜入师门。先后前往德国、泰国、俄罗斯等地主厨，交流表演川菜厨艺。先后编著出版了《菜品集锦》《大千风味菜肴》《风味甜食》《内江美食风味》《国画大师张大千吃的艺术》等书。在全国的烹饪报刊上发表了上百篇烹饪文章。其业绩载入《内江市中区志》《内江市志》《四川省志·川菜志》《中国人物志》《世界名人录》等十部辞书中。任四川省烹饪协会轮值会长，杨国钦技能大师工作室主任。

门下优秀弟子有：

邓正波，陈门理事会常务理事，中式烹调高级技师，邓正波中式烹调技能大师工作室主任。

康纪忠，中式烹调高级技师，中华金厨奖获得者。

蔡元斌，中式烹调高级技师，张大千烹饪艺术中心研究员。

卢勇，中式烹调高级技师，四川省烹饪协会内江工作委员会副主任。

邓万弟——特一级烹调师。

1961年参加工作。改革开放前任职大渡口饮食服务公司经理，改革开放后在喜来登酒店管理集团北京饭店、北京燕山大酒店、广州花园酒店等知名酒店任职厨师长。

门下优秀弟子有：

唐尚志，中式烹调高级技师，泰艾冬阴功海鲜火锅创始人。

谢杰，中式烹调高级技师，新东方烹饪学院高级教师。

徐明德——中式烹调高级技师，国家级烹饪大师，重庆市饮食服务业技术职称考试评委。

1961年参加工作，1963年拜入师门，1980年跟随恩师赴香港锦江春事厨，回渝后参加了外交部援外厨师班的专项学习并历任公司下属餐厅的经理和厨师长。他投身于川菜培训事业，先后为重庆市各重点单位和全国供销系统培养了无数的优秀学员，可谓桃李满天下。

门下优秀弟子有：

伍仕嘉，陈门理事会代表理事，中式烹调高级技师。

蒙兴禄，中式烹调高级技师，南方君临酒店行政总厨。

秦文清，中式烹调高级技师，荣和缘食府行政总厨。

王永敏，中式烹调高级技师，缘来大酒楼行政总厨。

杨联志——特一级烹调师。

1960年参加工作，1985年进入川菜培训站学习，同年拜入师门。1971年出任新桥供销社经理，1990年在石桥饭店担任总经理。上桥大酒楼创始人。

门下优秀弟子有：

涂流建，陈志刚川菜传承工作室联合创始人，陈志刚川菜传承工作室副主任，中式烹调高级技师，重庆图小卤餐饮管理有限公司创始人。

李强——中式烹调高级技师、国家级烹饪大师。

1977年进入重庆市江北区饮食服务公司东方红饭店从事厨师工作，1983年公派前往广东省珠海市国营重庆酒家交流学习，1985年12月返渝发展。历任重庆金满楼饭店、河南省郑州市杜康大酒店、重市南园大酒店等餐企行政总厨。2014～2018年，受聘于重庆市公安局膳食科，出任菜品出品总监。

门下优秀弟子有：

肖富兵，陈门理事会副理事长，中式烹调高级技师，中华金厨奖得主，渝膳缘灶房功创始人。

唐代灿，陈志刚川菜传承工作室联合创始人，中式烹调高级技师，中国食文化研究会川菜专委会主任。

刘波——特二级烹调师。

1972 年参加工作，1987 年进入川菜培训站学习，同年拜入师门。从 20 世纪 80 年代初到 90 年代末一直从事厨师培训工作。2002 年加入重庆著名餐企陶然居从事厨师培训工作，为川菜传承事业作出了特殊的贡献。

门下优秀弟子有：

杨志远，中式烹调高级技师，灶东家酒楼技术总监。

易平，中式烹调高级技师，温泉之乡乡村菜创始人。

赵世长——中式烹调高级技师，国家级烹饪大师。

1983 年在万州创办路长饭店，1986 年在武汉创办小四川菜馆，1988 年拜入师门，2012 年获中华金厨奖。历任武汉市江汉区政协委员、万州餐饮协会副会长，中国饭店协会授予其“厨艺大师”称号。

门下优秀弟子有：

陈琨，陈志刚川菜传承工作室联合创始人，陈门理事会副理事长，中式烹调高级技师，笑三多连锁餐饮创始人。

曾丕良，中式烹调高级技师，武汉宴行政总厨。

张明军，中式烹调高级技师，巫山烤鱼非物质文化传承人。

唐泽铨——中国烹饪大师，中式烹调高级技师，餐饮业国家一级评委，国家职业技能竞赛裁判员。

1994 年 11 月获第三届全国烹饪技术比赛热菜银牌；1998 年被宜宾市政府授予“劳动模范”的称号。2006 年被宜宾市委市政府评为“宜宾市突出贡献技师”，享受政府津贴。2007 年 4 月获得中国烹饪界最高奖项“中国烹饪大师金爵奖”。曾多次在《四川烹饪》杂志发表著作，2003 年出版《蜀南全竹宴》一书。

门下优秀弟子有：

李庄，陈门理事会常务理事，中式烹调高级技师，国家职业技能高级考评员。

李俊，中式烹调高级技师，第六届全国烹饪技能大赛热菜金奖获得者。

李卫——中式烹调高级技师，国家级烹饪大师。

1971年参加工作，1983年进入川菜培训站学习，同年拜入师门。1990年赴德国佛里哈芬大运河酒楼事厨，归国后，历任各大酒店厨师长和总厨。其烹制的仔鸡豆花、菊花元鱼（甲鱼）、西山孔雀等菜肴被选编入《创新川菜》第二辑。事厨40多年为南充地区培养了1000余名优秀厨师。

洪代华——特一级烹调师，国家级烹饪大师，重庆市职业培训机构高级教师。

1971年在“颐之时”大酒楼参加工作，1978年拜入师门。2000年前一直从事烹饪教育工作，培养了无数学生后辈。2000年后历任重庆市朝天门大酒店、北京粮油宾馆、哈尔滨大酒店厨师长。

门下优秀弟子有：

张家强，陈门理事会常务理事，中式烹调高级技师，宏和餐饮公司总经理。

李小刚，中式烹调高级技师，熙熙肥牛餐饮管理有限公司联合创始人。

聂文生，中式烹调高级技师，熙熙肥牛餐饮管理有限公司联合创始人。

陈德生——特一级烹调师，国家级烹饪大师。

1976年参加工作，1982年进入川菜培训站学习，同年拜入师门。1986年被成都军区特招进入军区政治部锦苑餐厅担任经理，1987年荣获全军主厨比赛第一名，并选派前往北京烹制国宴。1993年在成都自营老四川大酒楼时，蓉城晚报开展了“山城的花冠落户蓉城”的专题报道，获得成都市民的一致好评。

门下优秀弟子有：

刘勇，中式烹调高级技师，天佑酸菜鸡创始人。

胡青平，中式烹调高级技师，黄金园大酒楼厨师长。

张永德，中式烹调高级技师，太婆水饺创始人。

李童兰——中式烹调高级技师。

1979年进入重庆市饮食服务公司工作，1983年调任小洞天饭店主理凉菜，1989年特聘进入扬子江假日饭店主理凉菜，1991年拜入师门，擅长川菜凉菜的烹制。

门下优秀弟子有：

薛枫，中式烹调高级技师，致珍汇私房菜行政总厨。

彭志刚，中式烹调高级技师，金汤匙餐饮公司出品总监。

刘选忠——中式烹调高级技师，国家级烹饪大师。

1972年参加工作，1977进入重庆烹饪技术培训班（721烹饪大学）学习，学成后出任杨家坪西郊饭店厨师长。1983年进入川菜培训站学习，期间拜入师门。历任杨家坪饮食服务公司技术干部，天津重庆饭店总经理兼行政总厨，杨家坪饮食公司、重庆多家酒楼厨师长、行政总厨。

门下优秀弟子有：

蒲庆华，中式烹调高级技师，隆记江湖菜创始人。

张玉如——中式烹调高级技师，中国烹饪大师。

1980年参加工作，1987年进入扬子江假日饭店员工餐厅，后经假日集团管理方考核认可，出任员工餐厅经理兼厨师长，期间拜入师门。1998年出任海逸大酒店副厨师长，2002年开始自主创业，为巴渝民间小厨创始人。

任作善——特三级烹调师。

从事烹饪管理工作四十余年。历任厨师、厨师长、副经理、经理等并兼任南充市烹饪协会副会长，市食品协会特邀理事，市商业经济学会理事，南充地区烹饪协会副理事长，四川省烹饪协会理事，南充市烹饪饮食服务公司培训科长，考评委员兼裁判组组长。1964～1972年，在重庆参加3次厨师培训，拜陈志刚为师，1998年被载入《中国厨师名人录》。

周复平——特一级烹调师，国家级烹饪大师。

1971 年参加工作，1977 年、1983 年跟随恩师学习，1987 年拜入师门。1985 ~ 1990 年任职巴县（现为重庆市巴南区）饮食服务公司江州大酒楼经理兼厨师长，为相关单位培养了一大批技术骨干。历任南京巴蜀酒家、深圳老地方大酒楼等餐企的厨师长和行政总厨。

门下优秀弟子有：

卢永，中式烹调高级技师，成都贝森休闲广场厨师长。

胡强，中式烹调高级技师，上海麻辣风暴餐饮集团行政总厨。

童渔华，中式烹调高级技师，上海麻辣风暴餐饮集团厨师长。

李光俊——特三级烹调师，美国华盛顿 DC 中华美食友谊大使。

1968 年参加工作，1982 年进入川菜培训站学习，1987 年拜入师门。1990 年以前出任万县（现为重庆市万州区）饮食服务公司下属多个酒楼的厨师长。1990 年伊始，前往美国华盛顿 DC 荣园餐厅事厨，后在美国的中国餐厅任职主厨。1998 年至今，先后在纽约开设了 5 家纽约大四川餐馆，为川菜海外扬名作出了突出的贡献。

门下优秀弟子有：

熊学智，陈门理事会代表理事，中式烹调高级技师。

周木生——特一级烹调师。

1962 年参加工作，1982 年拜入师门，1988 年公派至乌干达、坦桑尼亚大使馆工作，1990 年回国后出任深圳市重庆小洞天厨师长。历任各大知名餐企的厨师长、总厨。

门下优秀弟子有：

刘罗建，陈门理事会副理事长，中式烹调高级技师，锦禧酒楼厨师长。

汪天云——特一级烹调师。

1968年参加工作，20世纪80年代初拜入师门，1999年获得全国第四届烹饪大赛团体银奖，大宗宴席金奖。2004年获得重庆市首届烹饪大师荣誉称号。历任陈川粤集团行政总厨，北京新世纪青年集团餐饮总监。

门下优秀弟子有：

蒙明政，陈门理事会常务理事，中式高级烹调师，中华金厨奖获得者。

李朝阳，陈门理事会常务理事，中式高级烹调师。

邓人华，陈门供应链联谊会副会长，中式高级烹调师，邓鼎计食品公司创始人。

陈明义——特一级烹调师，国家级烹饪大师。

15岁参加工作，18岁即获得重庆市"青年学工积极分子"的荣誉称号。1975年出任朝阳饭店技术培训中心教研组副组长。1977～1979年，被选派到北京外交部学习工作。受国家派遣，先后出任中国驻阿拉伯联合酋长国、法国、瑞士、英国、加纳、多哥、巴基斯坦等国家大使馆的总厨师长。

门下优秀弟子有：

刘万新，陈志刚川菜传承工作室联合创始人，陈志刚川菜传承工作室副主任，陈门理事会理事长，中式烹调高级技师。

唐庆东，陈志刚川菜传承工作室联合创始人，陈志刚川菜传承工作室副主任，中华金厨奖获得者。

刘雅庄，陈志刚川菜传承工作室联合创始人，陈志刚川菜传承工作室副主任，中式烹调高级技师。

汪河江，陈志刚川菜传承工作室联合创始人，陈志刚川菜传承工作室副主任，中式烹调高级技师。

张刚——特一级烹调师。

1960年参加工作，1973年在川菜培训站学习，同年拜入师门。20世纪80年代公派前往埃及开罗和英国伦敦出任大使馆大班长。重庆烹饪考试一级、二级考官。

门下优秀弟子有：

邓永良，陈门理事会代表理事，中式烹调高级技师，正德兼善（重庆）文化发展有限公司董事长。

第四节　中国烹饪大师李致全和他的弟子

中国烹饪大师李致全

李致全，1925 年生于四川新津，与罗国荣本人及他的多个徒弟白茂洲、黄子云、王耀全、黄润等都是同乡。因父亲故世早，家境贫寒，十多岁就去成都一家经营皮箱的店铺学徒。不料这家店铺的老板对李致全非常苛刻，每天从早到晚要干很多活，经常吃不饱饭，还动不动就遭受打骂。据说，有一天正在这个老板痛打李致全时，被过路的罗国荣看见了，他对老板毒打这么一个十几岁的孩子心中不忍，他先劝说并阻止了老板打人，然后和老板商量，在征求老板和李致全的同意后，将李致全带到已经开业的“颐之时”餐馆，正式收下李致全为徒。

李致全是秉性忠厚，朴实善良，勤快且聪颖之人。在师父的精心传授下，他几年时间就学了一身本事，成了"颐之时"餐馆众多师兄弟中的佼佼者，师父的得力助手之一。他不仅技术学得好，为人还很谦和、真诚，做事光明磊落，不捧人，不踩人，对师兄弟十分友爱。

1950 年，李致全与罗国荣一起到重庆经营"颐之时"，1952 年又被调到西南军政委员会公安部工作，1954 年初调入北京。据李致全的子女回忆，李致全调入北京后进公安干校学习，毕业之后就分到了北京饭店工作。当时还没有人民大会堂和钓鱼台国宾馆，北京饭店是国家最重要的举行国宴和外事活动的场地。无论是国内的政治大活动还是接待外国政要，北京饭店的餐饮服务工作非常繁忙，任务非常艰巨。刚开始罗国荣大师身边只有两个得力的弟子，一个是黄子云，另一个就是李致全。他们两个可称得上是师父的左膀右臂。后来黄润调入北京饭店，又培养了于存、李士宽、魏金亭等人，增添了新生力量。

在为党和国家重大政治、外交服务的工作中，李致全勤勤恳恳，勇挑重担。他厨艺精湛，最拿手的活儿是烹制"烤方"。烤方的时候最容易起泡，表皮起泡后，一旦泡破了就前功尽弃了。李致全心灵手巧，发明了个好办法，看哪里要起泡了，就用湿巾摁住，等它完全平复了再接着烤。这样制作的烤方既不伤皮又完整好看，他精心烹制的烤方色泽金黄，外形美观，酥脆鲜香，总是能得到贵宾的赞扬和同行的尊重。

李致全为人老实厚道，手艺又高超，在北京饭店几十年的工作经历颇具传奇色彩。

在 20 世纪 50 年代中后期到 60 年代初期，李致全曾经为一位年高德劭的领导服务过很长一段时间。李致全还曾经在另一位领导的家工作过几年。因为对工作要求高，以前换了几位厨师，李致全去后他们才表示特别满意。不仅如此，领导还请李致全给朋友家做过饭，每次都是好评如潮，这让当时很多人都知道了李致全这位烹饪高手。

李致全还被派到国外工作，第一次（20 世纪 50 年代）去国外，他给国外的厨师讲课，在那儿工作一年多，反映非常好。由于他为人可靠，技术又好，后来陆续又被派到西班牙、美国等国家。李致全和陈志刚一样，是中华人民共和国成立后最早一批因公派遣出国的，是让川菜走向世界的先驱。

彭晓东先生发表在《四川烹饪杂志》上的文章有如下记载：

川菜名厨李致全，在1943年就拜被郭沫若称赞为“西南第一把手”的川菜大师罗国荣为师。他为外国国家元首主厨近七年，调味时而清淡，时而麻辣、酸辣、酱香、糖醋、鱼香……浓淡谐调，味道多变，醇厚入味，荤素并举，深得元首满意。李致全主厨期间，让贵宾一家领略到川菜的独特风味。这位元首尤其爱吃他烹制的锅巴虾片、干煸四季豆、龙井鲍鱼、奶汤鱼豆腐、酒焖鸡翅、香花鸡片、漳茶鸭子、东坡肘子等。特别是东坡肘子，色泽红亮起皱，其香味浓郁诱人，味道浓厚，肉质肥而不腻。每逢冬季将临，贵宾都要点一两次这道菜。川菜锅巴虾片也是每次重要宴会上必点的一道重头菜。为什么呢？因为刚刚将一盘用热油炸得又酥又脆的锅巴摆上餐桌，立马将用葱、姜、蒜、泡辣椒、盐、酱油、醋、胡椒粉、糖、味精、玉兰片、豆苗（根据时令，用其他青菜亦可）、口蘑、水淀粉、清汤做成的一碗热气腾腾带稀芡的虾片，倾倒在刚刚油炸酥脆的锅巴上，随着阵阵嘎巴嘎巴的炸响，顿时香气四溢。菜盘中锅巴酥脆，虾片清香，爽口滑嫩，酸甜咸鲜，味美可口。这道菜的关键之处还在于，以热对热同步进行，趁热行事动作要快。尤其是那声炸响，吸引了众多客人。这道锅巴虾片成了元首每次宴请贵宾的招牌菜，每当此时，他都会热情地招呼大家快快品尝。

这位外国客人在闲暇之余，有时也会突发奇想，让厨师将一些中西方食材进行搭配，比如用西式调料和葡萄酒调味，做出一些个人喜欢的菜。很可惜李致全师傅已去世，这批中西合璧、包含着元首和李师傅友谊的菜品没能够整理出来，也不可能流传于世了。

这位客人的生活深受法国人的影响，生活品位很高，饮食的标准、规格、质量都有专门的要求。他爱吃法国菜、中国菜、柬埔寨菜，同时他还精通烹饪艺术，经常和厨师们共同商议每个月的菜谱。他每天用餐很有规律，一般由他的姑母做一个柬埔寨菜，他亲自下厨做一两个法国菜，李致全等厨师再做四五个冷菜和四个热菜，基本上天天如此。有一次，他在家中举行宴会，李致全做了一道龙井鲍鱼，宾主都大加赞扬，齐声夸好。送走客人后，他把李师傅叫去，表扬了一番，说他曾在北京饭店第一次吃到这个菜，印象很深，那时他以为是杭州菜，中方的领导人告诉他此菜是川菜名厨罗国荣做的。那个菜端上来时，十分漂亮，味道很鲜美，以前从未尝到过这种味道。

这位外国元首知道李致全师傅是四川人，就问他手艺是跟谁学的，李师傅说他就是罗国荣的徒弟。对方一听，哈哈大笑地说，“怪不得你的菜做得这么好！”他关切地问罗国荣现在还在北京饭店吗？李师傅只好说罗国荣师父已经病故了。这位客人脸上露出了惋惜的表情。

由于李师傅菜做得好，服务周到，经常受到外国客人的表扬，多次把李师傅叫出去向他敬酒，以示感谢。

李致全一生尊师重道，他不仅十分尊重和感谢他的师父罗国荣，对他的师叔、四大名厨之一的范俊康大师也是礼敬有加。范大师夫妇晚年身体欠佳，李致全经常下班后不顾自己身体劳累，帮助师叔做饭，同时他也利用这个机会向师叔请教。李致全不愧是中国传统优秀品质的践行者。

李致全对徒弟们也是言传身教，从不留私，对年轻弟子心口传授，亲自示范。不合要求的，他会严肃纠正。工作之余，他跟徒弟们谈笑风生，吃喝不分，像对自己的孩子一样。他虽然是只读过两三年私塾，愣是能编纂成百十道传统和新创川菜的菜谱。他那种爱岗敬业的精神永远是从业者们的楷模！很可惜他的这些宝贵资料没有留存下来。

李致全的弟子门人有朱志明、陷春华等。

第五节　中国烹饪大师于存和他的弟子

于存，河北省遵化人，1936 年出生，1954 年到北京饭店工作，拜川菜大师罗国荣、范俊康为师，1957 年初又拜淮扬菜大师王兰为师，经过三大名师的多年悉心指教，以及他的刻苦学艺，他掌握了川菜的因材施艺、烹制技艺多变的方法。

他掌握了叉烧、酥、炸、浸、烘、熏、靠、煎、炒、爆、熘、滑、塌、贴、摊、烹、炝、烧、烩、煨、炖、烤、汆、煮、撺、蒸等 20 多种厨艺，也掌握了淮扬菜在烹调上擅长炖、蒸、烧、焖、炒的技法，菜肴咸甜适中，原汁原味，注重调汤的特点。他做的菜浓而不腻，滑嫩爽脆，淡而不薄，清鲜软糯。他不但精通了川菜、淮扬菜的烹调技术，还虚心跟谭家菜的彭长海，粤菜大师张桥、康辉、李厚光等人学艺，博采众长，融会贯通。

1959 年，于存在烹饪方面已经小有名气，他被调到了北戴河为老领导担任厨师。1965 年于存被调到中南海。于存又激动又紧张，他特地打听了领导的饮食习惯，作息规律，以便更好地服务。

一番探索之后，于存发现领导吃饭很没有规律，一般都是中午醒来后吃饭，晚上七八点吃饭，更多的时候是一日两餐，而且领导对于吃什么也从来不讲究，鸡鸭鱼肉、五谷杂粮有什么就吃什么。很多传言说这位领导喜欢吃红烧肉，但于存认为，他更喜欢吃鱼。

在中南海的海子里，有不少的鱼，种类很多。里面有一种野生的小泥鳅，北京俗称泥钻子，在海子边的泥巴中就能抓到。于存和警卫员抓到小泥鳅后，便放在清水中净养几天，吐掉泥沙后，于存便把小泥鳅收拾干净，加一点豆腐、鸡蛋和葱姜末、盐，给他做泥鳅鱼鸡蛋羹吃。有一次，于存还给他做了一道泥鳅钻豆腐的江西风味菜，领导吃后满意极了，让服务员把于存叫进书房说："小于呀，这泥鳅是从外面买的吗？"于存回答是从海子里抓的。领导笑着说："那更好嘛，经济实惠，还不花钱噢。"

领导经常让于存煮几根玉米，也吃得非常高兴，有一次于存问："您怎么这么喜欢吃粗粮呢？"领导回答道："五谷杂粮可是好东西，老百姓们都吃，像玉米、白薯更是有利于促进新陈代谢。"于存得知领导喜欢吃粗粮之后，千方百计地为他换口味，于存发明了一种"炸土豆饼"，菜刚端上桌没一会儿，领导就吃光了，从此这道菜成了领导的家常菜。

于存在领导身边服务了 3 年，按照规定要更换厨师。随后领导身边就换了另一个厨师，不料这位厨师虽然技艺高超，但做的菜不太符合领导的口味，于是又把于存调回来，让他继续服务。就这样于存一直在领导身边待了 11 年。有一年领导生日时，他让秘书把于存请到卧室，说道："于师傅，你做的饭很好，我也很喜欢吃。"领导紧紧握着于存的手，又继续说道："做饭，不能华而不实，要好看好吃才可以。特别是我，吃饭没有任何规律，真是难为你了。"于存听到领导的赞赏，嘴角也扬起了微笑。

有一天，领导突然说想吃天津"狗不理"包子。于存说："包子我会做，但'狗不理'的包子我不会。"当时有人建议领导去天津吃，领导说那怎么行？不可以为吃包子兴师动众。于存当年随师父在北戴河时，他一直想知道"狗不理"包子的制作方法，于是就向领导提出，派他到天津去学一下如何？领导觉得这是个好主意，就通知相关部门协助于存去"狗不理"包子铺学习。很快于存从天津满载而归，并带回一袋正宗的"狗不理"包子，加热后给领导品尝。接着他根据学来的方法，加上自己的理解和经验，给领导做了一次，大获夸赞。也许是为了鼓励于存，领导说："你做的这个比天津带回来的还好。"听了领导的表扬，于存想起当年师父说的话，很客观、很谦虚地对领导说："我做的包子刚出笼就端上来了。上次带回来的包子走了那么远的路，回来重新加热，两者不能比，做狗不理包子我还是初学乍练，真要有那么点味道，还是人家天津的师傅毫无保留地把真本领教给了我。"领导听后十分高兴，连声说道："你说得好，说得好！"

有一年，于存陪领导畅游长江，领导对于存说："小于，知道什么叫天地人合一吗？一个人只有在长江的激流中仰泳，水天一色，横卧江心，才能体会到'任他风吹浪打，我自岿然不动’的真谛。”

有一次，于存看着领导心情很好，他就放开胆子询问能否跟他照张相片，“好哇！”领导说完又笑了起来，随行的摄影师赶快端起相机，留下了这一珍贵的历史瞬间。照片上，领导和于存都笑得那么开心畅快，在中国餐饮界没有几个人单独和领导照过相。

领导对于存也很关心，经常对于存说道：“你不可能在我这里工作一辈子，你要多学点知识，将来也好找工作。”听完了这一席话，于存心里十分感动，领导说得对，自己应该多学点知识。在领导的悉心教导下，于存开始一点一点地学习文化知识，领导有时间就亲自辅导于存学习，甚至有几回还严厉地批评了他。在这 11 年间，于存学到的文化知识也让他受益匪浅。

后来，于存回到北京饭店工作。他时刻牢记领导的教诲：“人活着不光是为了吃饭”“人吃饭是为了活着，而活着是为了工作，是要为人民服务”“只有为人民服务，才是活着的目的”。

为把厨艺传授出去，于存身体力行，他开班授课，传授烹饪技术的同时，更加注重传授自己的烹饪理念。他很耐心地对学员进行讲解，学员对他十分佩服。1983 年，中国科技大学聘请于存担任营养学教授，他成为厨界被聘为大学教授的第一人。对此，他十分自豪，他十分感谢领导的亲切关怀和良苦用心。

于存对周围的人感慨道：“在旧社会，厨子被人看不起，现在，不仅领导看得起我们，就连大学生也向我们请教，一个厨师竟然当了大学教授，这竟然是真的。”于存从一名厨师变成烹饪大师、大学教授，这就是一个传奇。

20 世纪 80 年代，于存为领导主厨。有一天午餐前，一位领导问：“今天中午吃啥子菜？”随行人员事先看了菜单，当即用一种十分不屑的口气说：“啥子菜？开水白菜！”领导一听哈哈大笑，对他说：“你以为开水白菜就是拿白开水煮白菜吗？”领导当天吃了于存给他做的开水白菜之后十分满意，大加赞扬。于存由于工作出色，多次受到表扬，并荣立三等功。

1980 年，北京饭店派遣烹饪代表团前往日本东京进行访问。到达东京以后，当人们得知于存曾经是领导的私人厨师后，对他十分敬重，都想请他掌勺做几个拿手的中国菜。在众人的盛情邀请下，于存展示了精湛高超的厨艺，赢得了人们的赞叹。

1990 年，美国的政要来华，于存担任宴会主厨，他烹制了清蒸鲥鱼、锅巴三鲜等中国名菜，贵宾对这些菜品非常满意，甚至主动要求和于存合影留念。

自 20 世纪 60 年代起，于存先后 3 次、前后共 11 年为领导主厨，深得领导喜爱。可以说这位领导在北京生活的 20 多年中，跟随领导时间最长的厨师就是于存了。

于存的弟子有朱庆东等。

第六节 中国烹饪大师魏金亭和他的弟子

中国烹饪大师、北京饭店四小名厨魏金亭先生和夫人张根娣女士

魏金亭，出生于 1938 年 10 月 22 日，河北省河间市北石曹乡邢庄村人。

1956 年入北京福利事业管理局烹饪专业学习烹饪。

1957 年入职北京饭店。

1958年拜中国四大名厨之一、川菜特级厨师范俊康为师。

1959年拜川菜大师罗国荣为师，是罗大师的关门弟子。

魏金亭擅长川菜的“黄烧鱼翅”“三元牛头”“龙井鲍鱼”“燃汁剔炒宫保鸡”“清汤鱼圆”“火爆腰花”“五柳脆皮鱼”等四五百种川菜，同时还掌握了粤菜、淮扬菜、鲁菜、晋菜、谭家菜、孔府菜等一些名菜，也通晓冷菜和面点制作。

1978年曾获北京市第一服务局业务技术比赛第二名，以一道“剔炒青椒鸡丁”得到评委的一致称赞。1981年由北京饭店外派至新加坡工作一年。其开办的宴会受到亚洲华人知名华商连瀛洲、黄祖耀、孙丙炎等人的好评，为祖国争得了荣誉。1984年以来，魏金亭被多所专业学院聘为讲师教授。1986～1988年，他曾在北京外事职业高中158中学任讲师，身教言教，培养了全国各地以及世界很多国家的学生和弟子。1988年赴欧美同学会俱乐部任经理厨师长，“汽锅元鱼”“三元牛冲”“叉烧鸭子”等菜品受到一致好评。

1990年魏金亭任北京亮马河大厦餐饮部厨师长，在改进工作、更新品种、提高品质、控制成本方面作出了贡献，他烹制的“汽锅啤酒鸭”“冬菜扒肉”“盐水肘子”受到中外宾客的一致赞扬。

1993年，在亮马河大厦建店三周年店庆的宴会上，两位外方董事长说魏师傅京戏唱得好，但做菜比京戏还好，他的“黄焖排翅”“宫保牛柳”赢得了交口称赞。

1994年，他去国贸中心任餐饮部任中餐技术总指挥，顺利组织了川菜、孔府菜、淮扬菜的3次考试和品尝鉴赏。在某次重要宴会上，他的“清汤竹荪”“芙蓉鱼翅”“大蒜烧白鳝”均得到了好评，国贸餐饮部曾半年增加流水营业额2000万元。

1999年5月，魏金亭受聘于北京市饮食行业工人技师考评委会，任高级烹饪技师评委。退休之后，他接受返聘，曾担任北京那家798和那家盛宴技术顾问，北京大董烤鸭团结湖店技术顾问，中央电视台行政处技术总顾问，上海红子鸡、上海福记、北京娃哈哈大酒楼总顾问，大觉寺慧明寺院技术顾问，四川成都眉山味道长大酒楼顾问。2001 年 1 月被评为国家职业技能鉴定考评员。2005 年至今，任北京利桥顺技术顾问，石家庄高建民大酒楼技术顾问。

魏金亭根据传统宫廷名肴首创“驴紫盖”“驴胶全丝”等全驴宴大菜。他协助女儿魏媛君创建北京之参餐饮有限公司，对之参餐厅的菜品设计亲力亲为，悉心教授。其“赤龙绞柱”“燃汁剔炒宫保鸡”“开水白菜”深受各方好评，之参餐厅曾连续两年被评为黑珍珠一钻餐厅。

1. 魏金亭的菜点成就

在北京饭店创制“原汁鲜鲍鱼”。

1978 年在老师傅献菜大会上首创“三元牛鞭”。

1978 年的技术比赛中“剔炒宫保鸡”获北京饭店第一名。

1981 年在新加坡创制“黄烧大明翅”。

1981 年在新加坡创制“赤龙绞柱”。

1988 年首创“豆瓣划水鱼”。

1992 年在太原粤风酒店首创“大熘天丸”。

1993 年在红灯笼酒家首创“双鞭绣球”。

1994 年在国贸首创“夫子酥肉”。

2000 年在利桥顺大酒楼首创“驴紫盖”。

2. 魏金亭对中国餐饮的理解

魏金亭曾在《未来餐饮的发展与走向》一文中介绍过其对中国餐饮的理解。

未来餐饮的发展与走向

首先，要知道什么是美味。具有色、香、味、型、器、养，符合卫生条件的肴馔才是真正的美味。今后的馐肴饮食的发展要注意以下几点情况：

一、原料的来源与产地

烹饪原料一定要是真品，要重视原材料的等级、标号，要由政府部门严格管理。根据市场的需要，依照所指定的规章制度执行，新事物也必须立新的规章制度。不可以混淆概念，以次充好，等级混乱，技术配比不明确清晰，传承无序，炒作概念。

原材料和调料都必须要有品级规格。规范的市场、有序有章可循的行业规范，才可以有发展空间，才可能在更广阔的市场被认可、被认知。

一般常规调料、调味品，如具体的盐、油、糖、香油、香料等，都要规定品级、规格、度数，酱油要定出咸度、色度、鲜度，醋的酸度、色度、鲜度、咸度。盐要定出咸度，糖要定出甜度。

排酸的调料：我们行业中常用的有食碱、小苏打、泡打粉等，严格要求不用嫩肉石粉、甲醇、福尔马林类高强度化学排酸品。

上色食品要用天然的色素和红萝卜素、绿菜叶汁的绿色素等，不用化学色素与苏丹红系列的色素。

二、食品卫生

食品卫生是关系人们健康与生命的大问题。

要严格执行国家相关法规，要教育培训每位员工，理解并执行好相关法规。

养成良好的卫生习惯，防止食物中毒，致人食物中毒要承担相应的法律责任。

不能出售腐烂变质的食品，对于深加工的食物的保存与保质期的认证，应有更详细科学的实验认证，并制定规章制度，便于监管。

要制定详细的后厨操作规程。举个例子，最基本、最传统的“润墩子”。早上一进厨房必须要用洁净的清水清洗木墩，自此才能开始一天的工作。此举是老祖宗就有的规矩，叫作“开门润”。此举有良好的寓意，意味着营业红火，这也是科学管理的一招，每天早上墩子“吃足”清水就不进血水与污物了，这样的木墩加工出来的原料无腐臭味。既是传承又是科学。

向国外餐饮企业学习，学习人家的长处，学习人家良好的卫生习惯，在保持自己国家风味特点的同时，多学习、多交流、多发展。

三、质量与餐饮内功

质是品质，是优劣好坏，量是高低多少、快慢长短，量是衡量质的度。量化管理也就是数字化管理。提高质量与稳定质量的关系。俗话说“打江山难，坐江山更难”，把质量稳定在一条水平线上是很困难的一件事。使质量达到客人每每用餐都免于投诉是很不容易的事情。

质量管理主要环节——人的管理，也就是人才的管理。要明确岗位分工，合理安排，如“四梁八柱”明确具体任务，要很好地推广大厨，抓住“汤”这一成功经验。做菜时，一些小的细节、不被人注意的小地方，都是内功的所在。

什么是内功？原料真实、肉无注水、鱼无污染。主料、配料、调料是做菜的三要素。用天然的食材，做菜时刀工到位，火候适度，咸淡适口，菜就能出百味，菜肴就能色、香、味、器、形、养俱全。否则无论哪个环节出了问题都可能功亏一篑。

菜品制作过程质量保障制度的“八不出”：①火候不当不准出。②味道不符合要求不准出。③温度不够不准出。④颜色不对不准出。⑤菜量不当不准出。⑥拼摆装盘不美不准出。⑦小料不全不准出。⑧器皿破损不洁不准出。

四、新世纪精品菜肴的发展

基本功与高深的内功是创新精品的原动力，初学者要从根上练习，要从水案、了清、打荷、刀工、火工练起。如何提升成本核算与餐饮管理，一位厨师要20年的工龄后才会初有领悟，要从手、口、德、威、忍、让、合这一做人的七字箴言上下工夫。手是干中学问，口是少年学问。管理首先要讲做人的品德，还要讲职业上的道德。有三十多年的工夫，才能德生四威，即威信、威力、威望、威风，从而达到“忍为高、让为上、和为贵”的境界。

食文化才是精品。清末黄敬临老师爷做到了一菜一诗的境界。我的先师川菜圣手罗国荣大师的“开水白菜”在重庆曾受到各界名流的好评，在中南海做的三元牛头方曾受到领导表扬。1959年，人民大会堂正式启用时，梅兰芳大师在小礼堂表演的第一出戏是“宇宙锋”，罗大师携弟子魏金亭等人做了人民大会堂启用后的第一次国宴。

挖掘老菜也要包含创新。挖掘老菜的做法，加入现代的食材，科学的工具，让老菜焕发生命力，让文化传承下去，生生不息。1979 年日本外宾到北京饭店参观学习，魏金亭讲解了传统老菜荷包豆腐，日本外宾上前索要这个菜的菜谱和详细做法，魏金亭赋诗一首内容做法就全有了。

荷包赋

荷包豆腐锦上花

八鲜料儿里安家

月母鸡汤汁盖面

老者食用乐哈哈

魏金亭在国贸任总厨期间认真研究孔府菜，曾经两次拜访孔府孔庙，实地采风。1994 年 7 月的六人宴会菜单很是经典，菜单如下：

美味花式五冷盘、芙蓉乌鱼蛋上汤、凤衣双配元龙罐、文火武熘里脊片、翡翠酱爆仔鸡丁（跟南京锅贴）、夫子酥肉扶青蛟（空心馒头）、脱袍卸甲还清白、双冬红烧怀抱鲤（肉丝炝锅面）、金铂拔丝绕秋果（配甜味点心）、西瓜灯笼看金食。

高深的内功是在精熟的基本功之上修炼的真功夫。北京饭店同仁曾赞，魏金亭师傅达到了出神入化的境界，他做得脆皮鱼活灵活现，鱼拿到客人面前还能有声响。1980 年魏金亭被北京饭店外调至新加坡，为中国驻新加坡商务代办处做宴会，“黄烧大明翅”受到华侨商人连赢洲的高度评价。1979 年魏金亭在北京饭店的技术比赛中，连剔带炒宫保鸡，只用时 3 分钟，获得了第一名。如果没有深厚的内功和扎实的基本功，想完成以上任务是十分困难的。

五、火，人类文明的起源

火的发现给人类的进化带来了空前的机遇，火与人类文明的起源有着重大的关系。人离不开火，“火候”更是做人的“度”。说话办事都离不开“火候”。

古代的彭祖、伊尹善鼎烹羹，易牙制味都与火息息相关。

赞火

火烹万代酒五千

官爵把酒论江山

识得火度治大国

彭祖伊相作小鲜

六、技艺的结晶

烹饪是一门很深的科学，练精技术是很不容易的。刀工要做到手底生花，火工要做到出神入化，调味要做到随心所欲，练到炉火纯青的地步是一个十分艰苦的修炼过程。程砚秋先生说学艺的5个阶段是：不会、会、精、通、化，先师与师祖是到了化的境界。

川菜的特点：选料精湛，加工细致，操作多端，因材适宜，口味多变，麻辣独到，汁浓味厚，浓淡协调，百菜百味，一菜一格，饱脆鲜嫩，抱汁散亮。这48个字的川菜四字经是魏金亭继承先人的经验再结合多年的实操经验总结而来的。

魏金亭一生钻研技术，向前辈学习，向同行朋友学习，向徒弟反馈学习，向大自然学习，他的技术来自四面八方。中国烹饪文化高深莫测，他决心进一步完善修养，为烹饪事业做更多贡献。

3. 罗国荣大师与魏金亭

魏金亭16岁学习烹饪，17岁进入北京饭店成为一名小学徒工，在他的心中，北京饭店是中国厨艺的最高殿堂。进入北京饭店之后，他非常兴奋，毕竟与他同龄的小伙伴只有他一个人进来了。他聪敏好学、认真工作，很快就得到了老领导的认可。他与师兄于存、李仕宽三人一起拜川菜大师罗国荣为师，可以说魏金亭的川菜修行之路自此开始，也开启了罗大师与魏金亭的一场师徒缘分。

在刚开始的接触中，魏金亭是畏惧的，毕竟罗国荣是一代川菜圣手，带领厨师队伍做“万人国宴”，如将军一般指挥若定。熟识之后，他才感师父的平易近人，但罗大师对待工作是一丝不苟的。罗大师教徒十分务实，为了能更快、更好地为国家培养出顶级的厨师队伍，他倾囊相授，生怕小徒弟们学不会、学不精，反反复复地强调细节，苦抓基本功，教授“门道”毫不保留。同年，罗国荣大师就接到了“大任务”，要做“三元牛头”这个大菜。三元牛头这菜可大有来头，它不光历史非常悠久，也是一道做法复杂的传奇大菜。此菜用整个的牤牛牛头做成，要求菜品出锅时牛头要完整，出品要气势磅礴，牛头的每个部位要烧透，牛耳、牛脑、牛眼、牛舌均可食用，当然最好的部位是牛脸颊一块有皮、有脂肪、有肌肉的部分。并且，牛头是与数十只老鸡、老鸭、肘子一起烧制的，通体异香，汁浓味厚。如此大菜其技术要求可想而知。罗大师接下任务后，带领着两个新收的小徒弟李仕宽、魏金亭在大院里垒起灶就干起来了。为什么要垒灶呢？因为之前没有那么大的灶！他们遇到的第一难题就是“烧牛头”，这个烧，不是烧饭的烧，而是真的用火烧，把牛头表皮上的毛全部烧糊、烧掉，然后再刮干净，在燎毛的过程中，火要均匀地燎过整个牛头。那时没有现在用的喷枪，这整牛头需要两个小伙子拿大叉才能叉起来，在明火上燎毛。罗国荣大师在一旁指点着，因为时间短了毛烧不到根儿，稍稍燎得时间长了，牛头又会爆皮，直接影响牛头的完整品相。魏金亭那时年轻聪明，好琢磨事儿，就想着给易爆皮的位置喷点水，皮燎得慢些这不就好掌握火候了嘛，罗大师用浓浓的川普表扬他：“有点小聪明哦。”但一处没照顾到，牛头皮还是烧爆了，罗国荣又是一句：“都是些假聪明哦。”师徒几个无奈地笑了。在这样不断地摸索中，师徒几人圆满完成了任务。经过几次大任务的磨炼，师徒、师兄弟间的感情越来越深，配合越来越默契。

在魏金亭眼中，罗国荣是非常有创新精神的大师，他主动要求北京饭店的西餐厨师来教他的徒弟，同时自己也会与西餐厨师交流学习，魏金亭从中受益匪浅。他曾向北京饭店原西餐主厨储礼藻学习烧猪扒的技法，还向西餐副厨师长马彬生学习了西餐的刻萝卜花。这都为他之后厨艺的融会贯通打下了基础。

在魏金亭心里，罗国荣也是极“仁义”的一个人。随着年龄的增长，魏金亭到了结婚生子的年龄。评职称后涨了不少工资，他心中高兴，花了 1 个月的工资（30 元钱）给师父罗国荣买了 3 斤蜂蜜。这件礼物他是用了心思的，在那个困难年代，吃点甜的不容易，糖果华而不实，蜂蜜养身体还易保存。他将礼品送到师父那儿，开始罗国荣是不收的，可他转念想，这是徒弟的心意呀，那时候想买蜂蜜也是不容易的，于是就收下了。罗国荣执意塞给了魏金亭30元钱，他说："你家庭负担重，又到了成家的年龄了，以后不要花钱这么大手大脚。"这是师父的叮嘱，也是对徒弟的关爱，让魏金亭记到如今。"教了我那么多技术，几罐子蜂蜜都不舍得收，还要给我钱"80岁的魏金亭时常这样说。

4. 魏金亭参与的重要宴会的菜谱

宴会菜单（一）

1981年新加坡商务代办处宴请知名华商连瀛洲，整个宴会的菜品设计和制造全由魏金亭完成，其中一道"黄烧大明翅"被连赢洲评价为"天下第一菜"。

凉菜：佛手海蜇、酒香风筒鸡、五香熏石斑、陈皮牛肉、珊瑚白菜、翡翠瓜条。

前菜小炒：爆双脆、干煸牛肉丝。

头汤：清汤燕菜。

主菜系一：黄烧大明翅、燃汁剔炒宫保鸡。

点心：三丝炸春卷。

主菜系二：龙井鲍鱼、干㸆大明虾、一品鲥鱼、扒双菜。

甜品：荷花酥、冰镇核桃酪、什锦果盘。

宴会菜单（二）

1994年7月在国贸川菜厅的6人宴会上，魏金亭研发了这套宴会菜，并为菜品配诗，一菜一句，堪称一绝。

美味花式五冷盘、芙蓉乌鱼蛋上汤、凤衣双配元龙罐、文火武熘里脊片、翡翠酱爆仔鸡丁（跟南京锅贴）、夫子酥肉扶青蛟（跟空心馒头）、脱袍卸甲还清白、双冬红烧怀抱鲤（跟肉丝炝锅面）、金铂拔丝绕秋果（配甜味点心）、西瓜灯笼看金食。

5. 魏金亭的弟子门人

魏金亭热爱厨师职业，培养了许多厨师人才，他一直认为，能有机会向罗国荣大师学习，成为大师的徒弟，是党和国家给的机遇，他的一生所学也应该回报国家。他教授徒弟时毫不保留，尽心尽力，在全国各地甚至世界多个国家（如意大利、美国等）有学生千余人，正式入门徒子 30 余人。

魏金亭的部分门人如下：

开门弟子：田祥宝、马志民、赵清华（北京饭店）

高徒：魏媛军（魏金亭之女，北京之参餐厅总经理）

董振祥（大董餐饮企业董事长）

李龙云（黄亭子宾馆经理）

那静林（那家集团董事长）

段永成（那家集团行政总厨）

肖岱欣（会所总厨师长）

梁小清（原长城饭店总厨师长，现喜达屋酒店印度区域中餐行政总厨）

杨晓辉（致美斋总厨师长）

樊祥雷（北京延庆妫川华奕酒店行政总厨）

李晓红（北京宏豪世佳餐饮管理有限公司董事长）

吕涛（北京夏都忆江南餐饮有限公司董事长）

高石桥（北京利桥顺董事长）

高建民（石家庄高建民餐饮公司董事长）

任仕勇（石家庄市高建民酒楼餐饮有限公司行政总厨任）

李玉贺（石家庄市高建民酒楼有限公司美东店厨师长）

冯素才（石家庄市高建民酒楼餐饮有限公司副总）

李亚峰（石家庄市高建民酒楼餐饮有限公司红旗店厨师长）

张海玲（石家庄市高建民酒楼餐饮有限公司谈北路店厨师长）

王聚芳（信沈家寿喜烧）

陈仁爱（意籍华侨会长）

陆志明（澳大利亚华侨，曾给总统任厨）

王福恒，高森，房建，段记强，刘贝贝，毛超龙，赵光超，李浩，李俊，聂素美，王新胜（北京利桥顺）

宋轼（罗国荣大师嫡外孙，宋先生北京餐饮管理有限公司法定代表人，宋老板看着拌调料汁品牌创始人）

6. 之参餐厅及经典菜品菜谱

魏金亭大师与女儿魏媛军

之参餐厅成立于 2016 年 6 月，为川菜名师魏金亭协其女魏媛君创立。之参餐厅旨在挖掘和保存川菜、淮扬菜的经典菜式和制作方法。力求还原本真，传承存留古老的中华料理之技法，待后人了解和改进。

之参餐厅位于有着悠久商业历史以及京味文化的前门商业步行街之上，红星二锅头发源地源升号的三层。站在三楼露台，正阳门、前门商业街古建筑之美景尽收眼底。餐厅内部装修静雅，古典与现代交融，家具均采用明式风格，如同茶室一般，清新闲静，可让食客专注于美食之中，不被打扰。店内设有儿童区，方便小食客打发无聊时光，可借阅书籍、玩具。

之参餐厅开业以来，至今已发掘恢复了 100 多道经典老菜，其一直遵循着中国传统菜品的一贯追求，从优选料，制作上层层把关，魏金亭老爷子更是不顾 80 岁的高龄，坚持每周指导教学。在多年坚持之下，餐厅赢得了多方认可，获得了众多奖项：

2016 目标杂志年度中餐厅

2017 Timeout 年度休闲中餐厅

2018 Timeout 年度休闲中餐厅

2019 黑珍珠一钻餐厅

2019 Timeout 年度休闲中餐厅

2019 携程美食林提名中餐厅

2020 黑珍珠一钻餐厅

2020 Timeout 年度休闲中餐厅

2020 携程美食林提名中餐厅

2020 目标杂志年度中餐厅

2021 凤凰网金梧桐北京年度餐厅

2021 北京餐饮品牌大会京选餐厅

第七节　师门轶闻

“川味文化”网在《网易新闻》上发表了一篇文章《川菜应弘扬传统师徒关系：“师父”而非“师傅”》。虽说是一家之言，却是言之有理。该文认为，“师父”和“师傅”两者均有尊称老师之意……相较而言，厨行中“师父”的亲近感更强，表述更精准。传统师徒关系，徒弟称“师父”而非“师傅”，既有师之教授之恩，又有父之关爱之情，尊重的意味更浓，关系更亲密……为师授人技艺，为父塑人品性，一声师父，包含了为人、为业两方面传教，也包含了恩人、亲人两方面的感情。

随即该文列举了老一辈川菜名厨的轶闻趣事：据早年车辐老先生记载，名厨张雨山曾在茶馆里摆他的师父罗国荣的龙门阵，声情并茂，娓娓道来，讲罗国荣的性格、经历，颐之时的传奇、轶闻，就像是在讲自己的老汉儿（笔者注：父亲）的点点滴滴。

笔者因离蓉已六十余年，对雨山师兄的相貌记忆很模糊了，然而他对家父的一片深情，读来令人动容。对师父要有怎样的尊敬、爱戴、真诚，才能有如此动人心弦的表达？父亲有很多弟子都和张师兄一样尊师重道。

20 世纪 60 年代末，父亲去世后，母亲和小妹被迫离京回蓉，家中生活十分困难，大哥罗开钰四处奔走，尽力托人，才给母亲找了份临时工作，她辛苦地切一天咸菜丝，才能挣一元钱！当时的粮油肉蛋供应少且有严格限制，我七十多岁的外婆也要由母亲赡养，生活的艰难可想而知。白茂洲师兄和王耀全师兄当年也是工资微薄，家庭负担很重，尽管如此，他们也时常买了东西去看望师娘，其尊师重道的一片赤诚可见一斑。家父在成都的其他弟子也时常照顾母亲的生活。

在重庆有“山城一把勺”美誉的陈志刚师兄，也是尊师重道的优秀弟子。1958 年他经师父推荐，以专家身份去捷克斯洛伐克（当时是一个国家）传播中华食文化。待其凯旋之时，他买了当年国内还非常稀缺的尼龙袜子送给师父，师徒俩亲亲热热地聊了好几个钟头，总有说不完的心里话，真的是亲如父子一般！

20 世纪 90 年代初，我和六弟开智陪同母亲去重庆。陈师兄闻讯后非常高兴，在味苑餐厅设宴孝敬师母。师兄、师嫂一边一人搀扶着家母，非常亲切，非常恭敬。味苑餐厅的职工看到陈师兄夫妇光临，自动排成两行，夹道欢迎。他们一看到师兄、师嫂搀着我母亲走来就边鼓掌边喊：“欢迎师爷（指陈师兄），欢迎师婆（指师嫂）！”陈志刚师兄马上大声说道：“喊祖祖！喊祖祖！”场面十分感人，虽然 30 年过去了，回想起来印象还十分清晰。

在北京的李致全师兄在家父生前一生追随家父，一直是家父的得力助手。李师兄深怀感恩之心，动情地给我讲当年学厨之前的悲惨遭遇。在他原来的老板痛打他时，被路过的罗国荣看见了，罗师父与那人调解沟通后，将李致全带到成都颐之时餐厅学徒，从此李致全开启了新的人生。当年我在北京城里没有家时，每次去李师兄家，师兄、师嫂对我像亲弟弟一样，热情款待，令我倍感温暖。北京的黄润师兄、于存师兄在家父生前也都非常尊敬师父，表现得十分优秀。本书中关于家父在北京重要宴会上的事情，不少都是听于师兄讲的，讲述时于师兄对师父的崇敬、佩服、深情，溢于言表。

罗国荣诞辰 110 周年纪念

2021 年是家父诞辰 110 周年（1911~2021 年），魏金亭师兄虽已 84 岁高龄仍然和张根娣师嫂精心筹办了纪念活动。在师兄的高徒高石桥董事长的大力支持下，热烈、隆重、圆满地举办了这次活动，魏师兄讲话时动情地说：“罗国荣大师是我一生中最佩服的师父，他就像父亲一样。”这段发自肺腑的感言，令全场所有人动容。纪念川菜圣手罗国荣大师诞辰 110 周年大会，在烹饪界引起了较大的关注，取得了良好的反响。

早在 2011 年家父诞辰 100 周年之际，魏师兄和师嫂就举行了隆重的纪念活动。当时家母还健在，逢人便称赞师兄、师嫂的尊师之举。

自从父亲去世，家母返京之后，每年春节，魏师兄都要到家里来给师母拜年、送红包，并在师父的遗像前鞠躬致敬！多年如一，始终不懈，实属难能可贵，令人钦佩！

黄子云师兄从 1944 年拜家父为师到 1969 年家父逝世，25 年来一直追随师父，在父亲遭受不公时，黄子云师兄依然能够勇敢地维护家父，他说："师徒如父子，有什么事冲我说！" 黄师兄不仅厨艺高超绝伦，更是做人的榜样，不愧位列 2002 年十六大国宝级烹饪大师之首（见 2002 年 9 月 20 日《北京日报》）。这是开国以来全北京、全中国第一次评国宝级烹饪大师。

在特殊期间，一个人要有怎样尊师重道的精神，才能如此大义凛然地挺身而出说出掷地有声的话语？更可贵的是黄师兄本人并未对我说过此事，是北京饭店老职工彭晓东先生与老同事回忆往事时，听老同事提及此事，而后告知于我的。

罗国荣大师一生都将自己视为中华食文化的"接力棒"和"传衣人"，他的这些优秀而杰出的弟子的嘉言懿行，也必将成为烹坛后起之秀的榜样。

第六章

师门传承表

《川菜圣手罗国荣》一书出版后，无论是本师门之内，还是众多热爱川菜的朋友，都非常渴望了解、明悉在现代川菜史上这支重要派别传承的脉络。怎奈因为各种原因，我们不能给出一个完整无缺的师门传承系列表，只好在现有的情况下，尽可能详尽地收集、整理。我们请了能联系到的罗国荣的第一代弟子及其家属和第二代弟子，整理多方资料后，才有了下面这张师门传承表。即便如此，这份师门传承表还是大有问题的，罗国荣的第一代弟子中的关门弟子魏金亭大师都八旬有四了，应该是唯一健在的一位了。罗国荣在成都、重庆、北京三地都收过徒弟，这就更不好统计。1949 年后，师徒授受的方式有很多改变。有些人慕名向他请教学习，也称是他的徒弟，而我们在收集、整理师门传承表时并不知情，因此难免就将很多人落下了，我们在此深表歉意。

师门传承：

王海泉（师父）——徒弟：王小泉、王金廷、黄绍清、陈官禄、邵开全、罗国荣。

黄绍清（师父）——徒弟：罗国荣、范俊康、陈海清、刘少安、张汉文、李荣隆。

罗国荣第一代弟子：

罗国荣（师父）——徒弟：汪再元、白茂洲、黄子云、陈志刚、王耀全、李致全、罗治中、罗友伦、张雨山、梁国全、任体成、陈崇真、刘元发、刘文成、党贵伍、黄润、夏文干、刘祥云、龚德荣、黄税紫、侯本金、刘天成、杨顺成、杨志成、潘仁葵、任必成、谢绍清、陈占云、徐恒、刘元玉、梁国兴、刘元才、李福良、靳国华、靳国全、陈德民、聂文章、于存、李士宽、魏金亭。

尊罗国荣为师者：

高望久、王义均。

罗国荣第二、第三代弟子：

黄子云支脉弟子：胡德海、刘国柱、陈士斌、刘刚、李强民。

刘刚支脉弟子：魏廷、何兴民、杜建中、王军节、李京。

李强民支脉弟子：殷志攀、张铁柱、赵增福。

白茂洲支脉弟子：白仕强、黄明厚、贾先明、江金能、梁叶敏、刘志全、杨道常、赵呼原、童国全、刘兴全、施兴成、刘涛、岂兴云、蔡明福、张铮、邹玉林、蒋华强、崔健、熊兆军、曾福元、吴庆和。

白仕强支脉弟子：陶冶。

江金能支脉弟子：蒋永义、康栋。

陈志刚支脉弟子：陈彪、陈亚非、张远厚、王偕华、李有福、李友立、姚红阳、徐明德、冯山峻、邓万弟、薛祖达、刘选忠、刘波、周复平、刘朝正、汪天荣、杨联志、李光俊、黄国良、张平、杨国钦、任作善、李卫、廖庆华、洪代华、唐泽铨、曾光亮、徐世兴、黄诗强、邱长明、乔伟、赵世长、霍家松、陈德生、贺习昌、霍家树、张玉如、周木生、邓孝志、陈光重、陈明义、林作贵、薛于胜、李童兰、黄光孝、陈彦、李强、张克勤、张刚、王华胜、刘道伦、石玉东、石光智、李有力。

陈彪支脉徒弟：伍逢春、杨林、朱俊、任诚、李开强、黎忠伟、黄长金、陈洪安、曾杰、罗玉凤、白太福、张仕彬、张光辉、杨勤东、李壮志、文祖霖、刘峰、李国雨、蒋中明、龚建华、刘湘、曹海波、李秋路、付永剑、邓义东、冷长兵、彭志刚、田运华、曹亮、王永东、曹亮、钟文峰、张策、周到、何洪礼。

陈德生支脉徒弟：胡青平、刘勇、张永德。

陈亚非支脉徒弟：张朝平、平山、曾小练、黄旭、李国平。

陈彦支脉徒弟：陈安源、陈小强、李代中、蒲朝寿、杨明兵、程涛。

邓万弟支脉徒弟：唐尚志、谢杰。

冯山峻支脉徒弟：曾红、刘耿、刘勇、卢朝斌、韦进、吴显强、谢永康、闫兵、晏兵、杨勇、张福、郑清、周渝。

贺习昌支脉徒弟：张传胜、李梦华、庞后建、陶武建、陈传伟。

洪代华支脉徒弟：陈明科、陈小彬、陈永飞、程治强、简渝冬、赖先胜、李小刚、聂文生、孙勇、唐世衡、田华兴、王昌福、危正织、徐远斌、张家强、郑辉、郑贤国。

黄国良支脉徒弟：胡红亮、周红静、王顺福、李贵建、罗荣华。

李光俊支脉徒弟：陈联高、熊学智、魏大杰。

李强支脉徒弟：唐代灿、肖富兵、张宝、张战、冯亚西、邢亚丹、孙兵、彭旭东、傅佐均、韩胜西、田其川、刘阳清。

李卫支脉徒弟：戚怀兵。

李有福支脉徒弟：梅彦。

李有力支脉徒弟：刘勇、周永明、肖皖云、陈开明、张友全、李世元、雷中华、雷中声、刘兴平、刘建平。

廖庆华支脉徒弟：廖东。

刘波支脉徒弟：刘春、杨治远、易平。

刘选忠支脉徒弟：蒲庆华、杨兴全、刘武、周勇。

唐泽铨支脉徒弟：李庄、杨华、刘国川、邹勇、罗溢、李荣庆、李晓波、许树全、程小云。

汪天荣支脉徒弟：包纯洁、曾永红、曾永禄、邓人华、樊安国、黄建明、李朝阳、李刚、李启俊、卢坚富、蒙明政、苏鹰翔、王成、刑刚、杨欣、喻琦、张长春、周奎中、刘亮。

王偕华支脉徒弟：张青、何跃、朱明、聂林、申邦建、任小林、鞠树、黄斌、赵恩儒、晏青、余鹏丽、张湘民、李富学、陈安源。

张远厚支脉徒弟：王昌勇、戴洪均。

徐明德支脉徒弟：陈国才、傅涛、胡安明、李成华、蒙兴禄、秦文清、任和斌、孙克友、王红鹰、王永敏、文成容、伍仕嘉、徐宁海、张成富、赵长碧、周孝兰。

徐世兴支脉徒弟：裴锡茂、秦茂银、钟伟、王昌勇、蒋海云、夏季平、晏思建、李勇、向菊英、钟禄金、赵昌应、王先强、高萍、陈超、谢承灿、秦宗林、谢刚、何廷元、何才茂、殷小涛、赵永刚、谭庆平、龙洪均、李永华、吕信全、何善金、艾道奇、覃熙伟、谭庆平、陈利。

薛于胜支脉徒弟：陈传剑、蒋波、靳全由、李定伟、马争、滕先锋、薛枫、张博、唐吉元。

薛祖达支脉徒弟：薛峰、左国举、张进昌、张铭、沈远桥、薛胜、徐平、冯龙、任荣、薛祖国、熊传勇、易宏、刘友明、舒伟、熊勇、李忠强、胡晓、文兴军、薛祖建、蒋春旺、蒋海云。

杨国钦支脉徒弟：何柳、蔡元斌、陈德飞、邓正波、高传华、龚芬、郭书跃、胡维松、华世强、康纪忠、龙子辉、卢勇、杨志强、易兵、易良成、张宇。

杨联志支脉徒弟：涂流建。

张平支脉徒弟：白松林、陈苹、胡益群、姜小洪、李礼、李桥、刘畅、刘俊伦、刘钱富、龙大江、毛渝峡、欧国兵、钱天友、石筱康、王承强、王德斌、王子健、杨振兵、苏方胜、张朝富、张基庆、赵学兵、郑洪海、郑雪松。

张刚支脉徒弟：邓永良、廖东。

赵世长支脉徒弟：谭家兵、夏才贵、平兴田、夏才荣、万啟雄、万啟俊、曾绍成、谭传俊、姜红云、曾丕良、何才瑜、陈永昌、沈如军、沈长路、胡长斌、龚福军、项祖云、阳主兵、姜元友、沈长均、沈长成、向武科、曾黎军、陶俊、廖君泉、黄忠宇、张忠良、袁永贵、周麟、曹章彪、黄忠宇、于江河、冉光庆、佘鹏、李代云、田兴斌、程敲兵、蒋鹏、汪艳、王尊、夏远红、尹晶、张茂祥、许义清、谢绍祥、黄建军、雷毅、张明军、袁本兵、谭萍、陈琨、黄亮、龚华、骆刚、龚建、周先富、熊波、王成、秦忠诚、张刚、朱斌、杨凡、何大彪、舒彬、王怡鹏、张涛、牟建华、易保刚、张文建、王远国、王华平、廖忠兵、张栋梁、陈世全 、李念、曾全峰、陈诗清、彭建、谭东。

周复平支脉徒弟：胡维强、卢斗永、童渔华。

周木生支脉徒弟：刘罗建。

李致全支脉徒弟：朱志明、陷春华。

黄润支脉徒弟：王长友、王景忠、孙禄、岳福文。

于存支脉徒弟：朱庆东。

魏金亭支脉徒弟：魏媛军、田祥宝、马志民、赵新华、田伟、董振祥、那静林、高石桥、高森、方建、段继强、刘贝贝、毛超、赵光超、王新胜、李俊、李浩、李亮飞、高建民、任师勇、冯素才、李玉贺、张海玲、李亚峰、樊祥雷、吴建华、秦建中、肖戴新、杨晓辉、崔立新、李小红、吕涛、李龙云、王少西、陈康、刘雁斌、王俊峰、段永成、王福恒、宋轼（罗国荣大师嫡外孙）。

魏金亭支脉徒孙：张胜凯、王菲菲、韩威、张志伟、纪勇、朱华帅、朱高强、陈金伟、李国政、连社虎、曹伟、杨波、姚英俊、王海涛、王保刚、何浩森。

罗国荣本人填写的个人资料

（源自1955年11月由罗国荣本人亲笔填写的事厨履历。

2014年由罗楷经在北京饭店原文照抄）

1911年12月19日出生

1919年至1921年读书

1921年至1924年辍学劳作

1924年至1928年三合园学徒拜王海泉为师

1928年至1934年福华园学徒拜黄绍清为师

1934年至1937年姑姑筵佣工，受黄敬临指导

1937年至1940年金融家丁次鹤家中主厨

1940年至1949年成都颐之时餐厅经理，其间在重庆开设分号

1949年至1950年川西行署

1950年至1952年国营颐之时餐厅经理

1952年至1954年西南军政委员会公安部

1954年北京饭店

致谢

本书的编写参考了王之书、刘伟、王朝晖所著《北京饭店史闻》,李长峰所著《北京饭店名菜谱》(1959年版),程清祥、孙继辅、陆秀民所著《北京饭店的宴会》,黄子云、张治国所著《北京饭店的四川菜》,边东子所著《北京饭店传奇》,蓝勇所著《中国川菜史》,廖伯康所著《饮食文化在四川》,熊四智所著《川菜的形成和发展及特点》,杜莉所著《川菜文化概论》,向东所著《百年川菜传奇》,刘自华所著《国宴大厨说川菜》,石光华所著《我的川菜味道》,林文郁所著《[illegible]城记:黄敬临及姑姑筵新考》,边东子所著《国厨》,冯远臣所著《最是那碗人间烟火》,饶昌铭所著《成都餐饮的一颗流星》,雷蕾所著《川菜的变迁》,周松芳所著《民国川菜出川记》,彭晓东所著《开国大宴》,谭孟康所著《一代名厨黄子云》。

本书还参考了多篇发表在《北京晚报》《北京青年报》《中国电视报》《文摘报》《四川烹饪》《成都晚报》等报纸、杂志上的文章。

谨对以上作者表示感谢!

本书中多为原文引用,请对引文观点持不同意见的读者谅解,谢谢。